"十二五"职业教育国家规划教材

经全国职业教育教材审定委员会审定

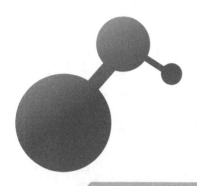

合成氨

第二版

◎ 程桂花　张志华　主编　　◎ 王洪安　主审

U0243498

化学工业出版社

·北京·

《合成氨》第二版是为高职高专应用化工技术专业主干课程合成氨生产技术编写的教材。教材编写以生产过程为主线，以节能减排为中心，充分体现新技术、新工艺和新设备的应用，既注重理论基础，更注重实践能力，重点培养学生对工艺过程、工艺条件、操作控制等的分析能力。

　　除绪论外，全书主体部分共分八章，分别介绍了原料气的制备、原料气的净化、气体的压缩、氨的合成、合成氨厂水处理等内容。全书重点章节编写了系统的开停车、生产操作要点及安全生产要点。综合训练项目和能力训练题以工作任务为抓手，培养学生继续学习和综合解决实际问题的能力，同时培养学生撰写常用技术文件的能力。

　　本书可作为高职高专应用化工技术类专业的教材，也可供化工类其他专业选修课使用，还可供合成氨企业生产管理人员参考。

图书在版编目（CIP）数据

　　合成氨/程桂花，张志华主编. —2 版. —北京：
化学工业出版社，2016.8（2025.1重印）
　　"十二五"职业教育国家规化教材
　　ISBN 978-7-122-27372-7

　　Ⅰ. ①合… Ⅱ. ①程… ②张… Ⅲ. ①合成氨
生产-高等职业教育-教材　Ⅳ. ①TQ113.2

　　中国版本图书馆 CIP 数据核字(2016)第 137343 号

责任编辑：提　岩　窦　臻	文字编辑：昝景岩
责任校对：宋　玮	装帧设计：王晓宇

出版发行：化学工业出版社（北京市东城区青年湖南街 13 号　邮政编码 100011）
印　　装：北京天宇星印刷厂
787mm×1092mm　1/16　印张 15½　字数 379 千字　2025 年 1 月北京第 2 版第 7 次印刷

购书咨询：010-64518888　　　　　　售后服务：010-64518899
网　　址：http://www.cip.com.cn
凡购买本书，如有缺损质量问题，本社销售中心负责调换。

定　　价：39.00 元　　　　　　　　　　　　　　版权所有　违者必究

前　　言

本教材是依据已批准的"十二五"职业教育国家规划教材申报书及已出版的第一版《合成氨》教材编写的。合成氨课程是应用化工技术和煤化工专业的一门主干课程，合成氨生产工艺的典型性和复杂性对于培养学生的化工工程实践能力具有重要作用。

本教材根据化肥工业"十二五"发展规划，比较全面地反映了合成氨工业的新工艺、新技术，对国内外主要煤气化技术进行了分析与比较，突出了水煤浆、粉煤连续气化技术，对常温精脱硫、二氧化碳变压吸附、低温甲醇洗等合成气净化技术，"双甲"、"醇烃化"及液氮洗合成气精制技术，新型氨合成塔内件、氨合成催化剂和无动力氨回收技术等都做了详细介绍。

教材的结构遵循学生的认知规律和职业成长规律，基于生产过程，内容涵盖合成氨生产的所有工序，注重生产过程的完整性。全书主体部分共分八章，第一章原料气的制备，重点介绍了以煤为原料制取原料气的生产工艺，并对烃类蒸汽转化法进行了介绍；第二章至第五章原料气的净化，介绍了原料气的脱硫、一氧化碳变换、二氧化碳脱除、原料气的精制等净化工艺，热法净化工艺和冷法净化工艺两条线并行；第六章气体的压缩，在对压缩机种类及结构、原理介绍的基础上，介绍了往复式压缩机、离心式压缩机的压缩工艺流程；第七章氨的合成，在介绍原理、工艺条件、工艺流程的基础上，对几种新型合成塔内件进行了分析；第八章合成氨厂水处理，介绍了锅炉给水处理、循环水处理及污水处理。

节能减排、安全生产、绿色化工、循环经济贯穿教材的始终，以培养学生从事化工生产必备的素质。各章对学生的能力、素质、知识目标都有明确的要求。教材共设计了三个综合训练项目，重点培养学生应用所学的理论和实践知识分析和解决生产实际问题的能力。在教师指导下，学生能够查阅技术资料，进行工艺计算和工艺分析，编制常用技术文件。项目训练可穿插在相应章节的教学过程中，也可在该章讲完后进行。训练内容可以是整个项目，也可选取其中部分任务，由授课教师结合学校实际酌定。

本教材由程桂花编写绪论和第七章，张志华编写第一章和第六章，邸青编写第二章和第四章，黄永茂编写第三章和第五章，孙娜编写第八章，由中煤冀州银海化工有限责任公司总工程师王洪安主审。

在编写过程中还得到了正元化工集团有限公司总经理刘金成、河北石油化工设计院副院长刘林英、南京国昌化工有限公司高级工程师赵发宏、金石化肥有限公司高级工程师李浴田、华鲁恒升集团高级工程师吴广强等多位专家的支持和帮助，在此表示诚挚的谢意。

本教材引用了国内外专家学者的宝贵经验和研究成果，在此也一并致以深切敬意。

由于水平和学识所限，书中不妥之处，恳请广大读者批评指正。

编　者

2016 年 5 月

第一版前言

"合成氨"是应用化工技术和煤化工专业的一门主干课程，生产工艺的典型性和复杂性对于培养学生的化工工程实践能力起到重要作用。由于合成氨生产是高能耗过程，近二十年来，以节能降耗为中心对合成氨工艺和设备重点进行了技术改造，新工艺、新设备和新型催化剂的采用，大幅度降低了能耗，提高了效益。本教材力求体现先进性、实用性和针对性，整体设计紧紧围绕对学生职业能力和技术应用能力培养的需要，邀请了两位多年从事合成氨生产的技术专家参加编写和审稿工作。

教材有以下特点：

1. 比较全面地反映了合成氨生产的新工艺、新技术。对国内外主要煤气化技术进行了分析与比较，突出了煤连续气化技术，对常温精脱硫、二氧化碳变压吸附等合成气净化技术，"双甲"和"醇烃化"合成气精制技术，新型氨合成塔内件、氨合成催化剂和无动力氨回收技术等都做了详细介绍。

2. 教材的结构遵循学生的认知规律和职业成长规律。教材结构基于生产过程，内容涵盖合成氨生产的所有工序，注重生产过程的完整性。各章对学生的能力、素质、知识目标都有明确的要求。

3. 节能减排、安全生产、绿色化工、循环经济贯穿教材的始终，以培养学生从事化工生产必备的素质。重点章节增加了安全生产要点和操作控制技术，教材对循环水的处理和使用进行了重点阐述。

4. 增加综合训练项目。教材共设计了三个综合训练项目，重点培养学生应用所学的理论和实践知识分析和解决生产实际问题的能力。在教师指导下，学生能够查阅技术资料，进行工艺计算和工艺分析，编制常用技术文件。项目训练可穿插在相应章节的教学过程中，也可在本章授完后进行。训练内容可以是整个项目，也可选取其中部分任务，由授课教师结合学校实际酌定。

本教材由程桂花编写绪论和第八章，张志华编写第一章、第二章和第七章，邸青编写第三章和第五章，王妹文编写第四章和第六章，孙娜编写第九章，由中煤冀州银海化工有限责任公司总工程师王洪安主审。

在编写过程中还得到了正元化工集团有限公司总经理刘金成，河北石油化工设计院副院长刘林英，金石化肥有限公司高级工程师李浴田，南京国昌化工科技有限公司高级工程师赵发宏的帮助，在此表示诚挚的谢意。

本教材引用了国内外专家学者的宝贵经验和研究成果，在此也一并致以深切敬意。

由于水平和学识所限，书中不妥之处，恳请广大读者批评指正。

编　　者
2010 年 10 月

目 录

绪论..1
　一、氨的性质和用途...................1
　二、氨的发现与合成...................2
　三、合成氨生产的进展...............2
　四、我国合成氨工业发展...........4
　五、合成氨技术的发展...............4
　六、合成氨生产典型流程...........6
　七、合成氨工艺的特点...............6
　八、课程学习方法.......................7
第一章　原料气的制备...............8
　第一节　概述...............................8
　　一、煤的工业分析...................8
　　二、煤的物理化学性质...........9
　　三、气化用煤的质量要求.......10
　　四、各种煤气化生产工艺简介...11
　第二节　煤气化过程的基本原理...12
　　一、气化反应的化学平衡.......12
　　二、气化反应速率...................15
　第三节　间歇式制气的生产工艺...17
　　一、间歇式制气的燃料层与工作循环...17
　　二、间歇式生产半水煤气的工艺流程...18
　　三、间歇式生产半水煤气的工艺条件...20
　　四、间歇式煤气发生炉...........21
　　五、正常操作要点...................22
　　六、间歇式煤气发生炉的物料衡算和热量衡算...24
　第四节　水煤浆气化生产工艺...34
　　一、基本原理和特点...............34
　　二、工艺流程...........................35
　　三、工艺条件...........................38
　　四、主要设备...........................40
　　五、开停车与操作控制...........42
　　六、安全生产要点...................44
　第五节　粉煤气化生产工艺...46
　　一、基本原理和特点...............47

　　二、工艺流程...........................48
　　三、工艺条件...........................49
　　四、主要设备...........................50
　第六节　烃类制气生产工艺...51
　　一、气态烃类蒸汽转化的化学反应...52
　　二、甲烷蒸汽转化反应的基本原理...52
　　三、烃类蒸汽转化催化剂.......57
　　四、工业生产方法...................59
　　五、二段转化法.......................59
　　六、天然气蒸汽转化的新技术...64
　综合训练项目一　煤气化制取合成氨原料气工艺的选择...65
　基本训练题...................................66
　能力训练题...................................67
第二章　原料气的脱硫...............69
　第一节　干法脱硫.......................69
　　一、钴钼加氢-氧化锌法.......70
　　二、活性炭法...........................74
　　三、常温精脱硫技术...............75
　第二节　湿法脱硫.......................77
　　一、湿法脱硫的选择原则.......78
　　二、湿法脱硫的基本原理.......78
　　三、栲胶法...............................80
　　四、其他湿法脱硫方法...........82
　　五、安全生产操作要点...........84
　基本训练题...................................84
　能力训练题...................................84
第三章　一氧化碳的变换...............85
　第一节　概述...............................85
　　一、变换的基本任务...............85
　　二、变换工艺的比较...............85
　第二节　一氧化碳变换的基本原理...87
　　一、化学平衡...........................87
　　二、化学反应速率...................89
　第三节　一氧化碳变换催化剂...91

一、催化剂的基本知识 91
二、一氧化碳变换催化剂的种类 93

第四节 变换工艺与设备 97
一、一氧化碳变换工艺 98
二、工艺条件分析 102
三、变换工艺的选择原则 104
四、变换反应器 105

第五节 操作及安全生产要点 107
一、变换炉的操作 107
二、安全生产要点 112

综合训练项目二 变换催化剂升温
还原方案的编制 113
基本训练题 115
能力训练题 115

第四章 二氧化碳的脱除 116

第一节 低温甲醇洗法 116
一、基本原理 117
二、工艺条件选择 118
三、工艺流程 120
四、主要设备 124
五、系统开停车 124
六、操作控制要点 126
七、安全生产要点 127

第二节 聚乙二醇二甲醚法 129
一、基本原理 130
二、工艺条件选择 130
三、工艺流程 132

第三节 变压吸附法 132
一、吸附剂 133
二、工作原理 134
三、工艺流程 134
四、工艺条件的选择 135

第四节 改良热钾碱法 136
一、基本原理 136
二、工艺条件选择 138
三、工艺流程 139
四、主要设备 140

第五节 MDEA 法 140
一、基本原理 141
二、工艺条件选择 141

三、工艺流程 142
四、开停车 142
五、操作控制要点 143
基本训练题 144
能力训练题 144

第五章 原料气的精制 145

第一节 概述 145
一、精制的任务 145
二、精制工艺简介 145

第二节 液氮洗涤工艺 146
一、基本原理 146
二、工艺流程 147
三、工艺条件 149
四、操作及安全生产要点 150

第三节 甲烷化工艺 151
一、基本原理 152
二、甲烷化催化剂 153
三、工艺流程 154
四、工艺条件 155

第四节 双甲工艺 156
一、基本原理 156
二、工艺流程 156
三、工艺条件 159

第五节 醇烃化工艺 160
一、基本原理 160
二、工艺流程 160
基本训练题 162
能力训练题 162

第六章 气体的压缩 163

第一节 压缩机的分类及选用 163
一、压缩机的分类 163
二、压缩机的选用 163

第二节 气体的压缩功 164
一、能量守恒与转化定律 164
二、气体的压缩功 165
三、气体压缩的实际功耗 167

第三节 活塞式压缩机 167
一、活塞式压缩机的分类 167
二、活塞式压缩机的基本构造与
工作原理 167

三、典型工艺流程..............168
四、循环油流程..............170
五、影响活塞式压缩机生产能力的
　　因素..............170
六、开停车..............171
七、安全生产要点..............172
第四节　离心式压缩机..............172
一、离心式压缩机的构造与工作原理...172
二、工艺流程..............173
三、离心式压缩机的喘振和防控....174
基本训练题..............175
能力训练题..............175

第七章　氨的合成..............**176**
第一节　氨合成反应的基本原理..........176
一、氨合成反应的热效应和化
　　学平衡..............176
二、平衡氨含量及影响因素.........178
三、氨合成反应速率..............180
第二节　氨合成催化剂..............182
一、催化剂的组成和作用..............182
二、催化剂的还原和使用..............183
第三节　氨合成工艺条件..............185
一、压力..............185
二、温度..............186
三、空间速率..............186
四、合成塔进口气体组成..............187
第四节　氨的分离及合成工艺流程........187
一、氨的分离..............187
二、氨合成工艺流程..............188
三、排放气的回收处理..............191
第五节　氨合成塔..............193
一、结构特点及基本要求..............193
二、氨合成塔分类..............194
三、氨合成塔内件..............195
第六节　氨合成操作控制要点及
　　安全生产..............200

一、氨合成塔的操作控制要点..........200
二、安全生产要点..............202
第七节　氨合成系统基本的物料衡算和
　　热量衡算..............203
一、合成塔的物料衡算..............203
二、合成塔的热量衡算..............205
三、合成回路的物料衡算..............206
四、水冷器热量衡算..............208
综合训练项目三　氨合成系统的
　　节能改造..............209
基本训练题..............212
能力训练题..............213

第八章　合成氨厂水处理..............**214**
第一节　概述..............214
一、合成氨厂用水简介..............214
二、水中杂质及其危害..............214
第二节　锅炉给水处理..............215
一、锅炉给水处理的基本原理..........215
二、锅炉给水水质标准..............219
三、合成氨厂锅炉给水处理工艺....220
第三节　循环水处理..............222
一、循环冷却水系统..............223
二、冷却构筑物类型及冷却塔
　　构造..............223
三、敞开式循环冷却水系统存在的
　　问题及控制..............226
四、合成氨厂循环水处理工艺....229
第四节　污水处理..............230
一、污水的水质指标及处理方法....230
二、合成氨厂污水特征及处理..........231
三、合成氨厂污水"零排放"工艺
　　技术..............232
基本训练题..............236
能力训练题..............236

参考文献..............**237**

绪　论

能力与素质目标

1. 能正确把握我国合成氨生产现状和世界合成氨技术的发展，并应用于工作实践中；
2. 能正确选择合成氨原料路线；
3. 牢固树立安全生产、节能减排和环境友好的思想，具有严谨认真、实事求是的科学态度；
4. 具有生产一线发现问题、解决问题的能力，能够进行生产组织和管理。

知识目标

1. 掌握原料路线的确定、不同原料的生产基本工艺流程及合成氨生产的特点；
2. 熟悉氨的性质和用途；
3. 了解合成氨的发展简史、合成氨技术的发展方向。

氮是植物营养的重要成分之一，大多数植物不能直接吸收存在于空气中的游离氮，只有当氮与其他元素化合之后，才能被植物吸收利用。将空气中的游离氮转变为化合态氮的过程称为"固定氮"。

20 世纪初，开发成功了三种固定氮的方法：电弧法、氰氨法和合成氨法。其中合成氨法耗能最低。1913 年工业上实现了氨的合成以后，合成氨法发展很快。30 年代以后，合成氨法已经成为固定氮的主要方法。

一、氨的性质和用途

1. 氨的性质

氨在标准状态下是无色气体，比空气密度小，具有刺激性气味，会灼伤皮肤、眼睛，刺激呼吸器官黏膜。当空气中含氨质量分数在 0.5%～1.0%时，就能使人在几分钟内窒息。

氨的相对分子质量为 17.03，沸点（0.1013MPa）−33.35℃，冰点−77.7℃，临界温度 132.4℃，临界压力 11.28MPa，液氨的密度（0.1013MPa、−33.4℃）为 0.6818kg/L。标准状态下气氨的密度 7.714×10^{-4} kg/L，摩尔体积 22.08L/mol。液氨挥发性很强，汽化热较大。

氨极易溶于水，可生产含氨 15%～30%（质量分数）的商品氨水，氨溶于水放出大量的热。氨水溶液呈弱碱性，易挥发。

液氨或干燥的气氨对大部分材料没有腐蚀性，但在有水存在的条件下，对铜、银、锌等金属有腐蚀作用。

氨是一种可燃性物质，自燃点为 630℃，一般较难点燃。

氨与空气或氧气的混合物在一定范围内能够发生爆炸，常压、室温下的爆炸范围分别为 15.5%～28%和 13.5%～82%。

氨的化学性质较活泼，能与酸反应生成盐。如：与磷酸反应生成磷酸铵；与二氧化碳反应生成氨基甲酸铵，脱水后成为尿素；与二氧化碳和水反应生成碳酸氢铵等等。

2. 氨的用途

氨是最重要的基础化工产品之一，其产量居各种化工产品之首。

氨本身是重要的氮素肥料，农业上使用的所有氮肥、含氮混肥和复合肥，都以氨作为原料，这部分氨约占总产量的 70%，称之为"化肥氨"。

氨也是无机化学、有机化学及制药工业重要的基础原料，生产铵、胺、纯碱、染料、医药、合成纤维、合成树脂等都需要直接或间接以氨为原料；氨还应用于国防工业和尖端技术中，制造炸药、生产火箭的氧化剂和推进剂同样也离不开氨；氨还可以做冷冻、冷藏系统的制冷剂。以上各部分氨约占总产量的 30%，称之为"工业氨"。

二、氨的发现与合成

氨是 1754 年普利斯特里（Priestley）加热氯化铵和石灰混合物时发现的。1784 年，伯托力（C.L.Berthollet）确定氨由氮和氢组成。

19 世纪中叶，随着炼焦工业兴起，副产焦炉气中除氢、甲烷等主要成分外，尚有少量氨可以回收，但因回收的氨量不能满足需要，促使人们研究将空气中的游离态氮转变成氨的方法。

1901 年，勒夏特列（Le Chatelier）第一个提出氨的合成条件是高温、高压并采用适当的催化剂。随后，哈伯（Haber）和能斯特（Nernst）从化学热力学角度研究了高压下氨的合成和分解，并在一定压力下采用催化剂进行氨的合成试验。

1909 年，哈伯用锇催化剂，在 17.5～20.0MPa 和 500～600℃下，获得 6% 的氨。这一成就为氨合成走向工业化打下了基础。

即使在高温、高压条件下，氢氮混合气每次通过反应器也只有一小部分转化成氨，为了提高原料利用率，哈伯提出合成氨工艺为：①采用循环方法；②用成品液氨蒸发实现离开反应器气体中氨的冷凝分离；③用离开反应器的热气体预热进入反应器的气体，以达到反应温度。在机械工程师伯希（Bosch）的协助下，1910 年建成了 80g/h 的合成氨试验装置。1911年，米塔西（Mittasch）研究成功以铁为活性组分的氨合成催化剂，这种催化剂比锇催化剂价廉、易得、活性高且耐用，至今，铁催化剂仍在工业生产中广泛应用。1912 年，在德国奥堡巴登苯胺纯碱公司建成一套日产 30t 的合成氨装置。1917 年，另一套日产 90t 的合成氨装置也在德国洛伊纳建成投产。

三、合成氨生产的进展

第一次世界大战结束后，德国因战败而被迫把合成氨技术公开。一些国家在此基础上做了改进，并提出了低压（10MPa）、中压（20～30MPa）和高压（70～100MPa）合成氨方法。大多数工厂采用中压法，所用原料主要是焦炭和焦炉气。

第二次世界大战后，特别是 20 世纪 50 年代开始，随着世界人口不断增长，用于制造化学肥料和其他化工产品的氨量也在迅速增加。第二次世界大战以前，煤、焦炭和焦炉气是合成氨工业的主要原料。之后，由于天然气和石油资源大量开采，为合成氨提供了丰富的原料。以廉价的天然气代替固体原料生产合成氨，从工程投资、能量消耗和生产成本来看具有显著的优越性，见表 0-1。

表 0-1　不同原料的合成氨厂相对投资和能量消耗

原　　料	天　然　气	重　油	煤
相对投资费用	1.0	1.5	2.0
相对能量消耗	1.0	1.36	1.71

起初，各国将天然气作为原料，随着石脑油蒸汽转化催化剂的试制成功，缺乏天然气的国家开发了以石脑油作为原料的生产方法。在重油部分氧化法成功后，重油也成了合成氨工业的重要原料。

20 世纪 60 年代以后，开发出多种高活性的新型催化剂，能量的回收与利用更趋合理。大型化学工程技术等方面的进展，促进了合成氨工业的高速发展，引起了合成氨装置的重大变革，其主要内容包括以下几个方面。

1. 单系列大型化

受高压设备制作的限制，20 世纪 50 年代以前，氨合成塔单塔最大生产能力为 200t/d，60 年代初期也仅为 400 t/d。对于规模大的合成氨厂，就需要若干个平行的系列装置。1966 年，美国凯洛格（Kellogg）公司建成 1000 t/d 单系列合成氨装置，实现了合成氨工业的一次重大突破。由于大型氨厂具有投资省、成本低、能量利用效率高、占地少、劳动生产率高的特点，20 世纪 70 年代以后投产的世界级合成氨装置产量均达到 1000 t/d 以上，而 21 世纪初投产的世界级合成氨装置的产量已接近 2000 t/d，且主要按照现有技术进行放大。至今，伍德（Uhde）公司已经推出了 3300 t/d 合成氨技术，KBR、托普索（Topsoe）、鲁奇（Lurgi）公司均推出了 2000 t/d 合成氨技术，大都采用单系列的大型装置。

大型的单系列合成装置要求保持长周期运行，必须保证原料供应充足、稳定，才能显示其经济上的优越性。当超过一定规模以后，优越性则不十分明显。图 0-1、图 0-2 为生产规模和工程投资、操作费用的关系。

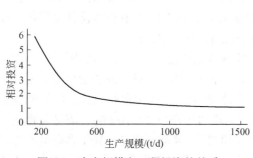

图 0-1　生产规模和工程投资的关系

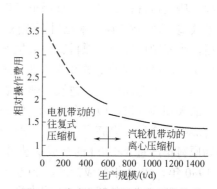

图 0-2　生产规模和操作费用的关系

2. 热能综合利用

合成氨为高能耗过程，20 世纪 60 年代以前，以天然气为原料的合成氨厂，每吨氨消耗电 1000kW·h 左右。随着装置的大型化和蒸汽透平驱动的高压离心式压缩机研制成功，把生产产品和生产动力结合起来，利用系统余热生产高压蒸汽，经透平驱动离心式压缩机泵，乏汽作为工艺蒸汽和加热介质，使能耗大大下降，每吨氨耗电仅 6kW·h 左右。

3. 高度自动化

大型合成氨生产企业大多采用单系列装置，设备都是单台，尺寸较大。随着现代大型工业生产自动化的不断兴起，装置单系列、长周期运行对过程控制要求不断提高。20 世纪 60 年代，将全流程控制点的二次仪表全部集中于主控制室显示并监视控制。进入 70 年代后，随着计算机控制技术在化工行业的广泛应用，合成氨生产过程的控制技术产生了极大的飞跃。目前，合成氨生产企业都采用集散控制系统（distributed control system，简称 DCS 控制系统）。

20 世纪 90 年代以后，由于世界石油价格的飞涨和深加工技术的进步，以"天然气、轻油、重油、煤"作为合成氨原料结构，并以天然气为主体的格局有了很大的变化。"轻油"和"重油"型合成氨装置已经不具备市场竞争能力，绝大多数装置已经停车或进行技术改造。

而煤的储量约为天然气与石油储量总和的 10 倍，以煤为原料制合成氨等煤化工及其相关技术的开发已成为世界技术开发的热点，煤在合成氨装置原料份额中将再次占举足轻重的地位，形成与天然气共为原料主体的格局。

四、我国合成氨工业发展

我国合成氨工业于 20 世纪 30 年代起步，当时只有大连和南京两地建有合成氨厂，最高年产量 $5×10^4$t，后来因遭到不同程度的破坏或原料短缺而停产。新中国成立后，为了发展农业，国家十分重视发展氮肥工业，经过 70 多年的努力，已形成了遍布全国、大中小型合成氨厂并存的氮肥工业布局。2009 年，我国氮肥企业达到 485 家，合成氨年总生产能力约为 $5.0×10^7$t，已跃居世界第一位，氮肥工业已满足了国内需求，出口量占总产量的 4.7%，具备了与国际合成氨产品竞争的能力。

（1）中型合成氨厂的建设 20 世纪 50 年代初，在恢复、扩建老厂的同时，从苏联引进了三套以煤为原料年产量 $5×10^4$t 的合成氨装置，1957 年先后建成投产。1961 年试制成功了高压往复式压缩机和氨合成塔，我国自行设计、制造、安装的年产 $5×10^4$t 的中型合成氨厂陆续建成。

（2）小型氮肥厂的建设 1958 年，为适应农业发展的迫切需要，著名化学家侯德榜直接领导科研人员进行研究，完整提出了碳化法合成氨流程制碳酸氢铵工艺，经过试点、攻关和技术改造，到 1965 年技术已日渐成熟，在全国各地建设了一大批小型氮肥厂。20 世纪 70 年代后，小氮肥厂经历了原料、扩大生产能力、节能降耗、以节能为中心的设备定型化、技术上台阶、产品结构调整等改造，部分企业达到吨氨能耗 41.87GJ 水平。

（3）大型合成氨厂的建设 随着农业生产对化肥需求量的日益增长和我国石油、天然气资源的大规模开发，1973 年开始，引进了 13 套年产量 $3×10^5$t 合成氨的成套装置，增加了我国合成氨的产量，提高了合成氨工业的技术水平和管理水平。我国自行设计、制造的以石脑油为原料年产量 $3×10^5$t 的合成氨装置，以天然气为原料年产量 $2×10^5$t 的合成氨装置也分别于 1980 年、1990 年建成投产。20 世纪 90 年代又引进了 14 套年产 $3×10^5$t 具有世界先进水平的低能耗合成氨装置，使我国大型合成氨装置达到 34 套，年生产能力约 $1×10^7$t。我国大型合成氨装置荟萃了当今世界上合成氨工业主要的先进工艺和技术，年产量 $3×10^5$t 合成氨的生产技术已实现国产化，同时带动了中小型合成氨厂的技术进步和发展。

目前，我国的氮肥工业遍布 31 个省市，已掌握了以焦炭、煤、天然气、焦炉气和液态烃等多种原料生产合成氨的技术，形成了特有的煤、天然气、石油原料并存，大、中、小生产规模并存的生产格局。我国合成氨原料结构见表 0-2。

表 0-2　我国合成氨原料构成/%

原料	1991 年	1994 年	2005 年	2011 年
煤	67.0	64.0	72.2	76.2
天然气	17.5	18.9	16.2	21.4
油	13.7	15.3	11.6	1.5
其他	1.8	1.8	—	0.9
合计	100	100	100	100

五、合成氨技术的发展

由于合成氨过程除消耗天然气、煤炭及石油等一次能源外，还要大量消耗电、水蒸气等二次能源，能源费用占生产成本的 70% 以上，能耗成为衡量合成氨技术水平和经济效益的重要标志。

自 1973 年中东石油危机以来，世界能源供应趋于紧张，天然气和石油价格不断上涨，使原料价格在合成氨成本中所占的比例迅速增大，生产成本不断上升。此阶段中，世界各国合成氨发展的总趋势是节能降耗，以天然气为原料的大型合成氨厂老装置经过节能改造，吨氨能耗由 42.0GJ 降至 32.7GJ 左右。20 世纪 90 年代后，以凯洛格（Kellogg）公司的 KREP 工艺、布朗（Braun）公司的低能耗深冷净化工艺、英国帝国化学工业集团（ICI）的 AM-V 工艺、托普索（Topsoe）工艺为代表的节能型合成氨装置相继问世，吨氨能耗已经降至 28 GJ 的水平，接近了理论能耗数值（22 GJ）。同时，在高油价背景下，用煤等劣质原料制氨重新受到重视，以德士古水煤浆气化和壳牌粉煤气化为代表的煤气化技术，在旧装置改造和新建装置中广泛使用。我国以煤为原料的小型氮肥厂，通过加强管理，提高过程控制自动化水平，采用节能新技术，充分回收工艺余热等措施，吨氨能耗降至 41.8GJ。

今后，世界合成氨技术发展将会继续紧密围绕"降低生产成本、提高运行周期、改善经济性"的基本目标，进一步集中在"大型化、低能耗、结构调整、清洁生产、长周期运行"等方面进行技术的研究开发。一是大型化、集成化、自动化，形成经济规模的生产中心，实现低能耗与环境更友好。单系列合成氨装置生产能力将从 2000t/d 提高至 4000～5000t/d。装置大型化的技术开发包括原料气生产的预转化、低水碳比、换热式转化技术；原料气净化的等温 CO 变换，低温甲醇洗、低温液氮洗、无毒、无害、吸收能力更强、再生热耗更低的吸收剂等技术；优质高效合成塔及其内件开发，低压高活性合成催化剂开发，实现等压合成氨等技术。二是以"油改气"和"油改煤"为核心进行原料结构调整和"多联产再加工"产品结构调整。以德士古（Texaco）水煤浆气化和壳牌（Shell）粉煤气化为代表的洁净煤技术，以及相应的合成气净化技术；以联产氢气及多种 C₁ 化工产品，并实现合成氨与尿素装置的系统集成、能量优化，提高合成氨装置的经济性。三是实施与环境友好的清洁生产。生产过程中不生成或很少生成副产物、废物，实现或接近"零排放"的清洁生产技术。四是提高生产运转的可靠性。有利于"提高装置生产运转率、延长运行周期"的技术，包括工艺优化技术、先进控制技术等将越来越受到重视。

国家发展和改革委员会制定的《中国节能技术政策大纲（2006 版）》中明确规定，合成氨产业要发展大型化、集成化、自动化生产合成氨技术；发展以天然气为原料的生产合成氨技术，主要有天然气自热转化技术（ATR）、非催化部分氧化技术（POX）以及相应合成氨净化技术；发展用烟煤、褐煤等粉煤和水煤浆制合成氨技术；采用能量系统优化技术对传统工艺进行改造。发展低能耗合成氨工艺。改进和发展工艺单元技术，包括温和转化、燃气轮机、低热耗的脱碳与变换、深冷净化、效率更高的合成回路和低压合成技术。

至今，我国以煤为原料生产合成氨的比例达到了 76%以上。提高煤气化技术水平是提高合成氨工业竞争力的关键因素之一，为此，国家大力支持开发可以降低项目投资、提高煤炭利用率、提升装置稳定性、扩大气化煤种的先进煤气化技术。

（1）高硫低热值褐煤气化炉　该气化炉以高硫低热值褐煤为原料，采用碎煤熔渣加压气化技术，为洁净化开发利用国内丰富的低热值褐煤资源走出新路。

（2）多喷嘴对置式水煤浆气化装置　我国具有自主知识产权的多喷嘴对置式水煤浆气化装置，实现了原料消耗低、有效气体成分高、碳转化率高、装置运行可靠，更易于装置大型化，总投资大幅度降低，为我国以煤为原料的合成氨工业的大型化、集约化发展提供了重要的技术支撑。

（3）航天粉煤加压气化装置　我国自主研发并掌握全部核心技术、拥有自主知识产权的航天粉煤加压气化装置，具有操作和维护简便、煤种适应性广、投资费用和运行成本低、开工率高及气化炉故障率低的特点，对大批老企业的改造，新项目建设，推动我国洁净煤气化技术及其后加工产品产业化发展具有重大带动作用。采用航天粉煤加压气化装置的合成氨年生产能力可达到 $6 \times 10^5 t$。

（4）新型型煤富氧连续气化技术　在以煤为原料生产合成氨的企业中，固定床间歇气化炉的产能占全部生产能力的 70% 以上，这部分产能不仅存在碳转化率低、能耗偏高问题，同时还排放大量的硫化物和二氧化碳，如果采用国内外先进的粉煤气化技术对其置换，不仅投资大而且技术移植期偏长。我国独创的新型型煤富氧连续气化技术工程，既可用于新建项目，同时也适用于中小氮肥企业合成氨造气系统固定床间歇气化炉改造，是符合中国国情，适应我国产业政策，顺应世界潮流的一项综合技术，是具有中国特色和强大生命力的节能减排技术。

2010 年 8 月，工业和信息化部《关于开展重点用能行业能效水平对标达标活动的通知》中，以国内同类合成氨企业能效先进水平作为参照值，确定了以无烟煤为原料的合成氨能效标杆指标，见表 0-3。

表 0-3　以无烟煤为原料的合成氨能效标杆指标

序　号	指标名称	能效标杆指标/ $(kgce/tNH_3)$	序　号	指标名称	能效标杆指标/ $(kgce/ tNH_3)$
1	优质无烟块煤综合能耗	1420	3	原料煤耗（优质无烟块煤）	1180
2	型煤综合能耗	1650	4	原料煤耗（型煤）	1410

六、合成氨生产典型流程

除电解法外，不管用何种原料制得的粗原料气中都含有硫化物、一氧化碳、二氧化碳等，这些物质都是氨合成催化剂毒物，在进行氨合成之前，需将其彻底清除。因此，合成氨生产包括以下三个主要过程。

（1）制气　即制备含有氢、一氧化碳、氮的粗原料气。

（2）精制　除去粗原料气中氢、氮以外的杂质。

（3）压缩和合成　将符合要求的氢氮混合气压缩到一定压力，在催化剂存在、高温条件下合成为氨。

各种原料制氨的典型流程如图 0-3～图 0-5。

七、合成氨工艺的特点

（1）能量消耗高　合成氨工业是能耗较高的行业，由于原料品种、生产规模和技术先进程度的差异，能耗在 $28 \sim 66 GJ/tNH_3$ 之间。因此，当原料路线确定后，生产规模和所采用的先进技术应以总体节能为目标，即能耗是评价合成氨工艺先进性的指标之一。

（2）技术要求高　氨合成的反应式很简单，但实现工业化生产过程却非常复杂。一方面由于制取粗原料气比较困难，另一方面粗原料气净化过程又比较长，而且高温高压的操作条件对氨合成设备要求也比较高。因此，合成氨工业是技术要求很高的系统工程。

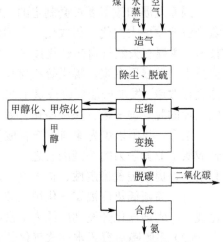

图 0-3　以无烟块煤（型煤）为原料的合成氨流程

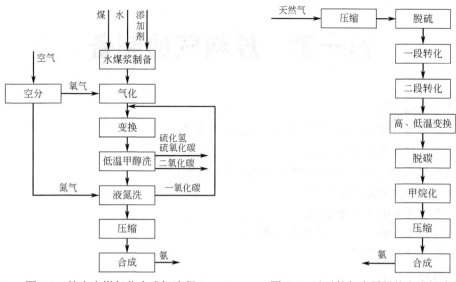

图 0-4　德士古煤气化合成氨流程　　　　图 0-5　以天然气为原料的合成氨流程

（3）高度连续化　合成氨工业还具有高度连续化大生产的特点，它要求原料供应充足连续，有比较高的自动控制和科学管理水平，确保能长周期运行，以获得较高的生产效率和经济效益。

（4）安全要求严　合成氨生产介质易燃、易爆、有毒、有害，工艺条件高温、高压，生产过程不安全因素较多。必须有科学的实事求是的态度，牢固树立安全生产观念，严格按工艺规程生产，避免事故的发生，确保装置连续、安全地运行。

（5）生产工艺典型　合成氨生产工艺中既有气-固相、气-液相非催化反应，又有气-固相、气-液相催化反应，仅催化剂就使用了十余种。同时工艺中还包括了流体输送、传热、传质、分离、冷冻等化工单元操作，是比较典型的化学工艺过程。

八、课程学习方法

合成氨课程教学是将已学过的基础课的基本理论与生产实际相结合的过程，是阐明如何按照生产要求组织合成氨生产工艺的过程，是应用合成氨理论分析和解决生产条件优化的过程。因此，课程的理论性和实践性都很强。

本课程教学可采取两种方法。一是先安排生产实习再授课，实施项目教学法。每一个生产工段为一个项目，教师在学生实习前先布置任务，学生在兼职教师的指导下，学习合成氨厂各工段的生产流程、简单工艺原理、操作控制方法、主要设备和结构以及各工段的联系，再到课堂分项目完成教学任务。二是在"厂中校"完成教学任务。兼职教授和专职教师按照现场工艺并参考本教材制订各工段教学方案，应用化学工程基本原理分析各工段的工艺条件、工艺流程和设备、控制要点和事故处理，并在教师指导下分析解决生产实际问题，现场进行物料、能量核算，优化工艺条件，实现教学做一体，专兼职教师共同实施教学。另外，也可以利用仿真装置模拟生产中开停车、正常操作及事故处理，深化对实际生产过程的理解和认识，提高职业能力。

第一章 原料气的制备

能力与素质目标

1. 能根据原料煤的性能选择适宜的煤气化生产工艺；
2. 能编制煤气化开停车方案；
3. 能对煤气化过程进行能量分析，并提出节能方案；
4. 具有实施安全生产的能力；
5. 具备查阅文献资料的能力；
6. 具有节能减排、降低生产成本的理念；
7. 具有环境保护意识。

知识目标

1. 掌握煤气化的基本原理、不同煤种气化的生产工艺；
2. 掌握甲烷蒸气气化的基本原理、工艺条件的选择及工艺流程；
3. 了解主要煤气化工艺气化炉的基本结构及特点；
4. 了解一段转化炉、二段转化炉的基本结构。

第一节 概 述

用于制造合成氨原料气的原料，按照原料的物理状态，可分为固态、气态和液态。固态主要是煤、焦，气态则有天然气、焦炉气、炼厂气等，液态包括原油、轻油和重油等。

煤是地球上最丰富的化石燃料。中国的煤炭储量远大于石油、天然气储量。根据 2011 年发表的统计数据，至 2010 年底，中国探明的煤炭储量约为 $1145 \times 10^8 t$。因此，以煤为原料制备合成氨原料气将是今后的主要方向。

煤是千百万年前远古时代植物残骸经地质作用逐渐形成的可燃性有机岩，这个形成过程称为植物的成煤作用。它是一种结构非常复杂、组成极不均匀的有机化合物与无机化合物的混合物。煤炭的种类繁多，根据它们形成的不同地质条件、成煤植物、化学组成及物理化学性质，大致可分为无烟煤、烟煤、褐煤、泥炭等。

无烟煤是变质程度最深的煤，挥发分低，含碳量高达 90%～98%，硬度高、有光泽。但化学反应性较低，热稳定性较差。

褐煤是煤化程度最低的一类煤，外观多呈褐色，水分含量高、氧含量高、发热量低、灰熔点较低、化学反应性强、热稳定性差。

一、煤的工业分析

煤的工业分析，又称煤的技术分析或实用分析，是评价煤质的基本依据。在国家标准中，煤的工业分析包括煤的水分、灰分、挥发分和固定碳等指标的测定。广义上煤的工业分析还包括煤的全硫分和发热量的测定，又称为煤的全工业分析。

1. 水分

煤中的水分直接影响煤的使用、运输和储存。水分增加，煤的有效成分相对减少，另外水分在煤燃烧时变成蒸汽要吸热，因而降低了煤的发热量。煤中的水分增加了无效运输，特别是在冬季寒冷地区，经常发生冻车，影响卸车。

煤中的水分按其存在形态可分为三种：外在水分、内在水分、结晶水。外在水分附着在煤颗粒表面，很容易在常温下的干燥空气中蒸发。内在水分吸附或凝聚在煤颗粒内部的毛细孔中，需在 100℃ 以上的温度经过一定时间才能蒸发。结晶水是指以化合方式同煤中矿物质结合的水。

2．灰分

煤中的灰分是指煤中所有可燃物完全燃烧以及煤中矿物质在一定温度下产生一系列分解、化合等复杂反应后剩余的残渣。

灰分是煤中的有害物质，同样影响煤的使用、运输和储存。灰分增加，煤中可燃物含量相对减少，降低煤的发热量，加剧设备磨损，增加排渣量。

3．挥发分

煤中的挥发分是指煤在一定温度下隔绝空气加热，逸出物质中减去水分后的含量。

挥发分是煤分类的重要指标。煤的挥发分反映了煤的变质程度，挥发分由大到小，煤的变质程度由小到大。如褐煤一般为 40%～60%，烟煤一般为 10%～50%，高变质的无烟煤则小于 10%。

4．固定碳

煤中的固定碳是煤气化的重要有效成分，通常用煤中碳含量的高低来表示。

5．硫分

煤中硫分按其存在的形态可分为有机硫和无机硫，有的煤中还含有少量的单质硫。

煤中硫分按其在空气中能否燃烧又可分为可燃硫和不可燃硫。有机硫、单质硫和硫铁矿硫都是可燃硫，硫酸盐是不可燃硫。

硫是煤中的有害元素，在气化过程中大部分硫转化为 H_2S，对合成氨生产过程中的催化剂危害较大，生成的 SO_2、SO_3 不仅腐蚀设备管道，而且污染空气。

二、煤的物理化学性质

1．机械强度

煤的机械强度包括煤的抗碎、耐磨和抗压等物理性质。煤的机械强度直接影响煤的运输、加工和工艺利用。机械强度在一定程度上反映了煤化程度，如通常无烟煤的机械强度比褐煤和烟煤高。

2．热稳定性

煤的热稳定性是指煤在高温燃烧或气化过程中对热的稳定程度，即煤在高温下保持原来粒度的性质。一般烟煤的热稳定性好，褐煤和无烟煤的热稳定性较差。因为褐煤含水分多，受热后水分蒸发，使煤碎裂。无烟煤因结构致密，受热后内外温差大，由于膨胀不均匀而产生应力，使煤碎裂。

煤的热稳定性对以块煤为原料的气化过程有很大影响。热稳定性好的煤在气化过程中能不碎成小块，或破碎较少。热稳定性差的煤在气化过程中迅速碎裂成小块或煤粉，从而增加气化炉的阻力，增加了带出物的损失，降低了气化效率。

3．化学反应性

煤的化学反应性又称煤的活性，是指在一定温度条件下，煤炭与二氧化碳、水蒸气或氧气相互作用的反应能力。

煤的化学反应性对煤的气化、燃烧等工艺过程有着很大的影响。反应性强的煤，在气化和燃烧过程中反应速率快、效率高。化学反应性越高的煤，发生反应的起始温度越低，其气化温度也越低，气化时消耗的氧气量也越少。

表示煤的化学反应性的方法很多，但通常采用的是用二氧化碳介质与煤焦进行反应，以二氧化碳的还原率来表示煤的化学反应性。二氧化碳还原率越高的煤，其化学反应性越强。

煤的化学反应性与煤的变质程度有关。一般褐煤的化学反应性最强，烟煤居中，无烟煤最差。

各种煤的化学反应性，在温度比较低的条件下差别显著，而在很高的温度条件下，温度对反应速率的影响显著加强，从而相对降低了化学反应性对气化过程影响的程度。

4．发热量

煤的发热量是评价煤质的一项重要指标，是气化过程计算不可缺少的基本数据。煤的发热量是指单位质量的煤完全燃烧时所产生的热量，根据燃烧产物中水的状态不同，发热量的数值可分为高位发热量与低位发热量两种。

高位发热量：假定煤经过燃烧后，将燃烧废气中所有的水汽都冷凝下来，成为 0℃的液态水，在此条件下，单位质量的煤完全燃烧后放出的热量。

低位发热量：假定燃烧废气中的水汽以气态存在时，单位质量的煤完全燃烧后放出的热量。

5．煤灰的熔融性、黏度和煤的结渣性

煤灰的熔融性习惯上称作煤灰的熔点，但严格来说并不确切。因为煤灰是由多种矿物质组成的混合物，这种混合物没有一个固定的熔点，而只有一个熔化温度的范围。煤灰熔融性是气化用煤的一项重要指标。

煤灰熔融性的测定方法大多采用熔点法，熔点法又分为角锥法和柱体法，其中以角锥法应用最为普遍。角锥法是将煤灰制成一定尺寸的锥体，将灰锥放入一定气体介质的高温炉中，以一定的升温速度加热，观察并记录特征温度。一般采用三个特征温度，即变形温度 T_1、软化温度 T_2 和流动温度 T_3。

变形温度 T_1 是锥体尖端开始弯曲和变圆时的温度；软化温度 T_2 是锥体弯曲至锥尖触及托板的温度；流动温度 T_3 是灰样完全熔化或展成高度小于 1.5mm 时的温度。

煤灰的黏度是说明灰渣在熔化状态时的流动性能的重要指标。对于液态排渣气化炉，不仅要求原料煤具有低的灰熔点，而且要求煤灰有较好的流动性。可查阅煤灰的黏度-温度特性图。

煤的结渣性是指煤在气化时烧结成渣的性能。易于结渣的煤受到高温时容易软化熔融而生成熔渣块。对于固态排渣的气化炉，将影响气化剂的均匀分布，并使正常排灰发生困难。

三、气化用煤的质量要求

不同的气化过程对气化用煤的质量要求不同。

1．粒度、机械强度和热稳定性

以块煤为原料的气化过程，要求炉内气流阻力小、气体分布均匀，从而有利于提高气化炉的生产能力，并可减少带出物的损失。因此不论常压或加压，以块煤为原料的气化炉，都要求原料煤的粒度均匀，有较好的机械强度和热稳定性。

2．灰分

通常随着煤中灰分含量的增多，损失于灰渣中的碳也增加，各项指标消耗上升。虽然较高灰分含量的煤仍能在气化炉中应用，但过高的灰分会使气化效率降低，能量消耗增大，故不经济。因此，根据我国的具体情况，规定常压气化炉灰分小于 25%，加压气化炉小于 19%。

3．灰熔点

不同排渣方式的气化炉对灰熔点有不同的要求。气化炉的排渣方式有固态排渣与液态排渣两类。在固态排渣的气化炉中，如由于灰熔点低而产生结渣，将使煤气质量下降，影响气化炉的正常操作。因此要求原料煤的灰熔点较高为好。反之，对于液态排渣的气化炉，则要求采用灰熔点较低的煤为原料。

固态排渣多用于以块煤为原料的气化炉，要求气化炉的操作温度小于煤的灰熔点软化温度 T_2。

液态排渣多用于劣质煤或粉煤连续气化的过程，关键是液态渣在正常生产操作条件下有一定的流动性，使液态渣能顺利地连续排出气化炉。因此，要求气化炉的操作温度大于煤的灰熔点流动温度 T_3。

4．硫分

煤中的硫分在气化过程中转化为含硫的气体，对金属有腐蚀作用，可造成后续工段催化剂的中毒。因此，不同的合成氨生产工艺对煤气中的硫含量有一定的要求，应在气体净化过程中脱除含硫组分。

四、各种煤气化生产工艺简介

煤气化工艺是煤炭的一个热化学加工过程，它是以煤或煤焦为原料，以空气（或氧气）、水蒸气等作气化剂，在高温条件下通过化学反应将煤或煤焦中可燃部分转化为可燃气体的过程。

气化后所得可燃性气体称为煤气。进行气化的设备称为气化炉。

煤气的成分取决于燃料、气化剂种类以及进行气化的条件。工业上根据所用气化剂不同可得到以下几种煤气。

空气煤气：以空气为气化剂制取的煤气，其成分主要为氮气、一氧化碳和二氧化碳。以煤为原料的间歇式制气也称之为吹风气。

水煤气：以水蒸气为气化剂制取的煤气，主要成分为氢气和一氧化碳。

混合煤气：以空气（或氧气）和适量的水蒸气为气化剂制取的煤气，或空气煤气与水煤气按所需比例混合。

半水煤气：以适量空气（或富氧空气）与水蒸气作为气化剂，所得气体组成符合 $n_{(CO+H_2)}/n_{N_2}=3.1\sim3.2$ 的混合煤气。生产上也可用水煤气和吹风气混合配制。

表 1-1 列出了用不同气化剂制得几种工业煤气的组成。

表 1-1　几种工业煤气的组成（体积分数）/%

组　分	H_2	CO	CO_2	N_2	CH_4	O_2	H_2S
空气煤气	0.5～0.9	32～33	0.5～1.5	64～66	—	—	—
混合煤气	12～15	25～30	5～9	52～56	1.5～3	0.1～0.3	—
水煤气	47～52	35～40	5～7	2～6	0.3～0.6	0.1～0.2	0.2
半水煤气	37～39	28～30	6～12	20～23	0.3～0.5	0.2	0.2

煤气制取一般由煤气化、除尘、热回收、降温除尘等过程构成，见图 1-1。由气化炉制得的煤气经除尘器除尘进入热回收装置，经洗涤、降温除尘后，水煤气（或半水煤气）送入气柜或下一工段。

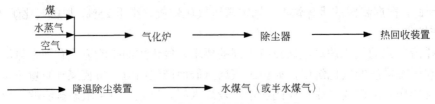

图 1-1　煤气制取的基本工艺流程

几种煤气化工艺方法简介如下：

1．常压固定层间歇式无烟煤（或焦炭）气化工艺

这是我国合成氨工业曾主要采用的煤气化技术之一，目前仍在使用。其特点是常压固定层，空气、蒸汽间歇制气，原料为 25～75mm 的无烟煤或焦炭。由于原料利用率低、单炉发气量低、能耗高、操作复杂、维修工作量大、对环境污染严重，属于逐步淘汰的工艺。

2．常压固定层无烟煤（或焦炭）富氧连续气化工艺

这是间歇式气化技术的发展和改进，其特点是可采用富氧、蒸汽为气化剂连续气化，原料采用 8～10mm 的无烟煤或焦炭，单炉发气量较大、维修工作量小、对环境污染小。

3．鲁奇固定层煤加压气化工艺

该工艺是以氧和蒸汽作气化剂的连续气化法，原料可采用黏结性烟煤和褐煤（5～50mm 的块煤或成型煤），要求原料煤热稳定性高、化学活性好、灰熔点高、机械强度高。适于生产城市煤气和燃料气，其煤气中甲烷含量约 10%。

4．德士古（Texaco）水煤浆加压气化工艺

该工艺属气流床加压气化，原料煤经磨制成水煤浆后，经加压泵送气化炉顶部单烧嘴下行制气。对原料煤适应性较广，气煤、烟煤、次烟煤、无烟煤、高硫煤及低灰熔点的劣质煤均可使用。但要求原料煤含灰量较低，灰熔点低于 1300℃，灰渣黏温特性要好。比干粉煤加压气化简单，安全可靠、投资省，单炉生产能力大，目前国际上最大的气化炉投煤量为 2000t/d，国内已投产的气化炉的最大能力为 1000 t/d。

5．Shell 干粉煤加压气化工艺

这是由荷兰国际石油公司开发的一种加压气流床粉煤气化技术。干煤粉由气化炉下部进入，属多烧嘴上行制气，适用于气化褐煤、烟煤、无烟煤及高灰熔点的煤。Shell 干粉煤加压气化技术目标定位在联合循环发电。排出气化炉的高温煤气，用庞大的、投资高的废热锅炉回收显热副产蒸汽。目前国外最大的煤气化处理量 2000t /d，气化压力为 3.0MPa。

第二节　煤气化过程的基本原理

煤气化过程是一复杂的物理和化学变化过程，由干燥、热解、气化和燃烧等过程组成。

煤开始加热后，首先释出煤中游离态水和吸附态水，大部分水分在低于 105℃释出，150℃前为干燥阶段；在 150～200℃放出吸附在煤中的气体，主要为甲烷、二氧化碳和氮；温度达 200℃以上，即可发现有机质的分解；当温度升至 250℃时，开始释出易挥发烃类；至 375～425℃煤开始呈塑性，出现浸润、膨胀和漂浮现象，形成的熔融态沥青，进一步裂解逸出烃类和氢气；升至 600℃时，煤开始半焦化，形成结炭结构，气体产物主要是烷烃、环烷烃和酚（原焦油）。至 800℃时，烃裂解成碳和氢气。

一、气化反应的化学平衡

煤在气化炉中受热分解放出低分子量的碳氢化合物，而煤本身逐渐焦化，此时可将煤近

似看作碳。碳与气化剂空气或水蒸气发生一系列的化学反应，生成气体产物。

1. 空气为气化剂

以空气为气化剂时，碳氧之间的化学反应如下

$$C+O_2 \Longrightarrow CO_2 \qquad \Delta H_{298}^{\ominus}=-393.770kJ/mol \qquad (1\text{-}1)$$

$$C+\frac{1}{2}O_2 \Longrightarrow CO \qquad \Delta H_{298}^{\ominus}=-110.595kJ/mol \qquad (1\text{-}2)$$

$$C+CO_2 \Longrightarrow 2CO \qquad \Delta H_{298}^{\ominus}=-172.284kJ/mol \qquad (1\text{-}3)$$

$$CO+\frac{1}{2}O_2 \Longrightarrow CO_2 \qquad \Delta H_{298}^{\ominus}=-283.183kJ/mol \qquad (1\text{-}4)$$

在同时存在多个反应的平衡系统中，系统的独立反应数应等于系统中的物质数减去构成这些物质的元素数。考虑惰性气体氮，则此系统中含有 O_2、C、CO、CO_2、N_2 五种物质，由 C、O、N 三种元素构成，故系统的独立反应数为：5－3＝2。一般可选式（1-1）和式（1-3）计算平衡组成。由于氧气的平衡含量甚微，为简化起见，仅用式（1-3）即可。有关反应的平衡常数见表1-2。

表1-2 反应式（1-1）和式（1-3）的平衡常数

温度/K	$C+O_2 \Longrightarrow CO_2$	$C+CO_2 \Longrightarrow 2CO$
	$K_{p_1}=p_{CO_2}/p_{O_2}$	$K_{p_3}(MPa)=p_{CO}^2/p_{CO_2}$
298.16	1.233×10^{69}	1.023×10^{-22}
600	2.516×10^{34}	1.892×10^{-7}
700	3.182×10^{29}	2.709×10^{-5}
800	6.708×10^{25}	1.509×10^{-3}
900	9.257×10^{22}	1.951×10^{-2}
1000	4.751×10^{20}	1.923×10^{-1}
1100	6.345×10^{18}	1.236
1200	1.737×10^{17}	5.772
1300	8.251×10^{15}	2.111×10
1400	6.048×10^{14}	6.285×10
1500	6.290×10^{13}	1.644×10^2

平衡组成计算：

假设 O_2 首先全部生成 CO_2，然后按式（1-3）部分转化为 CO，其平衡转化率为 α。已知空气中 $n_{N_2}/n_{O_2}=3.76$（摩尔比），反应前后各组分间的数量关系见表1-3。

表1-3 碳氧反应前后各组分的数量关系

组 分	O_2	N_2	CO_2	CO	合 计
反应前物质的量/mol	1	3.76	0	0	4.76
平衡时物质的量/mol	0	3.76	$1-\alpha$	2α	$4.76+\alpha$
平衡组成	0	$3.76/(4.76+\alpha)$	$(1-\alpha)/(4.76+\alpha)$	$2\alpha/(4.76+\alpha)$	1

$$K_{p_3}=\frac{p_{CO}^2}{p_{CO_2}}=p\times\frac{y_{CO}^2}{y_{CO_2}}=p\times\frac{4\alpha^2}{(4.76+\alpha)(1-\alpha)}$$

整理得：$(4p+K_{p_3})\alpha^2+3.76K_{p_3}\alpha-4.76K_{p_3}=0$

$$\alpha = \frac{-3.76K_{p3} + \sqrt{33.18K_{p3}^2 + 76.16K_{p3}\,p}}{8p + 2K_{p3}} \qquad (1\text{-}5)$$

将不同温度下的 K_{p3} 值及总压 p 代入上式可解出 α，从而求得系统的平衡组成。表 1-4 为总压 0.1013MPa 时空气煤气的平衡组成。

由表 1-4 可见，随着温度的升高，CO 的平衡含量增加，CO_2 的平衡含量下降。当温度高于 900℃时，气体中 CO_2 的平衡含量非常少。据式（1-5），随着压力的提高，CO 含量降低，CO_2 含量增加。

表 1-4　总压为 0.1013 MPa 时空气煤气的平衡组成/%

温度/℃	CO_2	CO	N_2	CO/（CO+CO₂）
650	10.8	16.9	72.3	61.0
800	1.6	31.9	66.5	95.2
900	0.4	34.1	65.5	98.8
1000	0.2	34.4	65.4	99.4

2. 水蒸气为气化剂

以水蒸气为气化剂时，化学反应如下：

$$C + H_2O \Longleftrightarrow CO + H_2 \qquad\qquad \Delta H_{298}^{\ominus}=131.39\text{kJ/mol} \qquad (1\text{-}6)$$

$$C + 2H_2O \Longleftrightarrow CO_2 + 2H_2 \qquad\quad \Delta H_{298}^{\ominus}=90.20\text{kJ/mol} \qquad (1\text{-}7)$$

$$CO + H_2O \Longleftrightarrow CO_2 + H_2 \qquad\quad \Delta H_{298}^{\ominus}=-41.19\text{kJ/mol} \qquad (1\text{-}8)$$

$$C + 2H_2 \Longleftrightarrow CH_4 \qquad\qquad\quad \Delta H_{298}^{\ominus}=-74.90\text{kJ/mol} \qquad (1\text{-}9)$$

上述反应系统中，独立反应数为 3。计算系统平衡组成时，一般可选式（1-6）、式（1-8）、式（1-9），其平衡常数见表 1-5。

表 1-5　反应式（1-6）、式（1-8）、式（1-9）的平衡常数

温度/K	K_{p6}	K_{p8}	K_{p9}
298.16	1.014×10^{-17}	9.926×10^{4}	7.812×10^{9}
600	5.117×10^{-6}	27.08	9.869×10^{2}
700	2.439×10^{-4}	9.017	8.854×10
800	4.456×10^{-3}	4.038	1.394×10
900	4.304×10^{-2}	2.204	3.207
1000	2.654×10^{-1}	1.374	9.7×10^{-1}
1100	1.172	0.944	3.629×10^{-1}

已知温度 T、压力 p，则有如下关系：

$$K_{p6} = \frac{p_{CO}p_{H_2}}{p_{H_2O}} \qquad (1\text{-}10)$$

$$K_{p8} = \frac{p_{CO_2}p_{H_2}}{p_{CO}p_{H_2O}} \qquad (1\text{-}11)$$

$$K_{p9} = \frac{p_{CH_4}}{p_{H_2}^2} \qquad (1\text{-}12)$$

$$p = p_{CO} + p_{CO_2} + p_{H_2} + p_{CH_4} + p_{H_2O} \qquad (1\text{-}13)$$

由系统的水平衡：

$$p_{H_2} + 2p_{CH_4} = p_{CO} + 2p_{CO_2} \tag{1-14}$$

由上述五式可求得不同温度、不同压力下系统的平衡组成。图1-2、图1-3给出了压力为0.1013MPa和2.026MPa时不同温度下的平衡组成。

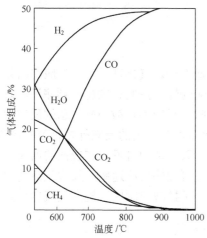

图1-2　0.1013MPa下碳-蒸汽反应的平衡组成

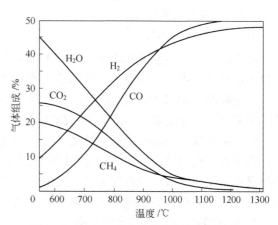

图1-3　2.026MPa下碳-蒸汽反应的平衡组成

由图1-2可见，0.1013MPa下，温度高于900℃时，平衡产物中H_2与CO的含量均接近于50%，其他组分的含量接近于零。所以在高温下进行水蒸气与碳的反应，平衡时残余水蒸气量少，水煤气中H_2及CO的含量高。比较图1-2及图1-3可见，在相同的温度下，随着压力的提高，气体中水蒸气、二氧化碳、甲烷的含量增加，而H_2及CO的含量减少。所以，欲制得H_2及CO含量高的水煤气，应在高温、低压下进行，而欲制得甲烷含量高的高热值煤气，应在低温、高压下进行。

水蒸气分解的程度通常用水蒸气分解率来表示：

$$水蒸气分解率 = \frac{水蒸气分解量}{分解前的水蒸气量} \times 100\%$$

二、气化反应速率

气化剂与碳在煤气发生炉中的反应属于气-固相非催化反应。随着反应的进行，煤的粒度逐渐减小，不断生成气体产物。其反应过程一般由气化剂的外扩散、吸附、与碳的化学反应及产物的脱附、外扩散等组成。

反应历程包括以下几个步骤：

（1）反应物的外扩散　气化剂由气相主体扩散到煤颗粒的外表面；

（2）反应物的吸附　气化剂被煤颗粒表面吸附；

（3）化学反应　气化剂与煤颗粒中的碳进行化学反应；

（4）产物的脱附　生成的气体产物从煤颗粒表面脱附；

（5）产物的外扩散　气体产物由煤颗粒表面扩散至气相主体。

过程总的反应速率取决于每个步骤的反应速率。若其中某一步骤的阻止作用最大，则总的反应速率取决于这个步骤的速率，此步骤为控制步骤。如反应物的扩散阻力最大，称为扩散控制，提高扩散速率是提高总反应速率的关键。如化学反应速率最慢，称为化学反应控制，提高化学反应速率是提高总反应速率的关键。如扩散和化学反应两个因素同时对反应速率有明显的控制作用，称为过渡区控制。属于何种控制，要由过程的性质和操作条件确定。

1. C+O$_2$══CO$_2$ 的反应速率

研究表明，当温度在 775℃以下时，其反应速率可表示为：

$$r = k y_{O_2} \tag{1-15}$$

式中　r——碳与氧生成二氧化碳的反应速率；

　　　　k——反应速率常数；

　　　　y_{O_2}——氧气的浓度。

反应速率常数与温度及活化能的关系符合阿伦尼乌斯方程。气化剂一定，反应的活化能取决于燃料的种类、结构等。反应的活化能数值一般按无烟煤、焦炭、褐煤的顺序递减。

如在高温（900℃以上）进行反应，k 值相当大，此时，反应为扩散控制，总的反应速率取决于氧气的传递速率。一般而言，提高空气流速是强化以扩散为主的反应行之有效的措施。

图 1-4 为碳燃烧反应速率与温度、氧含量及流速的关系。由图可见，在较低的温度下，气化反应处于化学反应控制，受温度影响较大，提高温度可加快反应速率，加大气流速率不能明显提高反应速率。当温度达到一定值后，气化反应处于扩散控制区，提高气流速率是提高反应速率的关键，温度对反应速率的影响已不太明显。

2. C+CO$_2$══2CO 的反应速率

此反应的反应速率比碳的燃烧速率慢很多，在 2000℃以下属于化学反应控制，反应速率大致是 CO$_2$ 的一级反应。

3. C+H$_2$O══CO+H$_2$ 的反应速率

碳与水蒸气之间的反应，在 400～1000℃的温度范围内，速率仍较慢，因此为动力学控制，在此范围内，提高温度是提高反应速率的有效措施。图 1-5 为水蒸气分解率与温度、反应时间和燃料性质的关系。

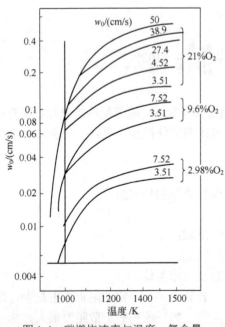

图 1-4　碳燃烧速率与温度、氧含量
及流速的关系

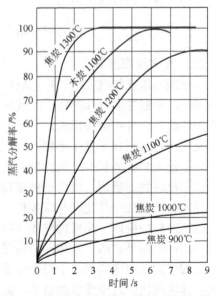

图 1-5　水蒸气分解率与温度、反应时间
和燃料性质的关系

由图 1-5 可见，当温度为 1100℃时，在相同的时间内，水蒸气与木炭反应的分解率高于与

焦炭反应的分解率，这说明木炭活性高，与水蒸气的反应速率快。对焦炭而言，随着温度的提高，达到同一分解率所用的时间减少，说明温度提高，反应速率提高。当温度达到 1300℃时，水蒸气分解率高达 100%，反应时间为 3s。因此，提高温度有利于碳与水蒸气的反应。

第三节　间歇式制气的生产工艺

一、间歇式制气的燃料层与工作循环

工业上间歇式制气是在固定层移动床煤气发生炉中进行的，如图 1-6 所示。块状燃料焦炭或煤由顶部间歇加入，气化剂通过燃料层进行气化反应，灰渣落入灰箱排出炉外。

在稳定的气化条件下，燃料层大致可分为几个区域：最上部燃料与温度较高的煤气相接触，水分被蒸发，这一区域称为干燥区。燃料下移继续受热，释放出低分子烃类，燃料本身逐渐焦炭化，这一区域称为干馏区。而气化反应主要在气化区中进行。当气化剂为空气时，在气化区的下部主要进行碳的燃烧反应，称为氧化层，其上部主要进行碳与二氧化碳的反应，称为还原层。当以水蒸气为气化剂时，在气化区进行碳与水蒸气的反应，不再区分为氧化层和还原层。反应燃料层底部为灰渣区，它可预热从炉底部进入的气化剂，同时，灰渣被冷却可保护炉箅不致过热变形。干燥区上部是没有燃料的空间，起到聚集气体的作用。燃料的分区和各区的高度随燃料的种类、性质以及气化条件的不同而不同。例如，干燥和干馏这两个区域，只有在气化含水量及挥发分高的燃料时才明显存在。当燃料中固定碳含量高时，气化区必

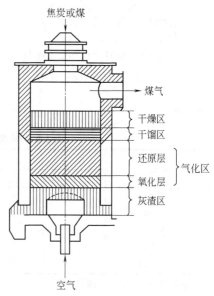

图 1-6　间歇式固定层煤气
发生炉燃料层分区示意图

然高。在生产中由于燃料颗粒不均、气体偏流等原因，导致发生炉径向温度不同，上述各区域可能交错，界限并不明显。

理论上间歇式制气，只需交替进行吹风和制气两个阶段。而实际过程由于考虑到热量的充分利用，燃料层温度均衡和安全生产等原因，通常分五个阶段进行。

（1）吹风阶段　空气从炉底吹入，进行气化反应，提高燃料层温度以积蓄热量，大部分吹风气进入余热回收系统或放空，部分吹风气回收送入气柜。

（2）一次上吹制气阶段　水蒸气从炉底送入，经灰渣区预热进入气化区，生成的水煤气送入气柜。

在一次上吹制气阶段制气过程中，由于水蒸气温度较低，加上气化反应大量吸热，使气化层温度逐渐下降，而燃料层上部却因煤气的通过，温度有所上升，气化区上移，煤气带走的显热损失增加，因而在上吹制气进行一段时间后，应改变气体流向。

（3）下吹制气阶段　水蒸气从炉顶自上而下通过燃料层，生成的煤气也送入气柜。水蒸气下行时，吸收炉面热量可降低炉顶温度，使气化区恢复到正常位置。同时，使灰层温度提高，有利于燃尽残炭。

（4）二次上吹制气阶段　下吹制气后，如立即进行吹风，空气与下行煤气在炉底相遇，可能导致爆炸。所以再做第二次蒸汽上吹，将炉底及下部管道中煤气排净。

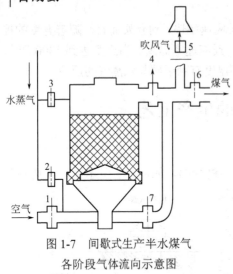

图 1-7　间歇式生产半水煤气
各阶段气体流向示意图

（5）空气吹净阶段　二次上吹后，煤气发生炉上部空间、出气管道及有关设备都充满了煤气，如吹入空气立即放空或送预热回收系统将造成很大的浪费，且当这部分煤气排至烟囱和空气接触，遇到火星也可能引起爆炸。因此，在转入吹风阶段之前，从炉底部吹入空气，使所产生的空气煤气与原来残留的水煤气一并送入气柜。

这种自上一次开始送入空气至下一次再送入空气止，称为一个工作循环。因而，所生成煤气也呈周期性的变化，这是间歇式制气的特征。

图 1-7 为间歇式生产半水煤气各阶段气体流向示意图。图中 1～7 代表液压阀。

间歇式生产半水煤气各阶段气体流向示意见表 1-6。

表 1-6　间歇式生产半水煤气各阶段气体流向示意

阶段	阀门开闭情况						
	1	2	3	4	5	6	7
吹风	○	×	×	○	○	×	×
一次上吹	×	○	×	○	×	○	×
下吹	×	×	○	×	×	○	○
二次上吹	×	○	×	○	×	○	×
空气吹净	○	×	×	○	×	○	×

注：○阀门开启；×阀门关闭。

二、间歇式生产半水煤气的工艺流程

间歇式生产半水煤气的工艺流程一般由煤气发生炉、余热回收装置、煤气降温除尘以及煤气贮存等设备构成。由于每个工作循环中有五个不同的阶段，流程中必须安装足够的阀门及双套管线，并通过自动机控制阀门的启闭。

1. UGI 型流程

此流程是 20 世纪 50～60 年代以煤为原料的中型合成氨厂采用的流程。见图 1-8。

固体燃料由加料机从煤气发生炉 1 顶部间歇加入炉内。吹风时，空气经鼓风机加压自下而上通过煤气发生炉，吹风气经燃烧室 2 及废热锅炉 4 回收热量后由烟囱放空。燃烧室中加入二次空气，将吹风气中可燃气体燃烧，使室内的格子蓄热砖温度升高。燃烧室的盖子具有安全阀的作用，当系统发生爆炸时可以泄压，以减轻对设备的破坏。蒸汽上吹制气时，煤气经燃烧室及废热锅炉回收余热后，再经洗气箱 3 及洗涤塔 5 进入气柜。下吹制气时，蒸汽从燃烧室顶部进入，经预热后进入煤气发生炉自上而下流经燃料层。由于煤气温度较低，直接经洗气箱和洗涤塔进入气柜。二次上吹时，气体流向与上吹相同。空气吹净时，气体经燃烧室、废热锅炉、洗气箱和洗涤塔进入气柜，此时燃烧室不能加二次空气。在上下吹制气时，如配入加氮空气，其送入时间应滞后于水蒸气，并在水蒸气停送之前切断，以避免空气与煤气相遇而发生爆炸。燃料气化后，灰渣经旋转炉算由刮刀刮入灰箱，定期排出炉外。

此流程虽然对吹风气的显热和潜热及上行煤气的显热加以回收，但出废热锅炉的上行煤气温度及烟气温度仍较高，热量损失较大，煤消耗及蒸汽消耗较高。

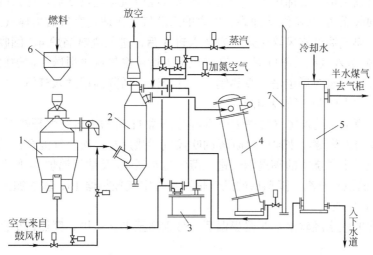

图 1-8 UGI 型工艺流程

1—煤气发生炉；2—燃烧室；3—水封槽（即洗气箱）；4—废热锅炉；

5—洗涤塔；6—燃料贮仓；7—烟囱

2．节能型工艺流程

本流程对生产过程中的余热进行了较为全面、合理的回收。其特点有二：一是回收上下行煤气的显热，这部分显热主要用于副产低压蒸汽；二是对吹风气显热和潜热的回收，主要采用"合成二气（指合成系统的放空气和氨贮罐弛放气）连续输入和吹风气集中燃烧，燃烧室体外取热"的工艺路线。如生产正常，管理良好，造气工段能基本达到蒸汽自给。如图 1-9 所示。

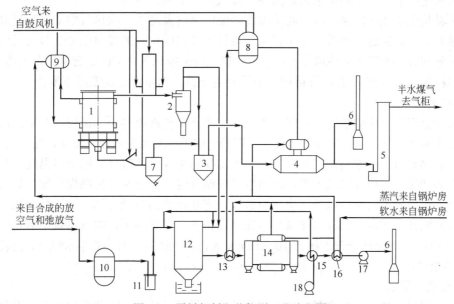

图 1-9 原料气制取节能型工艺流程图

1—煤气发生炉；2—旋风除尘器；3—安全水封；4—废热锅炉；5—洗涤塔；6—烟囱；7—集尘器；

8—蒸汽缓冲罐；9—汽包；10—尾气贮槽；11—分离器；12—燃烧室；13—蒸汽过热器；

14—烟气锅炉；15—空气预热器；16—软水加热器；17—引风机；18—二次风机

空气由煤气发生炉 1 底部进入，产生的吹风气经旋风除尘器 2 后，送入吹风气总管，进入吹风气余热回收系统。从蒸汽缓冲罐 8 出来的水蒸气加入适量空气后由煤气发生炉底送入，炉顶出来的上行煤气通过旋风除尘器，安全水封 3 后，进入废热锅炉 4，回收余热，并经过洗涤塔 5 降温后送入气柜。下吹时，蒸汽也配入适量空气从炉顶送入，炉底出来的下行煤气经集尘器 7 及安全水封后也进入废热锅炉，并经洗涤塔降温后送入气柜。二次上吹及空气吹净的气体流向与上吹制气阶段相同。

合成二气净氨后，送入尾气贮槽 10，并经分离器 11 后与来自空气预热器 15 的二次空气混合进入燃烧室 12 燃烧。来自吹风阶段的吹风气预热后与二次空气混合，其中可燃气体也在燃烧室中燃烧。出燃烧室的高温烟气进入蒸汽过热器 13 及烟气锅炉 14 回收热量，烟气锅炉产生 1.3MPa 的饱和蒸汽。降温后的烟气依次通过空气预热器 15、软水加热器 16，由引风机 17 送入烟囱 6 后放空。

来自锅炉房的软水经软水加热器提温后，分别送至夹套锅炉、废热锅炉及烟气锅炉的汽包中。

三、间歇式生产半水煤气的工艺条件

工艺条件确定的原则是在保证半水煤气成分合格的前提下，尽量提高半水煤气的产量，降低燃料及蒸汽的消耗，做到优质、高产、低消耗。而气化过程的工艺条件随燃料性能的不同差异很大，加上间歇式生产过程中燃料层温度及气体组成的周期性变化，使得间歇式生产半水煤气的工艺控制比较复杂。

1. 温度

沿着炉子的轴向而变化的燃料层温度，以氧化层温度最高。煤气发生炉的操作温度一般指氧化层温度。高炉温有利于制气，煤气中 CO 和 H_2 含量高，水蒸气分解率高，碳与水蒸气的气化反应速率加快。总的结果为炉温高，煤气的产量高，质量好。

但炉温是由吹风阶段决定的。高炉温将带来吹风气温度高，吹风气中 CO 含量高，造成热损失增大。为解决这一矛盾，在工艺流程设计上应对吹风气的显热及 CO 等可燃气体的燃烧热做充分回收；在工艺条件选择上，增大风速以降低吹风气中 CO 的含量。在上述前提下，以低于燃料灰熔 T_2 50℃左右，维持炉内不结疤为条件，尽量在较高温度下操作。

2. 吹风速率

在入炉空气量一定的情况下，提高吹风速率有利于提高燃料层的温度。在氧化层中，碳的燃烧反应属于扩散控制，提高吹风速率，有利于碳的燃烧反应；在还原层，提高吹风速率，缩短了二氧化碳与灼热碳层的接触时间，减少 CO 的生成量及吹风气的出口温度。在入炉空气量一定的情况下，提高吹风速率，还可以延长制气时间，有利于提高煤气发生炉的生产能力。同时，也使碳的消耗量减少。但风速过大，将导致吹出物量增加，燃料损失加大，严重时，出现风洞甚至吹翻，造成气化条件恶化。在正常生产条件下，吹出物量不应超过总入炉燃料量的4%，入炉空速一般控制在 10~15m/s 为宜。一般生产 $1m^3$ 的半水煤气，消耗 0.95~1.05 m^3 的空气。

3. 水蒸气用量

水蒸气用量是提高煤气产量，改善气体成分的重要手段之一。此量取决于水蒸气的流速和延续时间。蒸汽一次上吹时，炉温较高，煤气产量高、质量好。但随着制气的进行，气化区温度迅速下降，气化区上移，造成出口煤气温度升高，热损失加大，所以上吹时间不宜过长。蒸汽下吹时，气化区恢复到正常位置，特别是对于某些下吹蒸汽进行预热的流程，由于蒸汽温度较高，制气情况良好，所以下吹时间比上吹时间长。在上述前提下，对内径ϕ2740mm

的煤气发生炉,蒸汽用量一般为 5~7t/h,ϕ2400mm 的煤气发生炉,蒸汽用量一般为 2~2.6t/h。

当采用加氮空气时,在进行蒸汽分解反应的同时亦有碳的燃烧反应,如此既可缩短吹风时间,还有利于燃料层的稳定。蒸汽上吹时,燃料层温度下降比较迅速,故加氮空气用量上吹比下吹时大。

4．燃料层高度

燃料层高度对吹风和制气有着不同的影响。对制气阶段,较高的燃料层将使水蒸气停留时间加长,而且燃料层温度较为稳定,有利于提高蒸汽分解率。但对吹风阶段,由于吹风气与燃料接触时间较长,二氧化碳易被还原为一氧化碳,热损失增大,同时,燃料层阻力增大,使输送空气的动力消耗增加。一般来讲,对粒度较大、热稳定性较好的燃料,采用较高的燃料层是可取的。但对粒度较小和热稳定性较差的燃料,则燃料层不宜过高。

5．循环时间的分配

每一工作循环所需要的时间称为循环时间。一般而言,循环时间长,气化层的温度、煤气的产量和成分波动大。循环时间短,气化层的温度波动小,煤气的产量和成分也较稳定,但阀门开关占有的时间相对增加,影响煤气发生炉的气化强度,而且阀门开关过于频繁,易于损坏。根据自控水平及维护炉内工作状况稳定的原则,一般循环时间为 2.5~3min。通常循环时间一般不作随意调整,在操作中可由改变各阶段时间分配来改善煤气发生炉的工作状况。

6．气体成分

气体成分主要是要求半水煤气中 $n_{(CO+H_2)}/n_{N_2}$=3.1~3.2。通常是采用调节空气吹净及回收时间的方法,改变加氮空气量也是方法之一。但由于加氮空气量的多少对燃料层温度影响较大,加氮空气量一经确定,就不再改变。此外,还应尽量降低半水煤气中 CH_4、CO_2 和 O_2 的含量,特别要求 O_2 含量小于 0.5%。若 O_2 含量过高,不仅有爆炸危险,而且还会给变换催化剂带来严重的危害。

7．燃料品种的变化与工艺条件的调整

气化操作中,燃料的物化性能将直接影响工艺条件的选择。

优质的燃料煤一般具有灰熔点高、机械强度大、热稳定性好、化学活性好、粒度均匀等特点,采用高炉温、高风速、高碳层、短循环(简称"三高一短")的操作方法,可使煤气发生炉的气化强度大,气体质量好。而对劣质的燃料应根据具体情况调整工艺条件。对机械强度大、热稳定性差的燃料应采用低碳层气化,以减少床层阻力,风速也不宜过高。对固定碳含量低、灰分含量高的燃料,则应勤加煤,勤出灰,才能获得较高的气化强度。如果灰熔点低,则吹风时间不宜过长,应适当提高上吹蒸汽加入量,以防止结疤。

粉煤成型是补充块煤不足,合理利用燃料资源的可行措施,与同种块煤相比,具有机械强度高、热稳定性好、粒度均匀、气化阻力小、化学活性好及灰熔点高等特点,更适于"三高一短"的操作。但因固定碳少,灰分多,一般需勤加煤,勤出灰。如碳化煤球,是在粉状无烟煤中加消石灰,经混合细磨并在压球机上加压成型。湿煤球在含有二氧化碳的热气流中干燥并碳化,使煤球中氢氧化钙与二氧化碳反应生成碳酸钙。由于碳酸钙均匀分布在煤球中起到骨架作用,使煤球具有较高的机械强度。石灰加入量(按 CaO 计)约占煤球总量的 20%,这时煤的灰熔点高于1200℃。气化时煤球中碳酸钙部分分解,逸出二氧化碳,增加了比表面积,提高了反应活性。

四、间歇式煤气发生炉

间歇式煤气发生炉一般分为炉顶、炉体和炉底三大部分,其结构如图 1-10 所示。炉顶设有炉口和炉盖，开启时用于加煤（可采用自动加煤和人工加煤两种）。炉体的外壳由钢板焊成，上部内衬耐火砖及耐火水泥，下部设有夹套锅炉。夹套锅炉的主要作用是防止因气化层温度过高使灰渣粘在炉箅上，同时副产水蒸气。炉底由铸铁制成，上部与炉体大法兰相接，下部与底盘连接。底盘上拖着灰盘，灰盘上方装有炉箅，使之和灰盘一起旋转。

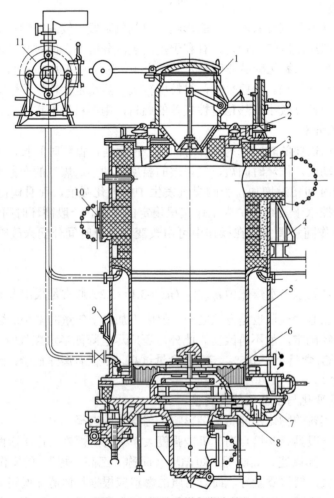

图 1-10   间歇式煤气发生炉

1—炉盖；2—探孔；3—炉体；4—支架；5—夹套锅炉；6—炉箅；7—灰盘；

8—底盘；9—夹套锅炉人孔；10—炉体人孔；11—夹套锅炉汽包

灰盘由内外两个外缘倾斜的环形铸钢圈组成。外圈称为外灰盘，内圈称为内灰盘，每圈由四块耐热铸铁件组合而成。灰盘的倾斜面上固定着四根月牙形灰筋，称推灰器，用以将灰渣推出灰盘。外灰盘底部有一铸有 100 齿的大蜗轮，此蜗轮由蜗杆带动而旋转。固定在出灰口的灰犁，在灰盘旋转时连续不断地把灰刮落至灰箱中，定期将灰排出。

炉箅是煤气发生炉的关键部件，它承担着气流均布、煤层均匀排渣和碎渣的任务。一些新型炉箅，例如螺旋锥型、均布型等，具有排渣能力强、通风面积大、气体分布均匀等特点。在煤气发生炉直径一定的情况下，炉子的气化强度直接取决于炉箅的性能。

五、正常操作要点

实践证明，在维持气化炉温度、气化层、碳层和气体成分稳定的基础上，采用高炉温、高碳层、短循环的操作方法，是提高气化效率和气化强度的有效措施。

1. 气化层温度的控制

气化层温度是炉温控制的关键，气化层温度高，煤气产量高，煤气中有效成分 CO 和 H_2 含量也高。但气化温度过高，容易产生结疤，影响正常生产，因此，气化层温度应低于燃料灰熔点 T_2 50℃左右。

在操作中，气化层温度主要根据炉顶、炉底温度、煤气中二氧化碳含量及试火情况等进行判断。若炉顶、炉底温度同时上升，表明气化层温度上升或气化层加厚；若炉顶、炉底温度同时下降，则表明气化层温度下降；若炉顶温度下降、炉底温度上升，则表明气化层位置下移，反之，表明气化层位置上移。此外，根据二氧化碳含量的变化，也可判断气化层温度或厚度的变化。二氧化碳含量下降，说明气化层温度上升或厚度增加；反之，说明气化层温度下降或厚度减小。

气化层温度是吹风和制气热效应的综合结果，气化层温度稳定与否，主要取决于空气用量和蒸汽用量是否稳定。

2. 气化层的控制

正常情况下，气化层应位于燃料层的底部，并使炉条机上具有一定厚度的灰渣保护层，稳定气化层的主要措施有以下几点：

① 原料煤灰分较高或灰熔点较低时，炉条机应保持较高的转速；反之，应保持较低的转速。

② 炉内有块状结疤、灰渣层增厚、气化层上移或炉顶温度增加时，一般应加快炉条机转速；若返焦率高、炭层下降快、气化层下移或炉底温度提高时，应减慢炉条机转速。

③ 增减负荷过程中，炉温维持稳定后，炉条机转速应相应增减。

3. 半水煤气成分的控制

应严格控制半水煤气中的氧含量。经常检查吹风空气阀和下行煤气阀关闭是否严密，并定期检查更换，严防系统漏入空气；煤气发生炉卸灰时，疤块要除尽，炉面要拨平，以防止煤层阻力不均匀形成风洞，空气偏流。

及时调节氢氮比。根据半水煤气和合成循环气的成分及其变化趋势，结合煤气发生炉的负荷及运行情况，及时调节回收及加氮时间，控制氢氮比，使其符合工艺指标；倒换空气鼓风机时，应注意鼓风机出口空气压力的变化，防止由于空气压力的变化而引起氢氮比大幅度的波动。

以煤为原料间歇式生产半水煤气的方法，虽然应用广泛但存在不少问题。特别是随着对生产规模化、环境保护和能源利用率的日益重视，间歇常压煤气化技术生产能力低、能耗高、三废量大以及对煤种要求高的缺点变得日益突出，正逐渐被淘汰。主要问题如下：

① 单炉生产能力低，有效制气时间少，气化强度较低，产气量只相当于 K-T 炉的 1/6，德士古炉的 1/20。

② 能耗高，约为 $62.8×10^6kJ/tNH_3$，要比 K-T 炉和德士古炉分别高出 $15×10^6kJ$ 和 $20×10^6kJ$。

③ 对原料煤性能要求高。煤的机械强度、热稳定性、灰熔点等其中几项，甚至一项达不到要求，都将会造成操作困难。

④ 操作管理复杂。因双套管线及多阀门，阀门启闭频繁，部件容易损坏，因而，维修工作量大。

⑤ 环境污染严重。来自洗气箱和洗气塔的含氰废水和含硫化氢、粉尘的吹风气给河流

和大气造成严重的威胁。

特别是在能源日趋紧张的情况下，以无烟块煤为原料进行煤气化已愈来愈受到限制，发展烟煤、褐煤等劣质煤为原料的制气技术已愈来愈重要。劣质煤制气技术提高了煤种的适应能力和单炉生产能力，降低了原料消耗，提高了热能回收率；排渣方式为液态，减少了环境污染。从国外引进壳牌粉煤气化技术、德士古水煤浆气化技术、GSP 煤气化技术等先进煤气化工艺，在国内的应用已取得了一定成果，并正在逐渐国产化。

六、间歇式煤气发生炉的物料衡算和热量衡算

进行物料衡算和热量衡算的目的是确定工艺指标，并为选用辅助设备提供依据。物料衡算是热量衡算的基础。

通常采用的是以实测煤气成分为依据的计算方法，采用此法计算，要有准确的吹风气及加氮水煤气成分分析数据。对于间歇式煤气发生炉，煤是间歇加入的，在加煤的初期、中期和后期，气化强度和气体成分是有所不同的。在一个循环中，吹风气和吹净气成分不同，蒸汽上吹、下吹和二次上吹制得的水煤气成分也不相同，计算中如把这些因素都考虑进去，将使计算过分复杂，所以在实际中只采用两种气体成分计算，即吹风气和加氮水煤气，其组成必须是采用每一次加煤过程中的平均组成。以下通过实例对煤气发生炉进行物料衡算和热量衡算。

（一）已知条件

1．原料煤组成（质量分数）

组分	C	H	O	N	S	A	W	合计
x_i/%（湿）	78.01	1.44	0.45	0.76	0.48	13.76	5.10	100
x_i/%（干）	82.20	1.52	0.47	0.80	0.51	14.50	—	100

2．原料煤热值
28164.6kJ/kg。

3．吹风气组成

组分	H_2	CO	CO_2	O_2	N_2	CH_4	合计	H_2S
y_i/%	2.90	5.45	16.96	0.40	73.57	0.72	100	0.8281g/m³

4．水煤气组成（制气时加氮）

组分	H_2	CO	CO_2	O_2	N_2	CH_4	合计	H_2S
y_i/%	41.50	31.75	7.80	0.35	17.82	0.78	100	1.353g/m³

5．灰渣组成（质量分数）

组分	C	S	A	合计
x_i/%	14.80	0.20	85	100

6．循环时间

循环阶段	吹风	上吹	下吹	二次上吹	空气吹净	合计
时间/s	30	46.5	60	9	4.5	150
时间分配/%	20	31	40	6	3	100

7．各种物料进出炉的温度

空气 温度30℃，相对湿度80%

吹风气 450℃

上行煤气 400℃

下行煤气 250℃

灰渣 250℃

蒸汽 压力0.20MPa，温度220℃

8．吹出物量为入炉煤量的4%（吹出物组成同入炉煤干基组成）

（二）计算基准

100kg入炉煤（湿基）。

（三）基本的物料衡算

1．吹出物带出的各组分质量（kg）

吹出物量为 100×4%=4

其中 C 4×0.822=3.288

H 4×0.0152=0.0608

O 4×0.0047=0.0188

N 4×0.008=0.032

S 4×0.0051=0.0204

A 4×0.145=0.58

2．由灰渣平衡计算灰渣质量（kg）

$$灰渣质量 = \frac{13.76-0.58}{0.85} = 15.506$$

其中 C 15.506×0.148=2.295

S 15.506×0.002=0.031

A 15.506×0.85=13.18

3．煤中各组分损失于吹出物及灰渣中的总质量（kg）

其中 C 3.288＋2.295=5.583

H 0.0608

O 0.0188

N 0.032

S 0.0204＋0.031=0.0514

A 0.58+13.18=13.76

4．煤气化后进入煤气中各元素的质量（kg）

其中 C 78.01−5.583=72.427

H $1.44+5.10\times\frac{2}{18}-0.0608=1.946$

O $0.45+5.10\times\frac{16}{18}-0.0188=4.965$

N 0.76−0.032=0.728

S 0.48−0.0514=0.429

（四）吹风阶段的计算

1．物料衡算

（1）每标准立方米吹风气所含各元素质量（kg）

每标准立方米吹风气所含某元素的量=每标准立方米吹风气中所含该元素的体积之和×该元素的原子量÷22.4

$$C=\frac{12}{22.4}\times(0.0545+0.1696+0.0072)=0.124$$

$$H=\frac{2}{22.4}\times(0.029+0.0072\times2)+0.0008281\times\frac{2}{34}=0.00392$$

$$O=\frac{32}{22.4}\times\left(0.0545\times\frac{1}{2}+0.1696+0.0042\right)=0.287$$

$$N=\frac{28}{22.4}\times0.7357=0.92$$

$$S=0.0008281\times\frac{32}{34}=0.000779$$

（2）由碳平衡计算吹风气产量 [m³（标）]

进入吹风气中的碳量=吹风气的体积×每标准立方米吹风气所含碳量

$$吹风气的产量=\frac{72.427}{0.124}=584.09$$

（3）由氮平衡计算空气用量 [m³（标）]

用于吹风的空气中的含氮量+100kg 煤进入吹风气中的氮量=吹风气的体积×每标准立方米吹风气所含氮量

$$空气用量=\frac{584.09\times0.92-0.728}{0.79\times\frac{28}{22.4}}=543.43$$

（4）空气带入水蒸气量（kg）

查得空气温度为 30℃，相对湿度 80%，空气中水蒸气含量为 0.0213kg/kg 干气。

空气带入水蒸气量　543.43×1.293×0.0213=14.967

1.293——空气的密度，kg/m³

（5）由氢平衡计算吹风气中水蒸气含量（kg）

进项

原料煤带入氢量　1.946

空气中水蒸气带入氢量　$14.967\times\frac{2}{18}=1.663$

合计　3.609

出项：

干吹风气中含氢量　584.09×0.00392=2.29

吹风气中水蒸气含氢量　3.609−2.29=1.319

合计　3.609

吹风气中含水蒸气的量　$1.319×\dfrac{18}{2}=11.871$

每标准立方米吹风气中含水蒸气量（kg）

$$\dfrac{11.871}{584.09}=0.0203$$

（6）氧平衡（kg）

进项：

原料煤带入氧量　4.965

空气带入氧量　$543.43×0.21×\dfrac{32}{22.4}=163.03$

空气中水蒸气带入氧量　$14.967×\dfrac{16}{18}=13.304$

合计　181.3

出项：

干吹风气中含氧量　$584.09×0.287=167.63$

吹风气中水蒸气含氧量　$11.871×\dfrac{16}{18}=10.552$

合计　178.18

误差　$\dfrac{181.3-178.18}{181.3}×100\%=1.72\%$

（7）硫平衡（kg）

进项　原料煤带入硫　0.429

出项　吹风气中含硫量　$584.09×0.000779=0.455$

2．热量衡算

热量衡算依据是能量守恒定律。对于吹风阶段，可表示为：

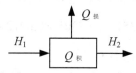

H_1——进入气化炉各物料的焓值之和（原料煤、空气）；

H_2——出气化炉各物料的焓值之和（吹风气、吹出物）；

$Q_积$——吹风阶段积蓄在炭层中的热量；

$Q_损$——气化炉向外界散失的热量。

依据热量平衡：$H_1=H_2+Q_积+Q_损$

$$Q_积=H_1-H_2-Q_损$$

基准温度0℃，物质基准：100kg煤

（1）进项（kJ）

原料煤的热值　　　　　　　$100×28164.6=2816460$

原料煤的显热　　　　　　　$100×1.0467×30=3140.1$

式中　1.0467——原料煤的平均恒压比热容，kJ/（kg·℃）。

干空气的焓　　　　　　　　$543.43×1.2979×30=21159.53$

式中　1.2979——空气的平均恒压比热容，kJ/（m³·℃）。

空气中水蒸气的焓　　　　　14.967×2556=38255.65

式中　2556——30℃时饱和水蒸气的焓，kJ/kg。

合计　2879015.3

（2）出项（kJ）

吹风气的热值　　　　　584.09×1346.4=786418.78

式中　1346.4——单位体积吹风气的热值，kJ/m³（标）。

计算过程如下：

查得各组分气体的高热值

组分	H₂	CO	CH₄
$H_{v,i}$ [kJ/m3（标）]	12769.7	12644.1	39858.3

每标准立方米吹风气的热值$=\sum H_{v,iy_i}$

$\qquad\qquad$ =12769.7×0.029＋12644.1×0.0545＋39858.3×0.0072

$\qquad\qquad$ =1346.4

干吹风气的显热　584.09×1.4455×450=379935.94

式中　1.4455——干吹风气的平均恒压比热容，kJ/[m³（标）·℃]。

计算过程如下：

查得各组分在0～450℃的平均恒压摩尔比热容为

组分	H₂	CO	CO₂	O₂	N₂	CH₄
$\overline{c}_{pi}$ / [kJ/（kmol·℃）]	29.2239	29.9775	44.5894	31.0661	29.7305	46.8922

吹风气的平均恒压体积比热容为

$\overline{c}_{pm}=\sum y_i\overline{c}_{pi}$=(0.029×29.2239＋0.0545×29.9775＋0.1696×44.5894＋0.004

$\qquad\qquad$ ×31.0661＋0.7357×29.7305＋0.0072×46.8922)$\times\dfrac{1}{22.4}$

$\qquad$ =1.4455 kJ/[m³（标）·℃]

吹风气中水蒸气的焓　　　　　11.871×3384.19=40173.72

式中　3384.19——450℃时过热蒸气的焓，kJ/kg。

吹出物的热值（干煤的热值）

$$4\times28164.6\times\dfrac{1}{1-0.051}=118712.75$$

吹出物的显热　　　　　4×1.0467×450=1884.06

灰渣中可燃物的热值　33913×2.295＋10467×0.031=78154.81

式中　33913，10467——分别为碳和硫的热值，kJ/kg。

灰渣的显热　15.506×0.963×250=3733.07

式中　0.963——灰渣的平均比热熔，kJ/（kg·℃）。

散热损失（取原料煤热值的6%）　2816460×0.06=168987.6

合计　1578000.7

（3）积蓄在炭层中的热量

$$2879015.3-1578000.7=1301014.6$$

（4）吹风效率$=\dfrac{1301014.6}{2816460}\times100\%=46.19\%$

（5）热量平衡表

进项/kJ		出项/kJ	
1. 原料煤的热值	2816460	1. 吹风气的热值	786418.78
2. 原料煤的显热	3140.1	2. 干吹风气的显热	379935.94
3. 干空气的焓	21159.53	3. 吹风气中水蒸气的焓	40173.72
4. 空气中水蒸气的焓	38255.65	4. 吹出物的热值	118712.75
		5. 吹出物的显热	1884.06
		6. 灰渣中可燃物的热值	78154.81
		7. 灰渣的显热	3733.07
		8. 散热损失	168987.6
		9. 积蓄在炭层中的热量	1301014.6
合　　计	2879015.3	合　　计	2879015.3

（五）制气阶段

1. 物料衡算

（1）每立方米水煤气所含各元素质量（kg）

$$C=\frac{12}{22.4}\times(0.3175+0.078+0.0078)=0.216$$

$$H=\frac{2}{22.4}\times(0.415+0.0078\times2)+0.001353\times\frac{2}{34}=0.0385$$

$$O=\frac{32}{22.4}\times\left(0.3175\times\frac{1}{2}+0.078+0.0035\right)=0.343$$

$$N=0.1782\times\frac{28}{22.4}=0.223$$

$$S=0.001353\times\frac{32}{34}=0.00127$$

（2）由碳平衡计算水煤气产量 [m³（标）]

$$\frac{72.427}{0.216}=335.31$$

（3）由氮平衡计算加氮空气用量 [m³（标）]

$$\frac{335.31\times0.223-0.728}{0.79\times\dfrac{28}{22.4}}=74.981$$

（4）空气带入水蒸气量（kg）

$$74.981\times1.293\times0.0213=2.065$$

（5）氢平衡

假设条件：

上行煤气产量为 $x\,\mathrm{m^3}$（标）

上行煤气中水蒸气含量为 $0.26\,\mathrm{kg/m^3}$（标）干气

上下吹蒸汽量均为 $W\,\mathrm{kg}$

下行煤气产量为 $(335.31-x)\,\mathrm{m^3}$（标）

下行煤气中水蒸气含量为 $0.51\,\mathrm{kg/m^3}$（标）干气

为计算方便起见，假设上下吹时煤气成分相同，上下吹加氮按均匀加入计算。

上行阶段：

进项（kg）

原料煤带入氢量　$1.946\times\dfrac{x}{335.31}=0.005804x$

水蒸气带入氢量　$W\times\dfrac{2}{18}=\dfrac{W}{9}$

空气中水蒸气带入氢量　$2.065\times\dfrac{2}{18}\times\dfrac{x}{335.31}=0.0006843x$

合计　$0.006488x+\dfrac{W}{9}$

出项（kg）

煤气中含氢量　$0.0385x$

煤气中水蒸气带入氢量　$0.26\times\dfrac{2}{18}x=0.02889x$

合计　$0.06739x$

由氢平衡　$0.006488x+\dfrac{W}{9}=0.06739x$

整理得　$W=0.5481x$　　　　　　　　　　　　　　　　　　　　　（1）

下行阶段：

进项（kg）

原料煤带入氢量　$1.946\times\left(1-\dfrac{x}{335.31}\right)=1.946-0.005804x$

蒸汽带入氢量　$\dfrac{W}{9}$

空气中水蒸气带入氢量

$$2.065\times\dfrac{2}{18}\times\left(1-\dfrac{x}{335.31}\right)=0.2294-0.0006843x$$

合计　$2.1754+\dfrac{W}{9}-0.0006488x$

出项（kg）

煤气中含氢量　$(335.31-x)\times0.0385=12.909-0.385x$

煤气中水蒸气含氢量　$0.51\times\dfrac{2}{18}\times(335.31-x)=19.001-0.05667x$

合计　$31.91-0.09517x$

由氢平衡 $2.1754+\dfrac{W}{9}-0.0006488x=31.91-0.09517x$

整理得 $W=267.61-0.7981x$ （2）

式（1）、式（2）联立得 $0.5481x=267.61-0.7981x$

$$x=198.79 \text{ m}^3（标）$$

$$W=108.96\text{kg}$$

由此得

上行煤气产量 198.79 m^3（标）

上行煤气产量占总产量的比例

$$\frac{198.79}{335.31}\times100\%=59.28\%$$

下行煤气产量 $335.31-198.79=136.52$ m^3（标）

下行煤气产量占总产量的比例

$$\frac{136.52}{335.31}\times100\%=40.71\%$$

上行煤气中的水蒸气含量 $198.79\times0.26=51.685\text{kg}$

下行煤气中的水蒸气含量 $136.52\times0.51=69.625\text{kg}$

上吹消耗蒸汽量 108.96kg

下吹消耗蒸汽量 108.96kg

蒸汽消耗总量 $108.96\times2=217.92\text{kg}$

上吹蒸汽分解率 $\dfrac{108.96-51.685}{108.96}\times100\%=52.57\%$

下吹蒸汽分解率 $\dfrac{108.96-69.625}{108.96}\times100\%=36.10\%$

平均蒸汽分解率 $\dfrac{217.92-69.625-51.685}{108.96}\times100\%=44.33\%$

（6）氧平衡

进项（kg）

原料煤带入氧量 4.965

水蒸气带入氧量 $217.92\times\dfrac{16}{18}=193.71$

空气带入氧量 $74.981\times0.21\times\dfrac{32}{22.4}=22.494$

空气中水蒸气带入氧量 $2.065\times\dfrac{16}{18}=1.836$

合计 223.01

出项（kg）

煤气中含氧量 $335.31\times0.343=115.01$

煤气中水蒸气含氧量 $（51.685+69.625）\times\dfrac{16}{18}=107.83$

合计 222.84

误差 $\dfrac{223.01-222.84}{223.01}\times100\%=0.076\%$

（7）硫平衡

进项：原料煤带入硫量 0.429kg

出项：煤气中含硫量 0.00127×335.31=0.426kg

2．热量衡算

依据热量平衡：

进入气化炉物料的焓值 H_1' +从炭层中吸取的热量 $Q_吸$ =出气化炉物料的焓值 H_2' +气化炉向外界散失的热量 $Q_损$

$$Q_吸 = H_2'+Q_损-H_1'$$

温度基准 0℃，物质基准 100kg 煤。

（1）进项（kJ）

原料煤的热值　100×28164.6=2816460

原料煤的显热　100×1.0467×30=3140.1

蒸汽的焓　217.92×2910=634147.2

式中　2910——0.20MPa，220℃过热水蒸气的焓，kJ/kg。

干空气的焓　74.981×1.2979×30=2919.54

空气中水蒸气的焓　2.065×2556=5278.14

合计　3461945

（2）出项（kJ）

水煤气的热值　335.31×9624.852=3227309.1

式中　9624.852——单位体积水煤气的热值，kJ/m³（标）。

上行煤气的显热　198.79×1.3739×400=109247.03

式中　1.3739——上行煤气在 0~400℃之间的平均恒压比热容，kJ/[m³（标）·℃]。

下行煤气的显热　136.52×1.3534×250=46191.54

式中　1.3534——下行煤气在 0~250℃之间的平均恒压比热容，kJ/[m³（标）·℃]。

上下行水煤气中水蒸气的焓　51.685×3276.588+69.625×2973.465=376377.95

式中　3276.588，2973.465——分别为 400℃和 250℃过热蒸气的焓，kJ/kg。

吹出物的热值　118712.75

吹出物的显热　1884.06

灰渣中可燃物的热值　78154.81

灰渣的显热　3733.07

散热损失　168987.6

合计　4130597.9

（3）需从炭层吸取的热量

$$4130597.9-3461945=668652.9kJ$$

（4）制气效率=$\dfrac{3227309.1}{2816460+668652.9+634147.2}×100\% = 78.35\%$

（5）热量平衡表

进项/kJ		出项/kJ	
1．原料煤的热值	2816460	1．煤气的热值	3227309.1
2．原料煤的显热	3140.1	2．上行煤气的显热	109247.03
3．蒸汽的焓	634147.2	3．下行煤气的显热	46191.54
4．干空气的焓	2919.54	4．上下行煤气中水汽的焓	376377.95
5．空气中水汽的含量	5278.14	5．吹出物的热值	118712.75
6．从炭层中吸取热量	668652.9	6．吹出物的显热	1884.06
		7．灰渣中可燃物的热值	78154.81
		8．灰渣的显热	3733.07
		9．散热损失	168987.6
合　　计	4130597.9	合　　计	4130597.9

（六）总过程计算

1．原料煤使用分配

设 100kg 原料煤中用于制气的量为 x kg

根据热量平衡得

$$668652.9x=(100-x)\times1301014.6$$
$$x=66.05\text{kg}$$

100kg 原料煤用于制水煤气的量为 66.05kg，用于吹风蓄热的量为 33.95kg。

2．100kg 原料煤的生产指标

吹风气产量　$584.09\times0.3395=198.29\ \text{m}^3$（标）

水煤气产量　$335.31\times0.6605=221.47\ \text{m}^3$（标）

吹风空气耗量　$543.43\times0.3395=184.49\ \text{m}^3$（标）

加氮空气耗量　$74.981\times0.6605=49.52\ \text{m}^3$（标）

蒸汽耗量　$217.92\times0.6605=143.94\text{kg}$

3．配气计算

配气量计算

$$半水煤气中\ \frac{n_{(CO+H_2)}}{n_{N_2}}=3.2$$

$$吹风气中有效成分\ y_{(CO+H_2)}=5.45\%+2.9\%=8.35\%$$

$$y_{N_2}=73.57\%$$

$$水煤气中有效成分\ y_{(CO+H_2)}=31.75\%+41.5\%=73.25\%$$

$$y_{N_2}=17.82\%$$

设 $1\ \text{m}^3$（标）水煤气中需配入吹风气量 $x\ \text{m}^3$（标）

$$8.35x+73.25=3.2(17.82+73.57x)$$
$$x=0.0715\ \text{m}^3（标）$$

100kg 煤制煤气时水煤气产量为 $221.47\ \text{m}^3$（标），需配入的吹风气量 $221.47\times0.0715=15.84\ \text{m}^3$（标）。

100kg 煤可制得半水煤气量为

$$221.47+15.84=237.31\ \text{m}^3（标）$$

半水煤气成分为

$$y_{H_2} = \frac{0.415 + 0.029 \times 0.0715}{1 + 0.0715} \times 100\% = 38.92\%$$

$$y_{CO} = \frac{0.3175 + 0.0545 \times 0.0715}{1 + 0.0715} \times 100\% = 30\%$$

$$y_{CO_2} = \frac{0.078 + 0.1696 \times 0.0715}{1 + 0.0715} \times 100\% = 8.41\%$$

$$y_{O_2} = \frac{0.0035 + 0.004 \times 0.0715}{1 + 0.0715} \times 100\% = 0.35\%$$

$$y_{N_2} = \frac{0.1782 + 0.735 \times 0.0715}{1 + 0.0715} \times 100\% = 21.54\%$$

$$y_{CH_4} = \frac{0.0078 + 0.0072 \times 0.0715}{1 + 0.0715} \times 100\% = 0.78\%$$

$$总效率 = \frac{221.47 \times 9624.852 + 15.84 \times 1346.4}{2816460 + 143.94 \times 2910} \times 100\% = 66.54\%$$

4. 消耗定额（以吨氨为基准）

假设生产吨氨消耗半水煤气为 3350 m³（标）

$$原料煤耗 \quad \frac{3350}{237.31} \times 100 = 1411.7\,kg$$

折合成标准煤为

$$1411.7 \times \frac{28164.6}{29307.6} = 1356.6\,kg$$

标准煤的热值为 29307.6kJ/kg

$$空气消耗量 \quad \frac{1411.7}{100} \times (184.49 + 49.51) = 3303.5 \quad m^3（标）$$

$$蒸汽消耗量 \quad \frac{1411.7}{100} \times 143.94 = 2032\,kg$$

（七）总过程热的物料热量平衡

总过程的物料平衡和热量平衡，可由原料分配百分数分别乘以吹风，制气过程已算的结果即可求出，此计算过程略去，可作为课外练习。

第四节　水煤浆气化生产工艺

鉴于加压连续输送粉煤的难度较大，1948 年美国德士古发展公司（Texaco Development Corporation）首先创建了一种以水煤浆为进料的加压气流床气化工艺（Texaco coal gasification process）。1975 年开始建设一台德士古水煤浆气化工业示范炉，气化压力 4.0MPa，投煤量 150t/d，采用废热锅炉流程回收热量，副产蒸汽。

一、基本原理和特点

水煤浆气化是指煤、石油、焦等碳氢化合物以水煤（炭）浆的形式与气化剂一起通过喷嘴，气化剂高速喷出与料浆并流混合雾化，在气化炉内进行火焰型非催化部分氧化反应的工艺过程。

水煤浆气化是一复杂的物理和化学反应过程，对此反应的机理有许多不同的观点，大致可分为煤浆升温及水分蒸发、煤热解挥发、残炭气化和气体间的化学反应等过程。

水煤浆和氧气喷入气化炉后，迅速被加热到高温，水煤浆中的水分急速变为水蒸气，煤粉发生干馏及热裂解，释放出焦油、酚、甲醇、甲烷等挥发分。煤粉变为煤焦，因这一区域氧气浓度高，在高温下挥发分迅速完全燃烧，同时放出大量热量。因此，煤气中不含有焦油、酚、高级烃等可凝聚产物。

形成的煤焦一方面与剩余的氧气发生燃烧反应，生成 CO、CO_2 等气体，另一方面，煤焦与水蒸气和 CO_2 发生气化反应，生成 CO 和 H_2，灰渣采用液态排渣。

水煤浆气化有如下优点：

① 可用于气化的原料范围比较宽，对煤的活性没有严格的限制，几乎从褐煤到无烟煤的大部分煤种都可采用该项技术进行气化，但对煤的灰熔点有一定要求，一般要低于 1400℃。还可气化石油、煤液化残渣、沥青等原料。

② 与干粉进料比较，具有安全并容易控制的优点。

③ 操作弹性大，气化过程碳转化率比较高，可达 95%～99%。

④ 粗煤气质量好，有效成分（$CO+H_2$）可达 80%左右，除含少量甲烷外，不含其他烃类、酚类和焦油等物质，粗煤气后续过程无须特殊处理而可采用传统气体净化技术。

⑤ 可供选择的气化压力范围宽，操作压力等级在 2.6～8.5MPa 之间。

⑥ 气化过程污染少，环保性能好。

但德士古水煤浆气化存在如下问题：

① 子喷嘴使用周期短，一般使用 60～90 天就需更换和修复。

② 水煤浆含水量高，使冷煤气效率和煤气中的有效成分偏低，氧耗、煤耗均比粉煤气化要高一些。

二、工艺流程

水煤浆加压气化的工艺流程按热回收方式不同，可分为激冷流程（制氨、制氢）和废热锅炉流程（制 CO、煤气化、联产）。在此只介绍激冷流程。水煤浆加压激冷流程分为水煤浆制备、水煤浆气化和灰处理三部分。

1．水煤浆制备工艺流程

如图 1-11 所示，煤料斗 1 中的原料煤，经称量给料器 2 加入磨煤机 9 中。向磨煤机中加

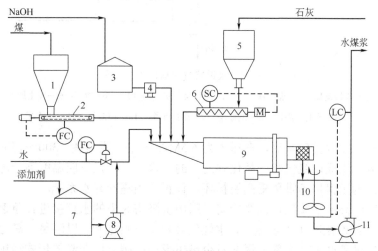

图 1-11　水煤浆制备工艺流程

1—煤料斗；2—称量给料器；3—氢氧化钠贮槽 4—氢氧化钠泵；5—石灰贮斗；6—石灰给料输送机；

7—添加剂槽；8—添加剂泵；9—磨煤机；10—磨煤机出口槽；11—磨煤机出口槽泵

入软水，煤在磨煤机内与水混合，被湿磨成高浓度的水煤浆。添加剂通过添加剂槽 7 用添加剂泵 8 加到磨煤机。氢氧化钠贮槽 3 中的溶液，用氢氧化钠泵 4 加到磨煤机，将水煤浆的 pH 值调节到 7～8。石灰由贮斗 5 经给料输送机 6 送入磨煤机。磨煤机制备好的水煤浆，经过滤除去大颗粒料粒，流入磨煤机出口槽 10，再经磨煤机出口槽泵 11，送到气化工序。

采用水煤浆加压气化的大型氨厂，磨煤机为棒磨机，它具有一个可转动的卧式外筒，筒内装有许多小短棒。当外筒转动时，原料煤等物料在小棒的冲击和相互摩擦作用下磨成水煤浆。棒磨机外筒直径 3.35m，长 5.18m，每小时可处理 35t 原料煤。磨煤机也可采用球磨机。

2．水煤浆气化激冷流程

如图 1-12 所示，浓度为 65%左右的水煤浆，经过浆振动器 1 除机械杂质进入煤浆槽 2，用煤浆泵 3 加压后送到德士古喷嘴。由空分来的高压氧气，经氧气缓冲罐 4，通过喷嘴 5，对水煤浆进行雾化后进入气化炉 6。氧煤比是影响气化炉操作的重要因素之一，通过自动控制系统控制。

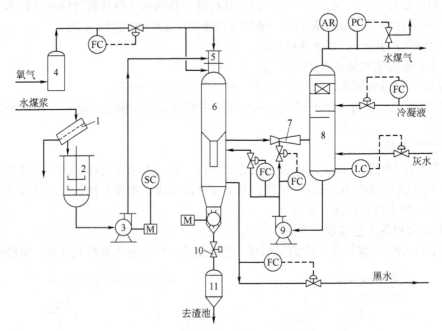

图 1-12　水煤浆气化激冷工艺流程

1—浆振动器；2—煤浆槽；3—煤浆泵；4—氧气缓冲罐；5—喷嘴；6—气化炉；

7—文丘里洗涤器；8—洗涤塔；9—激冷水泵；10—锁渣阀；11—锁渣罐

水煤浆和氧气喷入反应室后，在压力为 6.5MPa 左右、温度为 1300～1500℃条件下，迅速完成气化反应，生成以氢气和一氧化碳为主的水煤气。气化反应温度高于煤灰熔点，以便实现液态排渣。为了保护喷嘴免受高温损坏，设置有喷嘴冷却水系统。

离开反应室的高温水煤气进入激冷室，用由洗涤塔 8 来的水直接进行急速冷却，温度降到 210～260℃，同时激冷水大量蒸发，水煤气被水蒸气所饱和，以满足一氧化碳变换反应的需要。气化反应过程产生的大部分煤灰及少量未反应的碳，以灰渣的形式经锁渣泵 10 进入锁渣罐 11 排出。

离开气化炉激冷室的水煤气，依次通过文丘里洗涤器 7 及洗涤塔，用灰处理工段送来的灰水及变换工段的工艺冷凝液进行洗涤，彻底除去煤气中细灰及未反应的炭粒。净化后的水煤气，离开洗涤塔，送到一氧化碳变换工序。为了保证气化炉安全操作，设置压力为7.6MPa的高压氮气系统。

3. 灰处理工艺流程

如图1-13所示，由气化炉锁渣罐与水一起排出的粗渣，进入渣池1，经链式输送机及皮带输送机2，送入渣斗3，排出厂区。渣池中分离出的含有细灰的水，用渣池泵4输送到沉淀池13，进一步进行分离。

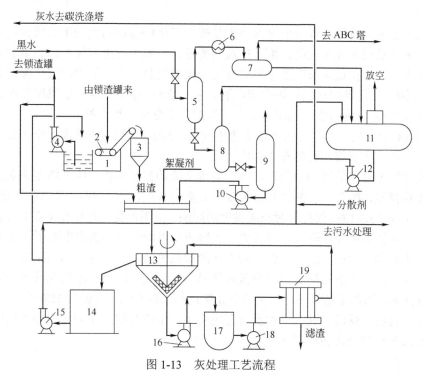

图1-13　灰处理工艺流程

1—渣池；2—输送机；3—渣斗；4—渣池泵；5—高压闪蒸槽；6—灰水加热器；7—分离器；

8—低压闪蒸罐；9—真空闪蒸槽；10—沉淀给料泵；11—洗涤塔给料槽；12—洗涤给料泵；

13—沉淀池；14—灰水槽；15—灰水泵；16—沉淀池底泵；

17—过滤给料槽；18—过滤给料泵；19—压滤机

由气化工段激冷室排出的含有细灰的黑水，经减压阀进入高压闪蒸槽5，高温液体在槽内突然降压膨胀，闪蒸出水蒸气及二氧化碳、硫化氢等气体。闪蒸气经灰水加热器6降温后，进入高压闪蒸气分离器7，分离出来的二氧化碳、硫化氢等气体，送到变换工段。液体送到洗涤塔给料槽11。

黑水经高压闪蒸后，送到低压灰浆闪蒸槽8进行第二级减压膨胀，闪蒸气进入洗涤塔给料槽，其中的水蒸气被冷凝，不凝气体分离后排入大气。黑水被进一步浓缩后，送到真空闪蒸槽9中，在负压下闪蒸出水蒸气及酸性气体。

从真空闪蒸槽排出的黑水，固体含量约1%，用沉淀给料泵10输送到沉淀池。为了加快固体粒子在沉淀池中的重力沉降速率，从絮凝剂管式混合器前加入阴、阳离子絮凝剂。黑水中的固体物质几乎全部沉降在沉淀池底部，沉降物固体含量20%～30%，用沉淀池底泵16送到过滤给料槽17，再用过滤给料泵18送到压滤机19，滤渣作为废料排出厂区，滤液返回沉淀池 13。

　　在沉淀池内澄清后的灰水，溢流进入立式灰水槽 14，大部分用灰水泵 15 送到洗涤塔给料槽。在去洗涤塔给料槽的灰水管线上，加入适量的分散剂，避免灰水在下游管线及换热器中沉积出固体。从洗涤塔给料槽出来的灰水，用洗涤塔给料泵送到灰水加热器，加热后作为洗涤用水，送入碳洗涤塔。一部分灰水循环进入渣池，另一部分灰水作为废水，送到废水处理工段，以防止有害物质在系统中积累。

三、工艺条件

1. 煤质

（1）煤灰的黏温特性　煤灰的黏温特性是确定气化炉操作温度的重要依据。煤灰的黏温特性是指熔融态的煤灰在不同的温度下的流动特性，一般用熔融态煤灰的黏度表示。在水煤浆加压气化中，为了保证煤灰以液态形式排出，煤灰的黏温特性是确定气化操作温度的主要依据。实践证明，为使煤灰从气化炉中能以液态顺利排出，熔融态煤灰的黏度以不超过 25Pa·s 为宜。图 1-14 所示为铜川焦坪煤和山东七五煤的灰渣黏温特性曲线。

　　从图 1-14 可看出，为了使煤灰的黏度不超过 25Pa·s，铜川焦坪煤的操作温度应控制在 1420℃以上，山东七五煤应控制在 1500℃以上。

　　当以灰渣黏度较高的煤为原料时，为了改善灰渣的黏温特性，降低熔融态灰渣的黏度，使气化炉顺利排渣，在水煤浆中加入石灰石（或者 CaO）作为助熔剂，可以收到良好的效果。

　　图 1-15 所示为添加石灰石后对灰渣黏度的影响。由图可见，随着水煤浆中石灰石添加量的增加，不仅灰渣黏度随之降低，而且扩大了熔渣得以顺利流动的温度范围。这是由于 CaO 破坏了灰渣中硅聚合物的形成，从而使液态灰渣的黏度降低。这样以高灰熔点、高灰渣黏度的煤为原料时，加入石灰石后就可以降低操作温度，避免了因操作温度高给生产带来的不利影响。但当石灰石添加量超过 30%，灰渣中高熔点的正硅酸钙（熔点为 2130℃）生成量增多，使灰渣的熔点升高，熔渣顺利流动的温度范围变小，熔渣黏度随添加量的增加而增大，因此石灰石的添加量应控制在 20%以内。

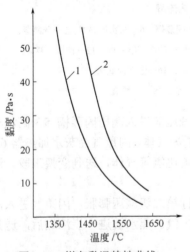
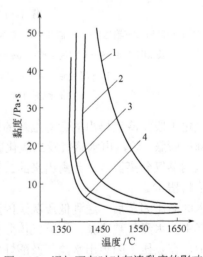

图 1-14　煤灰黏温特性曲线　　　　图 1-15　添加石灰时对灰渣黏度的影响

1—铜川焦坪煤；2—山东七五煤　　　1—不加石灰石；2—加灰量 10%；3—加灰量 20%；4—加灰量 30%；

　　水煤浆气化要求原料煤具有较好的反应活性、较高的发热值、较好的可磨性、较低的灰熔点、较好的黏温特性、较低的灰分及合适的煤进磨粒度等。一般选用年轻烟煤而不选用褐煤（成浆困难）。要求粉煤中 50%的物料能过 200 目筛。因为煤粉粒度过细，水煤浆的黏度反而增大，流动性变差，无法制备浓度较高的水煤浆。

（2）煤的内在水分含量　煤的内在水分含量是影响水煤浆质量的关键因素。煤的内在水分含量低，煤的内表面积小，吸附水的能力差，煤浆具有流动性的自由水分量相对增多，从而使水煤浆具有较好的流动性。因此，煤的内在水分含量越低，制成的水煤浆黏度越小，流动性能越好，制成的水煤浆浓度越高。

（3）粉煤粒度　粉煤的粒度将直接影响煤浆黏度。在实际制得的水煤浆中必须控制最大粒度和最小粒度。对最大粒度的控制，应满足使用要求。煤粒度过大，会降低碳的转化效率，也会造成输送过程中的沉降，一般最大粒度限制在 0.4～0.5mm 以下。对最小粒度的控制，应满足输送要求。增加细煤粒（<40μm）可以改善煤浆的稳定性，停车时容易保持煤浆的悬浮状态，沉降堵塞也较少。

2．水煤浆浓度

水煤浆浓度是指水煤浆中固体的含量，以质量分数表示。水煤浆浓度及性能对气化效率、煤气质量、原料消耗、水煤浆的输送及雾化等均有很大的影响。水煤浆浓度过低，则随煤浆进入气化炉内的水含量过多，自由水分的蒸发吸收了较多的热量，降低了气化炉的温度，使气化效率和煤气中（$CO + H_2$）含量降低；水煤浆浓度过高，黏度急剧增加，流动性变差，不利于输送和雾化。同时，由于水煤浆为粗分散的悬浮体系，存在着分散相因重力作用而引起沉降，发生分层现象。因此，在保证不沉淀、流动性能好、黏度小的条件下，尽可能提高水煤浆的浓度。

在水煤浆制备过程中，通过加入木质素磺酸钠、腐殖酸钠、硅酸钠或造纸废液等添加剂来调节水煤浆的黏度、流动性和稳定性。因为所加入的添加剂具有提高煤粒的亲水性作用，使煤粒表面形成一层水膜，从而容易引起相对运动，提高煤浆的流动性。但是添加剂的加入往往会影响煤浆的稳定性，在实际制备过程中，有时添加两种添加剂，能同时兼顾降低黏度和保持稳定性的双重目的。由于水煤浆黏度及各种流变特性与煤种有密切的关系，在确定选用何种添加剂前，必须根据具体煤种通过试验方可选定。

3．氧碳比

氧碳比是指气化过程中氧消耗量的物质的量与煤中碳消耗量物质的量的比值。在气化炉内，氧与水煤浆直接发生氧化和部分氧化反应，氧碳比是气化反应非常重要的操作条件之一。氧碳比增大，燃烧反应完全，气化炉温度高。由于炉温高，为吸热的气化反应提供的热量多，对气化反应有利，煤气中（$CO+H_2$）含量增加，碳转化率升高。但氧碳比过大，碳转化率增加不大，而冷煤气效率降低。氧碳比的确定与煤的性质、煤浆浓度、煤浆粒度等有关，按化学反应，理论上的氧碳比为 1，实际上氧碳比控制在 0.9～0.95。

工业上也常使用氧煤比，氧煤比是指气化 1kg 干煤所用氧气的体积，单位为 m^3O_2/kg 干煤。生产中氧煤比一般控制在 0.68～0.71m^3/kg 范围内。

4．气化反应温度

煤、甲烷、碳与水蒸气、二氧化碳的气化反应均为吸热反应，气化反应温度高，有利于这些反应的进行。若维持高炉温，则须提高氧煤比。氧用量增加，氧耗增大，冷煤气效率下降，因而，气化反应温度不能过高。气化反应温度过低，则影响液态排渣。气化温度选择的原则是保证液态排渣的前提下，尽可能维持较低的操作温度。最适宜的操作温度是使液态灰渣的黏度低于 25Pa·s 的温度。由于煤灰的熔点和灰渣黏温特性不同，操作温度也不相同，工业生产中，气化温度一般控制在 1300～1500℃。

5．气化压力

水煤浆气化反应是体积增大的反应，压力升高对气化反应的化学平衡不利，但是由于加压气化增加了反应物浓度，加快了反应速率，提高了气化效率，有利于提高水煤浆的雾化质量，同时可使设备体积减小，单炉产气量增大，并降低后工序气体压缩功耗，所以在生产中广泛采用加压操作。但压力过高，压缩功的降低不明显并对设备的材质要求提高，所以压力不能太高，一般为 3～4MPa。

四、主要设备

1．气化炉

水煤浆气化炉是德士古气化工艺的核心设备。图 1-16 为德士古激冷型加压气化炉结构简图。气化炉燃烧室和激冷室外壳连成一体，上部燃烧室为一中空圆形筒体，带拱形顶部和锥形下部的反应空间，内衬耐火保温材料。顶部喷嘴口供设置工艺喷嘴用，下部为生成气体去激冷室的出口。激冷室内紧接上部气体出口设有激冷环，喷出的水沿下降管流下，形成一层降水膜，这层水膜可避免由燃烧室来的高温气体中夹带的熔融渣粒附着在下降管壁上，激冷室内保持较高的液位。夹带着大量熔融渣粒的高温气体，通过下降管直接与水汽接触，气体得到冷却，并为水汽所饱和。熔融渣粒淬冷成粒化渣，从气体中分离出来，被收集在激冷室下部，激冷室底部设有旋转式灰渣破碎机，将大块灰渣破碎，由锁斗定期排出。饱和水的粗煤气，进入上升管到激冷室上部，经挡板除沫后由侧面气体出口管去洗涤塔，进一步冷却除尘。气体中夹带的渣粒约有 95%从锁斗排出。

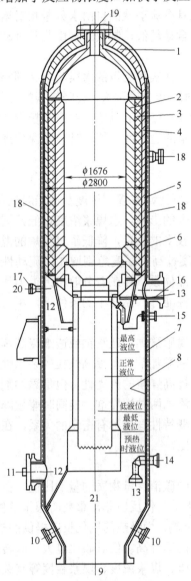

图 1-16　气化炉结构简图

1—浇注料；2—向火面砖；3—支持砖；4—绝热砖；5—可压缩耐火塑料；6—燃烧室段炉壳；7—激冷段炉壳；8—堆焊层；9—渣水出口；10—锁斗再循环；11—人孔；12—液位指示联箱；13—仪表孔；14—排放水出口；15—激冷水入口；16—出气口；17—锥底温度计；18—热电偶口；19—喷嘴口；20—吹氮口；21—再循环口

炉膛圆筒部分衬里由里向外分四层：第一层为向火面砖，要求能抗侵蚀和磨蚀。第二层为支撑砖，主要用作支撑拱顶的衬里，也具有抗渣能力。第三层为隔热砖。第四层为可压缩的塑性耐火材料，其作用是吸收原始烘炉时的热膨胀量及砌筑误差。

从气化炉结构图中可以看出，炉内的气化反应区为一空间，无任何机械部分，在此空间内，反应物瞬间进行气化反应。氧与煤的进料顺序为煤浆先入炉，通过氧煤比来控制炉温。氧煤比高，则炉温高，对气化反应有利。但氧煤比过高，煤气中二氧化碳含量增加，冷煤气效率下降，如果投料时煤浆未进炉而氧气先入炉，或者因氮气吹除和置换不完全，使炉内可燃性气体与氧混合而发生爆炸。炉温过高，易使耐火衬里及插入炉内的热电偶烧坏，氧煤比过低，则影响液态排渣，因此正常操作时需精心调节氧气流量，保持合适的氧煤比，将炉温控制在规定的范围内，保证气化过程正常进行。经常检查炉渣排放情况，确保气化炉顺利排渣，无堵塞现象。

为了及时掌握炉内衬里的损坏情况，在炉壳外表面装设表面测温系统。这种测温系统，将包括拱顶在内的整个燃烧室外表面分成若干个测温区，在炉壁外表面焊上数以千计的螺钉，来固定测温导线。通过每一小块面积上的温度测量，可以迅速地指出壁外表面上出现的任何一个热点温度，从而可显示炉内衬的侵蚀情况。在气化炉的操作中要密切注意这些热点温度，及时掌握炉内衬的侵蚀情况。

2. 喷嘴

喷嘴也称烧嘴，是水煤浆气化工艺的核心设备。主要功能是借高速氧气流的动能，将水煤浆雾化并充分混合，在炉内形成一股有一定长度黑区的稳定火焰，为气化创造条件。

图 1-17 是工业化使用的三流式工艺喷嘴外形示意图。喷嘴结构如图 1-18 所示。

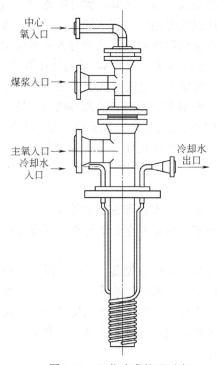

图 1-17　工艺喷嘴外形示意

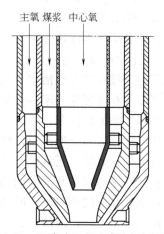

图 1-18　三流式工艺喷嘴头部剖面示意

由图 1-18 可见，工艺喷嘴系三流通道，氧气分为两路，一路为中心氧，由中心管喷出，水煤浆由内环道流出，并与中心氧在出喷嘴口前已预先混合，另一路为主氧通道，在外环道喷嘴口处与煤浆和中心氧再次混合。

水煤浆未与中心氧接触前，在环隙通道为厚达十余毫米的一圈膜，流速约 2m/s。中心氧占总氧量的 15%～20%，流速约 80m/s。环隙主氧占总氧量的 80%～85%，气速约 120m/s，氧气在喷嘴入口处的压力与炉压之比为 1.2～1.4。

喷嘴头部最外侧为水冷夹套。冷却水入口直抵夹套，再由缠绕在喷嘴头部的数圈盘管引出。当喷嘴冷却水供应量不足时，气化炉会自动停车。

喷嘴的材料为 Inconel 600，夹套头部材料为 Haynes 188，喷嘴头部煤浆通道上都在主材表面堆焊一层 Stellite 6 耐磨层。

在生产中要求喷嘴使用寿命长，雾化效果好，特别是要设计好雾化角，防止火焰直接喷射到炉壁上，或者火焰过长，燃烧中心向出渣口方向偏移，使煤燃烧不完全。雾化了的水煤浆与氧气混合的好坏，直接影响气化效果。局部过氧，会导致局部超温，对耐火内衬不利；局部欠氧，会导致碳气化不完全，增加带出物中碳的损失。由于反应在有限的炉内空间进行，因此炉子结构尺寸要与喷嘴的雾化角和火焰长度相匹配，以达到有限炉子空间的充分和有效利用。在正常运行期间，喷嘴头部煤浆通道出口处的磨损是不可避免的。当氧煤浆通道因磨损而变宽以后，工艺指标变差，就必须更换新的工艺喷嘴，这个运行周期就是工艺喷嘴的连续运行天数。一般每隔 45 天就应定期检查更换。所以，生产过程中气化炉需要定期停车检查，为保证连续生产，一定要设置备用气化炉。

1998 年以来，我国自行研制的水煤浆加压气化工业生产技术有了长足发展，从设备规模到技术的先进性都达到世界水平，国产的第一套工业化水煤浆加压气化制合成气装置，仅引进德士古的技术软件包和部分关键设备及仪表控制系统，国产化率达到总投资的 70%，占总台件的 90%。当前，国内又开发了具有自主知识产权的多喷嘴对置水煤浆气化炉，考核结果表明，在相同煤种和煤浆浓度下，属于气流床的多喷嘴对置新型气化炉与鲁南的德士古水煤浆气化炉（工业或者中试装置）相比，有效气成分高出 1.5%～2.0%，碳转化率高 2%～3%，比氧耗和比煤耗均比德士古工业装置低 7%，可见其技术性能明显优于德士古，已达到国际领先水平。另外在炉子结构上也不同于德士古炉，采用多喷嘴对置法改善物料流场结构，强化射流区物料程度，加速气化反应进程，缩短了冷却粗煤气的激冷室长度，采用静态破渣器。总之，多喷嘴装置气化炉较德士古炉在各项技术指标上更加优化，是我国自有的专利技术。

五、开停车与操作控制

1. 化工生产操作简述

化工生产操作主要包括如下几方面：开停车、正常操作管理及事故处理等。

开停车包括开车和停车。开车主要包括原始开车、短期停车后的开车；停车包括长期停车、短期停车和紧急停车。

新建或大修后系统的开车，称为原始开车。包括：①检修设备、管道、阀门、电器、仪表、分析取样点等是否正常；②传动设备的单体试车；③系统的吹净与清洗；④系统试漏和气密试验等。这些属于开车前期的准备工作。正式进行开车时，不同的生产过程，操作并不相同。短期停车后的开车，一般是本系统的设备运转系统工况基本正常，在开车时，不需要先期单体试车、吹净、清洗、试漏等先期准备工作。

长期停车一般是指系统全部停止运转，长时期系统不能恢复生产，在此期间系统不能维持原来的主要操作条件。短期停车一般是系统在停车后，能维持主要操作条件，在短期内，系统能恢复生产。紧急停车是指遇断电、断水或发生其他重大事故时，必须进行停车。

正常操作管理包括：巡岗、记录、操作条件的监测及控制等。操作条件的监测及控制，即操作控制要点是岗位正常操作管理最重要的部分。通过操作人员的精心操作，保证生产正常、稳定地运行。

若出现操作条件偏离工艺指标较大，设备机泵等出现严重故障，对正常生产产生重大不利影响，经短期处理不能恢复正常的情况，我们就可以看成是事故。

2. 开车

装置新建或大修后的系统开车。装置大修或新建完成后，必须经各有关部门联合检查确认合格后，方可进行系统的试开车工作。

（1）开车前的专业检查

①装置安装、检修完毕，各塔罐设备内积灰、杂物清理干净，现场清理干净，通道安全畅通；②设备、管道、阀门复位，检查确认合格；各法兰连接符合要求，系统清洗、吹扫干净，气密、试压试验合格；③机泵润滑合格，单体试车、联动试车符合要求；④全部电气仪表、阀门及装置联锁、报警调试确认合格。

以上工作进行完毕，具备开车条件，并实行签字制度，由各部门负责人确认签字后，系统准备开车。

（2）开车步骤

①按气化炉原始开车要求确认所有阀门状态、管道盲板位置，所有临时盲板已拆除。②气化炉建水循环，点火升温。气化炉点火之前，工艺人员联系相关部门人员进行气化炉的联合检查工作，确认装置正常，激冷环布水均匀，水膜厚度合适，具备点火烘炉开车条件。③启动真空闪蒸系统。在气化炉投料前 48h，应启动灰水真空闪蒸系统。打开各换热器进出口阀及排气阀，关闭倒淋阀，排气后关闭排气阀，打开各换热器工艺气进出口阀，建立真空闪蒸系统水循环。④启动烧嘴冷却水系统。确认烧嘴冷却水系统的仪表、阀门及联锁调校合格正常。⑤料浆泵的检查确认。检查料浆泵高位油槽及各润滑点油位、油质正常，工艺设备盘车无卡涩、轻松灵活，通知电气送电，各监测点全部投用，显示正常。⑥气化炉联锁试验。原始或大修后，必须进行气化炉的大联锁试验，以满足正常生产的安全需要。根据气化炉联锁要求，联系仪表工在 DCS 上逐个做假定值，中控操作工依次检验联锁正常好用，并按要求做好记录。⑦吹扫。先吹扫氧气管线，再吹扫料浆管线。⑧更换烧嘴。将升温烧嘴更换为工艺烧嘴。气化炉升温到 1100℃，并保持多于 4h 后，才能允许更换烧嘴。⑨氮气置换。通过置换使系统内 O_2 达到符合投料要求的浓度，以保证投料的安全，同时可以避免意外的发生。通知机组准备进行 N_2 置换。⑩点燃开工火炬。打开开工火炬水封槽一次水阀，加水至溢流，并打开火炬各烧嘴的电磁阀，按操作规程点燃火炬。⑪建立料浆循环，气化引氧。⑫投料前的最终检查确认。现场检查：按气化炉投料前确认表确认现场阀门在正确位置；中控检查：确认气化炉炉温及液位、水洗塔液位，确认相关阀门处于正确位置和反馈信号正常、联锁状态正常。⑬投料。投料前，确认全部人员撤离气化炉框架，听候中控指令；中控收到现场阀门确认表后，看气化炉液位是否正常；等待投料命令，按下气化炉投料按钮后，各阀立即动作，气化炉开始运行。料浆、氧气进入气化炉，确认气化炉温度先降后升，气化炉压力上升，现场看到火炬着火，气化炉投料成功。⑭投料后的操作。中控确认气化炉操作条件正常，如温度、压力、液位等；现场确认开工火炬着火，运行正常。

正常开车。对德士古气化系统，正常开车指在一台气化炉正在运行的情况下，将第二台气化炉投入使用，除已经运行的系统不需启动外，其他与原始开车步骤基本相同。

3．停车

气化停车包括系统的大修停车（全部气化炉逐台间断停车，全工序都停车进行检修）和其他气化炉运行单套气化炉到运行周期停车冲洗检修。

（1）停车前的准备 通知调度、空分和后续工段一台气化炉准备停车；气化按要求降负荷到开工负荷；略增加氧气流量，逐渐提高氧煤比（根据实际情况而定），提高气化炉温度约 50℃，并保持 30min，以清除炉壁挂渣。

从变换工段切出工艺气。控制气化炉压力，将工艺气在火炬放空，切气过程中严禁系统压力出现大波动。系统需要全部停车时，应在一台气化炉压力卸压完毕工艺气盲板倒"盲"后，再按照要求将另一台气化炉工艺气导出，然后停车。

（2）气化炉进行停车　按气化炉停车按钮，气化炉停车。对紧急停车和事故停车而言，首先确认停车原因（第一事故信号）；按气化炉停车确认项目，在DCS上确认阀门动作、状态正常。

（3）停车后的处理　①调节气化炉液位。调节流量（不小于 $30m^3/h$），控制好气化炉液位。②烧嘴吹扫后的操作。气化炉停车后，吹扫氧气与料浆管线，气化炉保温保压；通知现场关闭氧气、料浆炉头阀。③切水。投用开工冷却器；关闭洗涤塔塔板上补水控制阀和塔板下补水阀。④气化炉减压。气化炉减压时，压力始终高于相应温度下水的饱和蒸气压，防止大量水汽蒸发，导致气化炉液位过低。当压力将至1.0MPa时，打开激冷室黑水开工排放阀，将黑水引入低闪蒸器。⑤氮气置换。用低压氮气吹扫气化炉燃烧室、激冷室及洗涤塔，使氧含量<0.5%。⑥激冷室的冷却。⑦拆除工艺烧嘴。⑧洗涤塔的冷却。⑨锁斗系统停车。

4．正常操作要点

（1）中控人员的操作

① 中控人员要经常分析检查屏幕上各检测控制点的工艺参数，发现问题及时调整。调节氧煤比控制气化炉温度。

② 经常注意甲烷含量和其他气体成分的变化、气化炉压差和锁斗温度的变化趋势，判断气化炉的生产状况及炉温变化，及时作出调整。

③ 根据煤浆的浓度、黏度、粒度、灰分、灰熔点等分析数据，及时调整工艺。

④ 根据灰水分析数据，判断沉降槽分离效果及是否向外界排出废水。

⑤ 根据粗渣和细渣中的含碳量，对气化炉的运行状况进行调整。

⑥ 当需要增加系统循环水量时，把激冷水量设定值提高到需要值。同时提高激冷室液位、洗涤塔液位和灰水液位。

（2）现场人员的操作

① 应定期巡检，认真观察和分析各传动设备的运行情况，在进行各项操作前与中控联系。

② 及时向中控汇报定期观察锁斗排除的渣形和渣量，以判断气化炉操作条件的好坏，并及时向中控汇报。

六、安全生产要点

合成氨工业具有高温、高压、易燃、易爆的特点，安全生产是合成氨工业科学发展的重要保证。但新的形势下，全员安全意识、安全素质、安全技能的培训与企业的快速发展明显不相适应，安全生产面临许多新情况、新问题，存在许多不安全因素、不安全行为，较大及重大安全生产事故时有发生，生产安全已成为合成氨工业科学发展的一项重要而紧迫的现实任务。

1．安全生产的基础知识

煤气化生产过程的特点：高温、易燃、易爆、易中毒；燃烧爆炸的三个条件交替出现，影响因素复杂。因此自觉遵守安全生产技术规程，是保证安全生产的一个重要条件。否则，不仅给人身健康和安全造成危害，而且给国家财产造成损失。

（1）煤气的可燃性与爆炸性　煤气具有易燃、易爆的化学性质，它与空气混合成一定比例遇到明火，就会造成着火或爆炸。

（2）煤气的毒性　煤气中的一氧化碳、硫化氢，具有强烈毒性，随空气进入人体，使人中毒或死亡，尤其一氧化碳无色无味，使人不易察觉，危险性更大。

（3）作业条件　煤气生产属高温作业，热量从设备管道辐射散发到操作场所，在高温和煤气腐蚀使用下，易造成气体泄漏，形成中毒着火与爆炸的危险。

（4）作业特点　煤气生产作业是半自动化的，在频繁的操作程序中易出现问题。要求操作人员思想高度集中，及时发现各类问题并果断采取补救措施。否则，就将招致中毒、着火、爆炸事故发生。

（5）爆炸的原因和防止　爆炸分物理性爆炸和化学性爆炸两种。物理性爆炸是由于受压设备（如夹套锅炉，废热锅炉等高压容器或管道）承受压力，超过了机械强度的限度，或它们受热过度，久用失修机械强度降低所致。化学性爆炸是由于几种物质混合在瞬间发生化学变化，生成一种或多种新物质，产生大量的热能或气体，使其体积迅速扩大，温度和压力突然升高，产生很大的爆破力。

煤气生产过程中，化学性爆炸比较易于发生。凡同时具备下述三个条件才可酿成爆炸：一是具有可燃易爆物质，如煤气、一氧化碳或煤粉；二是具有助燃剂，空气或氧气；三是可燃易爆物质与氧气或空气混合达到一定浓度范围，在燃点温度或明火的作用下发生爆炸。凡是化学性爆炸，均得具备上述三个爆炸因素，排除其中之一，爆炸即可避免。因此，避免爆炸的措施，实质上就是防止爆炸性的气体和空气混合达到爆炸极限，防止明火与混合性爆炸气体相遇。

（6）动火分析　设备或管道在动火之前要进行动火分析，其标准是：如爆炸下限大于4%（体积分数），可燃气体或蒸气的浓度应小于0.5%；如爆炸下限小于4%，则可燃气体或蒸气的浓度应小于0.2%。取样分析时间不得早于动火作业开始前半小时，而且要注意取样的代表性，做到分析数据准确、可靠，连续作业满2h后宜再分析一次。

（7）进入容器标准　经清洗或置换后的容器含氧量应为18%～21%，有毒气体浓度符合国家卫生标准；如需动火，必须达到动火要求，并保持通风；动火时，必须有经验丰富的人监护，监护人不得离开现场。

表1-7为有毒气体的最大允许含量，表1-8为有毒气体爆炸浓度的上下限及燃点温度。

表1-7　有毒气体的最大允许含量

气 体 名 称	最大允许含量/（mg/m³）
一氧化碳	30
硫化氢	5
氨	20
无毒粉尘	10

表1-8　有毒气体爆炸浓度的上下限及燃点温度

气 体 名 称	爆炸极限（体积分数）/%		燃点温度/℃
	下　限	上　限	
水煤气	6.90	69.50	
半水煤气	8.10	70.60	
一氧化碳	12.50	74.20	
氢气	4.5	75.00	580～590
甲烷	5.35	14.90	650～750

续表

气体名称	爆炸极限（体积分数）/%		燃点温度/℃
	下　限	上　限	
硫化氢	4	46	260
乙炔	2.60	80.50	520～630
氨	17.10	26.40	651

2. 安全生产要点

（1）开车前应对阀门及联锁、报警装置等进行检验并对校验情况进行确认，对冷却及洗涤用水的供应情况进行确认。

（2）烘炉过程应确保升温速度符合指标规定，达到1000℃时方可投料。

（3）气化炉投料前开氧气系统阀要缓慢，再确保氧气总管压力稳定的前提下缓慢引氧。

（4）气化炉投料后要保证炉膛负压稳定，防止回火。

（5）更换烧嘴前，检修人员要将氧气管线、氧气法兰螺栓用四氯化碳脱脂干净，并经设备专责工程师确认后方可更换烧嘴。

（6）对氧气系统及与之相连的氮气管线的检修要有具体、详细的施工方案，并要办理特殊作业证，并有专人负责。

（7）投料之前的联锁试验，要对氧气管线的程控阀门动作时间进行测量，确保万无一失。

（8）投料之前的现场阀门，特别是炉头阀须经三级确认，确保投料时高压氮气对氧气、煤浆管线的吹扫。

（9）与氧气管线相连的管线、阀门要绝对禁止油污、异物等的污染。

（10）每次投料前用氮气吹扫氧气管线并在主管线法兰口中加堵板，吹扫中心氧气管后再进行投料。

（11）每次气化炉投料，只有当氮气置换合格（$O_2 < 0.5\%$），并得到总控的指令后，才允许打开炉头阀。

（12）气化炉投料时，当总控操作人员在DCS上按下投料按钮后，控制室密切监视各个阀门的动作次序。当气化炉炉头氧阀打开后，注意观察气化炉温度及压力等指标的变化趋势，如有异常，果断处理。气化炉升压速率≤0.1MPa/min。

（13）气化炉运行中，尽量保证氧总管压力、气化炉压力及负荷的稳定，防止压力、负荷变化或变化太快时工艺烧嘴回火现象的发生。

（14）当烧嘴冷却水中断时，气化炉应立即停车，烧嘴卸下之前，绝对不允许重新送入冷却水。

（15）冬季系统停车后，应注意低点排放，严防冻堵、冻裂设备管道。气化炉停车时，减压速率≤0.1MPa/min。气化炉停炉后进行氮气置换，$CO+H_2 \leq 5\%$为合格。

（16）时刻关注烧嘴冷却水中CO微量，微量CO监测表保持投用状态，出现报警后立即排查原因，手动分析确认，超过指标后立即紧急停车处理。

第五节　粉煤气化生产工艺

Shell粉煤气化工艺（Shell coal gasification process，SCGP）是由荷兰国际石油公司开发的一种加压气流床粉煤气化技术。Shell粉煤气化工艺由20世纪70年代初期开始开发至90

年代投入工业化应用。

干粉煤气化工艺早先采用的是常压 K-T 煤气化工艺。K-T 炉的最大单炉投煤量为 500t/d，曾一度占国外煤基氨厂总产量的 90% 以上。但因 K-T 煤气化工艺碳转化率、冷煤气效率均较低，氧、煤消耗较高，随着技术进步，常压 K-T 炉逐渐被加压操作的 Shell 粉煤气化工艺所代替。

一、基本原理和特点

干粉煤气化是以粉煤为原料，由气化剂夹带入炉，煤和气化剂进行部分氧化反应。为弥补反应时间短的缺陷，要求入炉煤的粒度很细（<0.1mm）和高的反应温度（火焰中心温度在 2000℃ 以上），因此必须液态排渣。

整个煤的部分氧化反应是一个复杂过程，反应的机理目前尚不能做完全分析，但可以概括如下：

首先，由于气化反应温度很高，煤粉受热速度极快，可以认为煤粉中的残余水分瞬间快速蒸发，同时发生快速的热分解脱除挥发分，生成半焦和气体产物。生成的气体产物中的可燃成分（CO、H_2、CH_4 等），在富含氧气的条件下，迅速与 O_2 发生燃烧反应，并放出大量的热，使粉煤夹带流温度急剧升高，并维持气化反应的进行。

$$C_mH_n+\left(m+\frac{n}{4}O_2\right)\longrightarrow mCO_2+\frac{n}{2}H_2O$$

$$C_mH_n+\frac{m}{2}O_2\longrightarrow mCO+\frac{n}{2}H_2$$

$$CO+O_2\longrightarrow 2CO_2$$

$$2H_2+O_2\longrightarrow 2H_2O$$

$$CH_4+2O_2\longrightarrow 2H_2O+CO_2$$

第二，脱除挥发分的粉煤固体颗粒或半焦中的固定碳，在高温条件下，与气化剂进行气化反应、挥发分的燃烧反应。剩余的氧与碳发生燃烧和气化反应，使氧气消耗殆尽。

$$C+O_2\longrightarrow CO_2$$

$$2C+O_2\longrightarrow 2CO$$

炽热的半焦与水蒸气进行还原反应，生成 CO 和 H_2：

$$C+H_2O\longrightarrow H_2+CO$$

$$C+2H_2O\longrightarrow 2H_2+CO_2$$

第三，高温的半焦颗粒，除与气化剂水蒸气和氧气进行气化反应外，与反应生成气也存在气化反应。

$$C+CO_2\longrightarrow 2CO$$

$$C+2H_2\longrightarrow CH_4$$

工艺技术特点如下：

（1）由于采用干法粉煤进料及气流床气化，因而对煤种适应广，可使任何煤种完全气化。可以使用褐煤、烟煤和沥青砂等多种煤。煤中的硫、氧、灰分及结焦性差异对过程均无显著影响。

（2）设备生产能力高。因加压操作，单炉生产能力大，装置处理能力可达 3000t/d。在同样的生产能力下，设备尺寸较小，结构紧凑，占地面积小，相对建设投资低。

（3）煤气质量好。煤气中 CO+H_2 含量高达 90% 以上。特别是煤气中 CO_2 相当少，可以大大减少酸性气体处理的费用，气化产物中无焦油等。

（4）能源利用率高。因高温加压气化，热效率很高，在典型的操作条件下，碳转化率达98%以上，合成气对原料煤的能源转化率为80%以上。采用加压制气，大大降低了后续工序的压缩能耗。由于采用干法进料，也避免了湿法进料水汽化消耗的能量，能源利用率相对提高，与湿法进料相比，冷煤气效率约提高10个百分点。

（5）氧耗低。与水煤浆气化相比，氧气消耗低15%~25%，与之配套的空分装置投资可相对减少。

但粉煤气化存在以下缺点：

（1）气化压力低。受加压进料的影响，最高气化压力没有湿法气化压力高，气化压力一般在3.0MPa，水煤浆气化压力最高可达8.5MPa。

（2）粉煤制备投资高，能耗高。粉煤气化对原料煤含水量要求比较严格，需进行干燥，能量消耗高。粉煤制备一般采用气流分离，排放气需进行洗涤除尘，制煤粉系统投资增加。

（3）安全操作性能不如水煤浆气化。主要体现在粉煤的加压进料稳定性不如水煤浆气化，会对安全操作带来不良影响。

二、工艺流程

Shell粉煤气化工艺技术采用膜式水冷壁代替了耐火砖；采用加压气化，设备结构紧凑，气化强度大；采用纯氧气化，气化温度高，碳转化率高。工艺流程见图1-19。

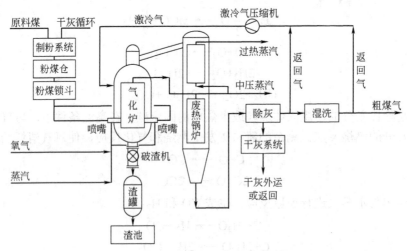

图1-19 Shell粉煤气化工艺流程简图

煤粉和石灰石按一定比例混合后，进入磨煤机进行混磨，并由热风带走煤中的水分，再经过袋式过滤器过滤，干燥的煤粉进入煤粉仓中贮存。从粉仓中出来的煤粉通过锁斗装置，由氮气加压到4.2 MPa，并以氮气作为动力送至气化炉前和蒸汽、氧气按一定的比例混合后进入气化炉进行气化，反应温度为1400~1700℃。出气化炉的气体在气化炉顶部与循环压缩机送来的冷煤气进行混合激冷到900℃，然后经过输气管换热器、合成气换热器回收热量后，温度降至300℃，再进入高温高压过滤器除去合成气中99%的飞灰。出高温高压过滤器的气体分为两股，其中一股进入激冷器压缩机作为激冷气，另一股进入文丘里洗涤器和洗涤塔，用高压工艺水除去合成气中的灰并将合成气温度降到150℃左右，进入净化系统的变换工序。

在气化炉内产生的熔渣顺气化炉内壁流进气化炉底部的渣池，遇水固化成玻璃状炉渣，然后通过收集器、锁渣斗，定期排放到渣脱水槽。

三、工艺条件

1. 原料

粉煤气化炉对煤种有广泛的适应性，它几乎可气化从无烟煤到褐煤的各种煤，但也不是万能气化炉，从技术经济角度考虑对煤种还是有一定的要求。

（1）水分　粉煤气化是干粉进料，要求含水量<2%。水分含量的高低直接关系到运输成本和制粉的能耗。

（2）灰熔点　粉煤气化属熔渣、气流床气化，为保证气化炉能顺利排渣，气化操作温度要高于灰熔点流动温度约100～150℃。如灰熔点过高，势必要求提高气化操作温度，从而影响气化炉运行的经济性，因此灰熔点流动温度低对气化排渣有利。

（3）灰分　灰分含量的高低对气化反应影响不大，但对输送、气化炉及灰处理系统影响较大。灰分越高，气化煤耗、氧耗越高，气化炉及灰渣处理系统的负担也就越重。

（4）挥发分、粒度及反应活性　一般挥发分越高，煤化程度越浅，煤质越年轻，反应活性越好，对气化反应越有利。由于 Shell 粉煤气化采用的是高温气化，气化停留时间短，这时气固之间的扩散、反应是控制碳转化的重要因素，因此对煤粉粒度要求比较细，而对挥发分和反应活性的要求不像固定床那样严格。因煤粉粒度直接影响制粉电耗和成本，因此在保证碳转化率的前提下，对挥发分含量高、反应活性好的煤可适当放宽煤粉粒度，对于低挥发分、反应活性差的煤，煤粉粒度应越细越好。

2. 氧煤比

氧煤比是煤气化工艺过程中的重要操作参数，对气化性能的影响见图1-20、图1-21。

图1-20表明了氧煤比与气化温度的关系。氧煤比高，则气化温度高。图1-21示出了氧煤比与碳转化率和冷煤气效率的关系。碳的转化率随着氧煤比的提高而提高，冷煤气效率则随着氧煤比的变化存在着最佳值。一般情况下，氧煤比在保证冷煤气效率最高范围选择最为有利。氧煤比过低，由于碳的转化率低，而使冷煤气效率降低；氧煤比过高，进入气化炉中氧气与碳及有效气（$CO+H_2$）进行燃烧反应，生成了 CO_2 和 H_2O，从而使冷煤气效率降低。

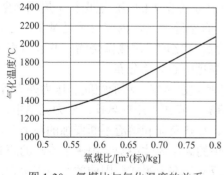

图1-20　氧煤比与气化温度的关系

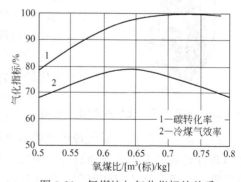

图1-21　氧煤比与气化指标的关系

图1-22示出了氧煤比与煤气组成的关系。随着氧煤比的提高，煤气中CO含量增高，H_2含量降低。CO_2含量随着氧煤比变化存在着最小值，超过这个值，CO_2含量随着氧煤比提高而提高。图1-23示出了氧煤比与氧耗和煤耗的关系。随着氧煤比的变化，每1000m^3（标）/kg有效气（$CO+H_2$）的氧气和原料煤消耗均存在着最小值。

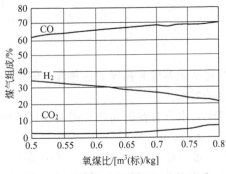

图1-22　氧煤比与粗煤气组成的关系

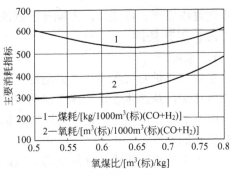

图1-23　氧煤比与消耗指标的关系

适宜的氧煤比在 $0.6\sim0.7m^3$（标）/kg，氧碳比应在 1.1 左右。

3. 气化温度

气化温度高，反应速率快，碳的转化率高，灰渣的残炭降低，同时煤气中的烃类分解完全。但过高的气化温度会使熔渣的黏度变小，炉壁灰渣厚度变薄，过多的热量被水冷壁锅炉带走，冷煤气效率降低。实际生产中的气化温度通过氧煤比和蒸汽氧比来控制。

4. 气化压力

在较高的气化温度下，气化压力对煤气组成几乎没有影响。气化压力的提高，可提高气化炉的生产能力，减小设备的尺寸，节省后续的压缩功。目前 Shell 粉煤气化的压力一般为 $3.0\sim5.0MPa$。

四、主要设备

Shell 粉煤气化炉如图1-24所示。该炉主要由内筒和外筒组成。内筒上部为燃烧室，下部为熔渣冷激室。因炉温高达1800℃左右，为了避免高温、熔渣腐蚀及开停车产生应力对耐火材料的破坏而导致气化炉无法长周期运行，壳牌气化炉内筒采用水冷壁结构，仅在面向火面有一层薄的耐火材料涂层，正常操作时依靠挂在水冷壁上的熔渣层保护金属水冷壁，气化炉内筒与外筒之间有空隙气层，内筒仅承受微小压差。与其他气化炉不同，壳牌气化炉采用侧壁烧嘴，并且可根据气化炉能力由 4~8 个烧嘴中心对称分布。

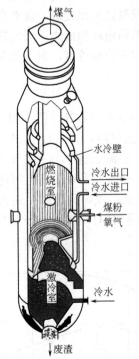

图1-24　Shell 粉煤气化炉示意图

壳牌煤气化炉包括膜式水冷壁、环形空间和压力外壳等，下部装有破渣机及锁渣罐，膜式水冷壁悬挂在压力壳体中。

（1）膜式水冷壁　即使最优良的耐火砖，在高温、高热负荷和熔渣不断侵蚀的环境下，也难以保证高强度和长寿命运行。所以，确定在气化炉的高压壳体中安装用沸水冷却的膜式水冷壁（以下简称"膜式壁"），使工艺过程（即氧化反应）在有膜式壁围成的空腔内进行。气化压力由外部的高压壳体承受，内件只承受压差，属低压设备。膜式壁不需要外加蒸汽，并可副产中、高压蒸汽；同时也增强了工艺操作强度，但膜式壁增加了工程设计的难度和制造的复杂程度。

（2）环形空间　环形空间位于压力容器和膜式壁之间。设计环形空间是为了容纳水、蒸汽的输出、输入和集气，而且便于检查和维修。膜式壁作为悬挂系统放在气化炉内，很好地解决了热补偿问题。

（3）压力壳体　壳牌煤气化炉的压力壳体采用标准化设计，可按一般压力容器标准进行设计制造，材料一般用低铬钢。国内设计、制造时，可采用国内生产的 15CrMoR 材料。

（4）内件　为了确保材料能承受实际的工艺条件，又考虑易于制造和维修、便于安装和焊接，内件材料采用 IN625 及 DIN 1.7335，高速激冷器及激冷环采用 IN825。

（5）烧嘴　工程设计不仅要考虑喷嘴的基本机械设计要求，还要考虑制造上的要求。烧嘴的可靠性和寿命不低于连续一年以上运转。气化炉烧嘴安放在气化炉下部，对列式布置，数量一般为 4～6 个。

（6）破渣机　壳牌原设计气化炉底部无破渣机，在生产操作过程中曾发生锁斗阀堵塞。现增设破渣机，不会再出现大渣堵塞情况。

中国运载火箭技术研究院北京航天万源煤化工工程技术有限公司的 HT-L 煤气化工艺已在国内生产并投入使用，具有自主知识产权，关键设备全部国产化。该技术流程简单，投资少。采用简单特殊的水冷壁和激冷、洗涤除尘流程。激冷水将合成气温度降至 210℃左右，合成气出界区温度控制在 190～200℃，湿煤气中的饱和水蒸气量完全能够满足变换所需。气化炉的水冷壁为圆筒形盘管，水强制循环，水路简单，制造容易。

由西安热工研究院有限公司开发成功的 TPRI 两段式干粉煤加压气化技术采用两段气化，以四个对称的烧嘴向气化炉底部喷入干煤粉（占总煤量的 80%～85%）、过热蒸汽和氧气进行一段气化，熔融排渣。中部喷入占总煤量 15%～20%的煤粉、过热蒸汽和氧气，利用下部上来的煤气显热进行二段气化，同时将下部上来的高温煤气激冷，替代了 Shell 煤气化技术中的循环返回气激冷工序，可以节省投资，提高煤气效率和热效率。

第六节　烃类制气生产工艺

作为合成氨原料的烃类，按照物理状态可分为气态烃和液态烃。气态烃包括天然气、油田气、炼厂气、焦炉气及裂化气等；液态烃包括原油、轻油和重油。其中除原油、天然气和油田气是地下蕴藏的天然矿外，其余皆为石油炼制工业和基本有机合成工业的产品或副产品。

烃类蒸汽转化反应是一强烈的吸热反应，工业生产中必须提供热量才能进行。根据供热方式的不同，工业生产中有以下几种制气方法。

（1）外部供热的蒸汽转化法　含烃气体与蒸汽在耐高温的合金钢反应管内进行催化转化反应，管外采用高温燃烧气加热。此法广泛用于天然气等轻质烃类为原料的合成氨厂。

（2）内部蓄热法　分为内部蓄热的连续操作法与内部蓄热间歇操作法。

内部蓄热的连续操作法是蓄热和转化一并进行。在进入催化床层以前的空间主要进行燃烧反应，将其热量带至催化床段进行转化反应。此法可作为天然气等轻质烃类的二段转化及炼厂气和焦炉气的烃类转化。

内部蓄热间歇操作法是周期性的，间断蓄热提供转化过程所需的热量。蓄热阶段主要进行烃类的完全燃烧反应，并将放出的热量贮存在蓄热砖和催化剂上；在制气阶段原料气进入催化剂层以前的空间主要进行热裂解和氧化反应，在催化床层内进行转化反应。此法为小型合成氨厂采用。

（3）部分氧化法　烃类在高温下和氧气进行部分燃烧，放出的热量使部分碳氧化物发生热裂解及裂解产物的转化，制得合成氨原料气，此法主要用于重油为原料的制气。

一、气态烃类蒸汽转化的化学反应

在烃类蒸汽转化过程中，主要化学反应如下：

$$\text{烷烃 } C_nH_{2n+2} + \frac{n-1}{2}H_2 \longrightarrow \frac{3n+1}{4}CH_4 + \frac{n-1}{4}H_2O$$

$$CH_4 + H_2O \longrightarrow CO + 3H_2$$

$$CH_4 + 2H_2O \longrightarrow CO_2 + 4H_2$$

$$\text{烯烃 } C_nH_{2n} + \frac{n}{2}H_2O \longrightarrow \frac{3n}{4}CH_4 + \frac{n}{4}CO_2$$

$$\text{或 } C_nH_{2n} + 2nH_2O \longrightarrow nCO + 3nH_2$$

二、甲烷蒸汽转化反应的基本原理

气态烃类蒸汽转化法中多采用天然气作为原料气，天然气中甲烷含量一般在 90%以上。甲烷在烷烃中是热力学最稳定的物质，其他烃类的水蒸气转化过程都需要经过甲烷转化这一阶段。因此在讨论气态烃类蒸汽转化时，首先从甲烷蒸汽转化开始研究。甲烷蒸汽转化过程的主要反应有：

$$CH_4 + H_2O \rightleftharpoons CO + 3H_2 \tag{1-16}$$
$$CH_4 + 2H_2O \rightleftharpoons CO_2 + 4H_2 \tag{1-17}$$
$$CH_4 + CO_2 \rightleftharpoons 2CO + 2H_2 \tag{1-18}$$
$$CH_4 + 2CO_2 \rightleftharpoons 3CO + H_2 + H_2O \tag{1-19}$$
$$CH_4 + 3CO_2 \rightleftharpoons 4CO + 2H_2O \tag{1-20}$$
$$CO + H_2O \rightleftharpoons CO_2 + H_2 \tag{1-21}$$

可能发生的副反应主要是析炭反应：

$$CH_4 \rightleftharpoons C + 2H_2 \tag{1-22}$$
$$2CO \rightleftharpoons C + CO_2 \tag{1-23}$$
$$CO + H_2 \rightleftharpoons C + H_2O \tag{1-24}$$

上述平衡系统中共有六种物质，而它们由三种元素构成，故独立反应数为 3。一般选择式（1-16）、式（1-21）、式（1-22）为独立反应，如无析炭反应则独立反应数为 2。

1. 化学平衡

$$CH_4 + H_2O \rightleftharpoons CO + 3H_2 \qquad \Delta H_{298}^{\ominus}=206kJ/mol \tag{1-16}$$
$$CO + H_2O \rightleftharpoons CO_2 + H_2 \qquad \Delta H_{298}^{\ominus}=-41.2kJ/mol \tag{1-21}$$

两反应均为可逆反应，反应的平衡常数分别为

$$K_{p16} = \frac{p_{CO}p_{H_2}^3}{p_{CH_4}p_{H_2O}} = \frac{y_{CO}y_{H_2}^3}{y_{CH_4}y_{H_2O}} \times p^2 \tag{1-25}$$

$$K_{p21} = \frac{p_{CO_2}p_{H_2}}{p_{CO}p_{H_2O}} = \frac{y_{CO_2}y_{H_2}}{y_{CO}y_{H_2O}} \tag{1-26}$$

其平衡常数大小见表 1-9。

表 1-9 式（1-16）和式（1-21）的平衡常数

温度/℃	$K_{p16} = p_{CO}p_{H_2}^3/(p_{CH_4}p_{H_2O})$	$K_{p21} = p_{CO_2}p_{H_2}/(p_{CO}p_{H_2O})$
200	4.735×10^{-14}	2.279×10^2
250	8.617×10^{-12}	8.651×10

温度/℃	$K_{p16} = p_{CO}p_{H_2}^3/(p_{CH_4}p_{H_2O})$	$K_{p21} = p_{CO_2}p_{H_2}/(p_{CO}p_{H_2O})$
300	6.545×10^{-10}	3.922×10
350	2.548×10^{-8}	2.034×10
400	5.882×10^{-7}	1.170×10
450	8.942×10^{-6}	7.311
500	9.689×10^{-5}	4.878
550	7.944×10^{-4}	3.434
600	5.161×10^{-3}	2.527
650	2.756×10^{-2}	1.923
700	1.246×10^{-1}	1.519
750	4.877×10^{-1}	1.228
800	1.687	1.015
850	5.234	8.552×10^{-1}
900	1.478×10	7.328×10^{-1}
950	3.834×10	6.372×10^{-1}
1000	9.233×10	5.750×10^{-1}

由平衡常数可计算平衡组成。

已知条件 z——原料气中的水碳比（$z = n_{H_2O}/n_{CH_4}$）；

p——系统压力，MPa；

T——转化温度，K。

假设没有炭黑析出。

计算基准：1molCH$_4$

当甲烷转化反应达到平衡时，设 x 为按式（1-16）转化了的甲烷的物质的量，y 为按式（1-21）变换了的一氧化碳的物质的量。各组分反应前后的物质的量和平衡组成列于表 1-10

表 1-10　各组分反应前后的物质的量和平衡组成

组分	CH$_4$	H$_2$O	CO	H$_2$	CO$_2$	合计
反应前物质的量/mol	1	z	0	0	0	$1+z$
反应后物质的量/mol	$1-x$	$z-x-y$	$x-y$	$3x+y$	y	$1+z+2x$
平衡组成	$\dfrac{1-x}{1+z+2x}$	$\dfrac{z-x-y}{1+z+2x}$	$\dfrac{x-y}{1+z+2x}$	$\dfrac{3x+y}{1+z+2x}$	$\dfrac{y}{1+z+2x}$	1

将表 1-10 中各组分的平衡组成代入式（1-25）和式（1-26）得

$$K_{p16} = \frac{(x-y)(3x+y)^3}{(1-x)(z-x-y)} \times \frac{p^2}{(1+z+2x)^2} \qquad (1-27)$$

$$K_{p21} = \frac{y(3x+y)}{(x-y)(z-x-y)} \qquad (1-28)$$

利用式（1-27）和式（1-28）可求得已知转化温度、压力和水碳比时各气体的平衡组成。

以上仅以甲烷为例进行计算，若要计算其他烃类原料蒸汽转化的平衡组成时，可将其他烃类依碳数折算成甲烷的碳数，即各种烃所占的摩尔分数乘以它所含碳原子数。

例如：已知某天然气组成为：

组分	CH$_4$	C$_2$H$_6$	C$_3$H$_8$	C$_4$H$_{10}$	C$_5$H$_{12}$	N$_2$	H$_2$
组成（摩尔分数）/%	81.6	5.7	5.6	2.3	0.3	1.5	3.0

折合碳数应为：81.6%+5.7%×2+5.6%×3+2.3%×4+0.3%×5=1.205

即 1 mol 天然气中相当于含有甲烷 1.205mol。

式（1-27）和式（1-28）为非线性联立方程式，无法直接求解，可以用图解法或迭代法求出 x 和 y。

不同温度、压力和水碳比下，平衡时甲烷的干基含量示于图 1-25，由此可以讨论影响甲烷平衡含量的各种因素。

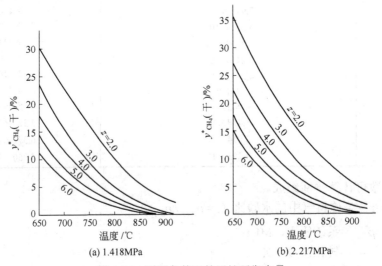

图 1-25　不同条件下的甲烷平衡含量

（1）温度　甲烷蒸汽转化反应是可逆吸热反应，提高温度，甲烷平衡含量下降；反之，甲烷平衡含量增加。转化温度每提高 10℃，甲烷平衡含量约降低 1.0%～1.3%。

（2）压力　甲烷蒸汽转化反应为体积增大的可逆反应，提高压力，甲烷平衡含量提高。由图可见，当 $z=4$、$T=800℃$时，压力从 1.418MPa 增加到 2.217 MPa，甲烷平衡含量从 3.5%增加到 6%。

（3）水碳比　水碳比是指进口气体中水蒸气与烃原料中所含碳的物质的量之比。在给定条件下，水碳比越高，甲烷平衡含量越低。由图可见，$p=2.217MPa$、$T=800℃$时，水碳比由 2 增加到 4，甲烷平衡含量由 15%降到 6%，但水碳比不可过大，过大不仅经济上不合理，而且也影响生产能力。

总之，从化学平衡角度，提高转化温度，降低转化压力和增大水碳比有利于转化反应的进行。

2. 反应速率

甲烷蒸汽转化的机理众说不一。前苏联学者波特罗夫和捷姆金提出的机理最引人注目，即镍催化剂表面甲烷和水蒸气离解成次甲基和原子态氧，并在催化剂表面相互作用，最后形成氢气、一氧化碳和二氧化碳。其机理可分五个步骤。

$$CH_4 + [\quad] \Longleftrightarrow [CH_2] + H_2 \tag{1}$$

$$[CH_2] + H_2O(g) \Longleftrightarrow [CO] + 2H_2 \tag{2}$$

$$[CO] \Longleftrightarrow [\quad] + CO \tag{3}$$

$$H_2O(g) + [\quad] \Longleftrightarrow [O] + H_2 \tag{4}$$

$$CO + [O] \Longleftrightarrow CO_2 + [\quad] \tag{5}$$

式中 [ ] ——镍催化剂表面活性中心；

$[CH_2]$、$[CO]$、$[O]$——化学吸附态的次甲基、一氧化碳和氧原子。

式（1）～式（3）式相加得

$$CH_4 + H_2O \rightleftharpoons CO + 3H_2$$

式（4）、式（5）式相加得

$$CO + H_2O \rightleftharpoons CO_2 + H_2$$

按上述机理，假定式（1）为控制步骤，按照均匀表面的吸附理论，可导出其本征动力学方程式

$$r = k \times \frac{p_{CH_4}}{1 + \frac{ap_{H_2O}}{p_{H_2}} + bp_{CO}} \tag{1-29}$$

式中 a、b——与催化剂和温度有关的常数；

k——反应速率常数。

以镍箔为催化剂时根据实验有：

700℃时，a=0.5，b=1.0

800℃时，a=0.5，b=2.0

900℃时，a=2.0，b=0

当 a、b 值很小时，甲烷蒸汽转化的本征动力学速率可按一级反应处理。

$$r = k\, p_{CH_4} \tag{1-30}$$

甲烷蒸汽转化反应属于气固相催化反应，因此，在进行化学反应的同时，还存在着气体的扩散过程。计算与实践表明，在工业生产条件下，转化管内气体流速较大，外扩散对甲烷转化的影响较小，可以忽略。然而，内扩散影响很大，是甲烷转化反应的控制步骤。

鉴于反应为扩散控制，为了提高内表面利用率，工业催化剂应具有合适的孔结构。同时，采用环形、带沟槽的柱状以及车轮状催化剂，既减少了扩散的影响，又不增加床层阻力，且保持了催化剂较高的强度。

3. 析炭与除炭

在工业生产中要防止转化过程中有炭黑析出。因为炭黑覆盖在催化剂表面，不仅堵塞微孔，降低催化剂活性，还会影响传热，使一段转化炉炉管局部过热而缩短使用寿命，甚至还会使催化剂破碎而增大床层阻力，影响生产能力。所以，转化过程中有炭析出是十分有害的。

可能析炭的反应

$$CH_4 \rightleftharpoons C + H_2 \qquad \Delta H_{298}^{\ominus}=74.9kJ/mol \tag{1-22}$$

$$2CO \rightleftharpoons C + CO_2 \qquad \Delta H_{298}^{\ominus}=-172.5kJ/mol \tag{1-23}$$

$$CO + H_2 \rightleftharpoons C + H_2O \qquad \Delta H_{298}^{\ominus}=-131.4kJ/mol \tag{1-24}$$

三个反应的平衡常数见表 1-11。

表 1-11 式（1-22）～式（1-24）的平衡常数

温度/K	$K_{p7}(MPa) = p_{H_2}^2 / p_{CH_4}$	$K_{p8}(MPa^{-1}) = p_{CO_2} / p_{CO}^2$	$K_{p9}(MPa^{-1}) = p_{H_2O}/(p_{CO}p_{H_2})$
298	1.279×10^{-10}	9.752×10^{21}	9.852×10^{16}
500	3.793×10^{-5}	5.582×10^{9}	4.429×10^{7}
600	1.013×10^{-3}	5.283×10^{6}	1.951×10^{5}

温度/K	$K_{p7}(\text{MPa}) = p_{H_2}^2 / p_{CH_4}$	$K_{p8}(\text{MPa}^{-1}) = p_{CO_2} / p_{CO}^2$	$K_{p9}(\text{MPa}^{-1}) = p_{H_2O}/(p_{CO}p_{H_2})$
700	1.130×10^{-2}	3.697×10^4	4.100×10^3
800	7.181×10^{-2}	8.989×10^2	2.244×10^2
900	3.118×10^{-1}	5.124×10	2.326×10^1
1000	1.030	5.195	3.782
1100	2.755	8.009×10^{-1}	8.525×10^{-1}
1200	6.301	1.727×10^{-1}	2.481×10^{-1}
1300	12.78	4.745×10^{-2}	8.696×10^{-2}
1400	23.44	1.576×10^{-2}	3.563×10^{-2}
1500	39.67	6.524×10^{-3}	1.641×10^{-2}

以上三个反应各有特点，温度、压力对它们有着不同的影响。高温有利于甲烷的裂解析炭，不利于一氧化碳的歧化和还原析炭；而水蒸气比例的提高，有利于消炭反应的进行。因此，究竟能否析炭，取决于此复杂反应的平衡。

已知温度、压力、实际气体组成，如何判断系统能否析炭？

首先根据温度、压力查出 K_p，再根据实际组成和总压计算 J_p，经以下比较即可判断各反应是否析炭。

$$J_{p7} = p_{H_2}^2 / p_{CH_4} > K_{p7} \tag{1-31}$$

$$J_{p8} = p_{CO_2} / p_{CO}^2 > K_{p8} \tag{1-32}$$

$$J_{p9} = p_{H_2O} / (p_{CO}p_{H_2}) > K_{p9} \tag{1-33}$$

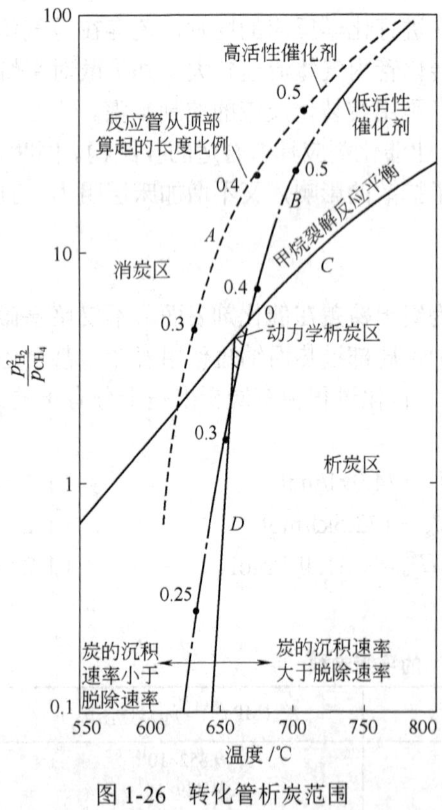

满足上述条件不会析炭，反之，则会析炭。

由独立反应数概念可知，增加一种物质，仅需增加一个独立反应。因此，判断有无析炭时，仅需利用式（1-31）～式（1-33）中的任一个即可。

增大水碳比可抑制析炭反应的进行。通过甲烷蒸汽转化反应平衡组成的计算，加之析炭条件判别式，可求得开始析炭时所对应的水碳比，称为热力学最小水碳比。在实际生产中所采用的水碳比应高于热力学最小水碳比。

在实际甲烷蒸汽转化过程中，能否有炭析出，不仅取决于热力学析炭，还需研究析炭与消炭的速率。在以上三个析炭反应中，如果甲烷裂解反应不析炭，其他析炭反应则不会发生。因此，能否析炭应由甲烷析炭和消炭速率决定。

甲烷析炭和消炭速率表示如下：

$$CH_4 \underset{r_2}{\overset{r_1}{\rightleftharpoons}} C(s)+2H_2$$

r_1 代表析炭速率，r_2 代表消炭速率。

图 1-26 给出了甲烷转化过程中转化管析炭范围。曲线 A、B 分别代表高活性催化剂和低活性催化剂在转化管不同高度的气体组成线，曲线 C 为甲烷

图 1-26 转化管析炭范围

裂解的平衡线，曲线 D 为炭的沉积速率与脱除速率相等时的气体组成线。图中等速线 D 的右

侧 r_1 大于 r_2 属于析炭区；而左侧 r_1 小于 r_2 属于消炭区。

从图看出：

① 用高活性的催化剂虽然热力学上可能析炭，但因处在动力学的消炭区，所以实际上不会有炭析出。

② 用低活性的催化剂时，存在动力学析炭问题。需要指出的是，析炭部位不是在转化管进口处，而是在距进口 30%～40%的一段。因为进口处虽然气体中甲烷含量高，但温度较低，这时炭的沉积速率 r_1 小于脱除速率 r_2。只是到距进口 30%～40%这一段，由于温度升高，炭的沉积速率 r_1 大于脱除速率 r_2，因而有炭析出。由于炭沉积在催化剂表面对传热不利，阻止甲烷蒸汽转化反应的进行，因此在管壁会出现高温区或热带。

既然甲烷蒸汽转化过程有可能会因甲烷裂解而析炭，对炭数更多的烃类析炭就会更为容易。工业生产中可采取如下措施防止炭黑生成。

第一，实际水碳比大于理论最小水碳比，这是不会有炭黑生成的前提。

第二，选用活性好、热稳定性好的催化剂，以避免进入动力学可能析炭区。对于含有易析炭组分的炼厂气以及石脑油的蒸汽转化操作，要求催化剂应具有更高的抗析炭能力。

第三，防止原料气和水蒸气带入有害物质，保证催化剂具有良好的活性。

第四，选择适宜的操作条件。例如：原料烃的预热温度不要太高，当催化剂活性下降或出现中毒迹象时，可适当加大水碳比或减少原料烃的流量等。

检查反应管内是否有炭黑沉淀，可通过观察管壁颜色，如出现"热斑"、"热带"，或由反应管的阻力变化加以判断。如果已有炭黑沉积在催化剂表面，就应设法除去。

当析炭较轻时，可采取降压、减量、提高水碳比的方法将其除去。

当析炭较重时，可采用蒸汽除炭，即

$$C(s) + H_2O \Longleftrightarrow CO + H_2$$

首先停止送入原料烃，保留蒸汽，控制床层温度为 750～800℃，一般除炭约需 12～24h。因为在无还原气体的情况下，温度在 600℃以上时，镍催化剂被氧化，所以用蒸汽除炭后，催化剂必须重新还原。

也可采用空气或空气与蒸汽混合物烧炭，将温度降低，控制转化管出口为 200℃，停止加入原料烃，然后加入少量空气，控制转化管壁温低于 700℃。出口温度控制在 700℃以下，大约烧炭 8h 即可。

三、烃类蒸汽转化催化剂

烃类蒸汽转化反应是吸热的可逆反应，提高温度对化学平衡和反应速率均有利。但无催化剂存在时，温度达 1000℃反应速率还很低，因此需要催化剂来加快反应速率。

由于烃类蒸汽转化是在高温下进行的，并存在着析炭问题，因此，除了要求催化剂有高活性和高强度外，还要求有较高的耐热性和抗析炭性。

1. 催化剂的组成

（1）活性组分 在元素周期表上第Ⅷ族的过渡元素对烃类蒸汽转化都有活性，但从性能和经济上考虑，以镍为最佳。在催化剂中，镍以氧化镍形式存在，含量约为 4%～30%（质量分数），使用时还原成金属镍。金属镍是转化反应的活性组分，一般而言镍含量高，催化剂的活性高。一段转化催化剂要求有较高的活性、良好的抗析炭性、必要的耐热性和机械强度，其镍含量较高。二段转化催化剂要求有较高的耐热性和耐磨性，其镍含量较低。

（2）促进剂和载体 为提高催化剂的活性、延长寿命和增加抗析炭能力，可在催化剂中添加促进剂。镍催化剂的促进剂有氧化铝、氧化镁、氧化钾、氧化钙、氧化铬、氧化钛和氧化钡等。

　　镍催化剂的载体应具有使镍尽量分散、达到较大的比表面并阻止镍晶体熔结的特性。镍的熔点为1445℃，而其转化温度都在熔点温度的一半以上，分散的镍微晶在这样高的温度下很容易靠近而熔结。这就要求载体耐高温，并具有较高的机械强度，所以，转化催化剂的载体都是熔点在2000℃以上的难熔金属氧化物或耐火材料。常用的载体有烧结型耐火氧化铝、黏结型铝酸钙等。表1-12为国产催化剂的主要组成和性能。

表1-12　国产催化剂的主要组成和性能

型号	形状及尺寸 外径×高×内径	堆密度/(kg/L)	主要组成/%	操作条件		用　途
				温度/℃	压力/MPa	
Z_{107}	短环 16×8×6 长环 16×16×6	1.2 1.17	NiO14~16 $Al_2O_3$84	400~850	约3.6	天然气一段转化
Z_{110Y}	五筋车轮状 短环 16×9 长环 16×16	1.16~1.22 1.14~1.18	NiO≥14 Al_2O_3 84	450~1000	4.5	天然气一段转化
Z_{111}	短环 16×8×6 长环 16×16×6	1.22 1.21	NiO≤14	450~1000	4.5	天然气低水碳比一段转化
Z_{203}	环状 19×19×19	1	NiO 8~9 Al_2O_3 69~70	450~1300	≤4	二段转化
Z_{204}	环状 16×16×6	1.1~1.2	NiO≤14 Al_2O_3 约55 CaO 约10	500~1250	约3.6	二段转化
Z_{205}	环状 25×17×10	1.1~1.15	NiO 约6 Al_2O_3 约90 CaO 约3.5			二段转化热保护剂
Z_{402}	环状 16×16×6	1.1~1.2	NiO 约17 Al_2O_3 约30 CaO 约7 MgO 11.85 $SiO_2$12.88			石脑油一段转化管上半部用
Z_{403}	环状 16×16×6	1~1.1	NiO 约11 Al_2O_3 约76 CaO 约13			石脑油一段转化管下半部用

　　2．催化剂的还原

　　转化催化剂大都是以氧化镍形式提供的，使用前必须还原成为具有活性的金属镍，其反应为

$$NiO + H_2 \Longrightarrow Ni + H_2O\ (g) \qquad \Delta H_{298}^{\ominus} = -1.26 kJ/mol \qquad (1\text{-}34)$$

工业生产中一般不采用纯氢气还原，而是通入水蒸气和天然气的混合物，只要催化剂局部产生极少量的氢就可进行还原反应，还原的镍立即具有催化能力而产生更多的氢。为使顶部催化剂得到充分还原，也可在天然气中配入一些氢气。

　　还原了的催化剂不能与氧气接触，否则会产生强烈的氧化反应，即

$$Ni + \frac{1}{2}O_2 \longrightarrow NiO \qquad\qquad \Delta H_{298}^{\ominus}=-240kJ/mol \qquad (1-35)$$

如果水蒸气中含有 1%的氧气，就可产生 130℃的温升，如果氮气中含有 1%的氧气，就可产生 165℃的温升。所以在系统停车，催化剂需氧化时，应严格控制载气中的氧含量，还原态的镍在高于 200℃时不得与空气接触。催化剂中活性组分的氧化过程，生产上称为钝化。

3．催化剂的中毒与再生

当原料气中含有硫化物、砷化物、氯化物等杂质时，都会使催化剂中毒而失去活性。催化剂中毒分为暂时性中毒和永久性中毒。所谓暂时性中毒，即催化剂中毒后经适当处理后仍能恢复其活性。永久性中毒是指催化剂中毒后，无论采取什么措施，再也不能恢复活性。

镍催化剂对硫化物十分敏感，无论是无机硫还是有机硫化物都能使催化剂中毒。硫化氢与金属镍作用生成硫化镍而使催化剂失活。有机硫能与氢气或水蒸气作用生成硫化氢而使催化剂中毒。中毒后的催化剂可以用过量蒸汽处理，并使硫化氢含量降到规定标准以下，催化剂的活性就可逐渐恢复。为确保催化剂的活性和使用寿命，要求原料气中的总硫含量的体积分数小于 0.5×10^{-6}。

氯及其化合物对镍催化剂的毒害和硫相似，也是暂时性中毒。一般要求原料气中含氯的体积分数小于 0.5×10^{-6}。氯主要来源于水蒸气，生产中要始终保持锅炉给水的质量。

砷中毒是不可逆的永久中毒，微量的砷都会在催化剂上积累而使催化剂失去活性。

四、工业生产方法

气态烃类转化是一个强烈的吸热过程，按照热量供给方式的不同可分为部分氧化法和二段转化法。

部分氧化法是把富氧空气、天然气以及水蒸气通入装有催化剂的转化炉中，在转化炉中同时进行燃烧和转化反应。

二段转化法是目前国内外大型氨厂普遍采用的方法。在一段转化炉中，将蒸汽和天然气通入装有转化催化剂的管式炉内进行转化反应，制取一氧化碳和氢气，所需热量由天然气在管外燃烧供给，此方法也称外热法。一段转化将甲烷转化到一定深度后，再在二段转化炉中通入适量空气进一步转化。空气和一段转化气中部分可燃气反应，以提供转化反应所需热量和合成氨所需氮气。以下重点介绍二段转化法。

五、二段转化法

1．转化过程的分段

烃类作为制氨原料，要求尽可能转化完全。同时，甲烷为氨合成过程的惰性气体，它在合成回路中逐渐积累，不利于氨合成反应。因此，理论上转化气中甲烷含量越低越好。但残余甲烷含量越低，要求水碳比及转化温度越高，蒸汽消耗量增加，对设备材质要求提高，一般要求转化气中甲烷含量小于 0.5%（干基）。为了达到这项指标，在加压操作条件下，转化温度需在 1000℃以上。由于目前耐热合金钢管一般只能在 800～900℃下工作，为了满足工艺和设备材质的要求，工业上采用了转化过程分段进行的流程。

首先，于较低温度下在外热管式的转化管中进行烃类的蒸汽转化反应。然后，于较高温度下在耐火砖衬里的二段转化炉中加入空气，利用反应热继续进行甲烷转化反应。

二段转化炉内的化学反应为：

催化剂床层顶部空间进行燃烧反应

$$2H_2 + O_2 \longrightarrow 2H_2O(g) \qquad \Delta H_{298}^{\ominus} = -484kJ/mol \qquad (1-36)$$

$$2CO + O_2 \longrightarrow 2CO_2 \qquad \Delta H_{298}^{\ominus} = -566kJ/mol \qquad (1-37)$$

$$2CH_4 + O_2 \longrightarrow 2CO + 4H_2 \qquad \Delta H_{298}^{\ominus} = -71kJ/mol \qquad (1-38)$$

$$CH_4 + 2O_2 \longrightarrow CO_2 + 2H_2O \qquad \Delta H_{298}^{\ominus} = -802.5kJ/mol \qquad (1-39)$$

催化剂层中进行甲烷转化和变换反应

$$CH_4 + H_2O \Longrightarrow CO + 3H_2 \qquad (1-40)$$

$$CO + H_2O \Longrightarrow CO_2 + H_2 \qquad (1-41)$$

由于氢的燃烧反应比其他燃烧反应的速率要快 $1 \times 10^3 \sim 1 \times 10^4$ 倍，因此，二段转化炉顶部主要进行氢的燃烧反应，最高温度可达 1200℃，随后由于甲烷转化反应吸热，沿着催化床层温度逐渐降低，到二段转化炉的出口处为 1000℃左右。

2. 工艺条件

（1）压力　虽然从转化反应的化学平衡考虑，宜在低压下进行，但是，目前工业上均采用加压蒸汽转化。一般压力控制在 3.5～4.0MPa，最高已达 5MPa，其理由为：

① 可以降低压缩功耗　气体压缩功与被压缩气体的体积成正比。烃类蒸汽转化为体积增大的反应，压缩含烃原料气和二段转化炉所需空气的功耗远较压缩转化气为低。

② 提高过量蒸汽的回收价值　转化反应是在水蒸气过量的条件下进行的。操作压力越高，反应后剩余的水蒸气的分压越高，相应的冷凝温度越高，过量蒸汽的余热利用价值越大。另外，压力高，气体的传热系数大，热量回收设备的体积也可以减小。

③ 可以减少设备投资　加压操作后，减小了设备管道的体积。同时，加压操作可提高转化、变换的反应速率，从而减少催化剂用量。

但是，转化压力过高对平衡不利，为满足转化深度的要求，只有提高温度。而过高的转化温度又受设备材质的限制，因此，转化压力也不宜过高。

（2）温度　无论从化学平衡还是从反应速率角度来考虑，提高温度均有利于转化反应。但一段转化炉的温度受管材耐温性能的限制。

一段转化炉出口温度是决定转化气出口组成的主要因素。提高出口温度及水碳比，可降低残余甲烷含量。为降低工艺蒸汽的消耗，希望降低一段转化的水碳比，在残余甲烷含量不变的情况下，只有提高温度。但温度对转化管的寿命影响很大，例如，牌号为 HK-40 的耐热合金钢管，当管壁温度为 950℃时，管子寿命为 84000h，若再增加 10℃，寿命就要缩短到 60000 h。所以，在可能的条件下，转化管出口温度不要太高，需视转化压力不同而有所区别。大型合成氨厂转化操作压力为 3.2MPa，出口温度约 800℃。

二段转化炉的出口温度在二段压力、水碳比、出口残余甲烷含量确定后，即可确定下来。例如，压力为 3.0 MPa，水碳比为 3.5，二段出口转化气残余甲烷含量小于 0.5%，出口温度在 1000℃左右。

工业生产表明，一、二段转化炉的实际出口温度都比出口气体相对应的平衡温度高，这两个温度之差称为平衡温距，即

$$\Delta T = T - T_p$$

式中　T——实际出口温度；

T_p——与出口气体相对应的平衡温度。

平衡温距与催化剂的活性和操作条件有关，一般其值越低，说明催化剂的活性越好。工业设计中，一、二段转化炉的平衡温距通常分别在 10～15℃与 15～30℃。

（3）水碳比　水碳比是操作变量中最便于调节的一个条件。提高水碳比，不仅有利于降

低甲烷平衡含量，也有利于提高反应速率，还可抑制析炭的发生。但水碳比的高低直接影响蒸汽耗量，因此，从降低汽耗考虑，应降低水碳比。目前，节能型的合成氨流程水碳比的控制指标已从 3.5 降至 2.5～2.75，但需采用活性更好、析炭性更强的催化剂。

（4）空间速率 空间速率表示单位体积催化剂每小时处理的气量，简称空速。空速有多种不同的表示方法。用含烃原料标准状况下的体积来表示，称为原料气空速；用烃类中含碳的物质的量表示，称为碳空速；将烃类气体折算成理论氢（按 $1m^3CO=1m^3H_2$，$1m^3CH_4=4m^3H_2$）的体积来表示，称为理论氢空速，液态烃可以用所通过液态烃的体积来表示，称为液空速。一般而言，空速表示转化催化剂的反应能力。压力高时，可采用较高的空速。但空速不能过大，否则，床层阻力过大，能耗增加。加压下，进入转化炉的碳空速控制在 $1000～2000h^{-1}$。

3．工艺流程

由烃类制取合成氨原料气，目前采用的蒸汽转化法有美国凯洛格（Kellogg）法、丹麦托普索（Topsøe）法、英国帝国化学公司（ICI）法等。但是，除一段转化炉炉型、烧嘴结构、是否与燃气透平匹配等方面各具特点外，在工艺流程上均大同小异，都包括一、二段转化炉，原料气预热、余热回收与利用等。图 1-27 是日产 1000t 氨的两段转化的凯洛格传统工艺流程。

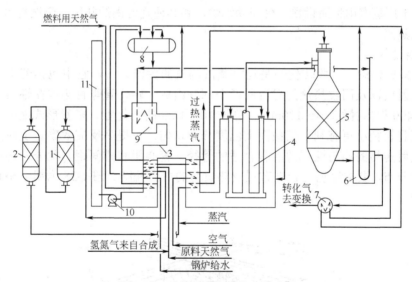

图 1-27 天然气蒸汽转化工艺流程

1—钴钼加氢反应器；2—氧化锌脱硫槽；3—对流段（一段炉）；4—辐射段（一段炉）；5—二段转化炉；

6—第一废热锅炉；7—第二废热锅炉；8—汽包；9—辅助锅炉；10—排风机；11—烟囱

对流段七组盘管自左向右按顺时针方向排布如下：燃料气预热盘管，锅炉给水预热盘管，原料气预热盘管，蒸汽过热盘管，蒸汽过热盘管；空气蒸汽预热盘管；混合原料气预热盘管

原料天然气经压缩机加压到 4.15MPa 后，配入 3.5%～5.5%的氢（氨合成新鲜气）于一段转化炉对流段 3 盘管加热至 400℃，进入钴钼加氢反应器 1 进行加氢反应，将有机硫转化为硫化氢，然后进入氧化锌脱硫槽 2 脱除硫化氢，出口气体中硫的体积分数低于 $0.5×10^{-6}$，压力为 3.65 MPa、温度为 380℃左右脱硫气，配入中压蒸汽，使水碳比达 3.5 左右，进入对流段盘管加热到 500～520℃，送到辐射段 4 顶部原料气总管，再分配进入各转化管。气体自上而下流经催化床，一边吸热一边反应，离开转化管的转化气温度为 800～820℃、压力为

3.14MPa、甲烷含量约为9.5%，汇合于集气管，并沿着集气管中间的上升管上升，继续吸收热量，使温度达到850～860℃，经输气总管送往二段转化炉5。

　　工艺空气经压缩机加压到3.34～3.55 MPa，也配入少量水蒸气进入对流段盘管加热到450℃左右，进入二段炉顶部与一段转化气汇合，在顶部燃烧区燃烧，温度升到1200℃左右，再通过催化剂床层反应。离开二段炉的气体温度为1000℃、压力为3.04 MPa、残余甲烷含量0.3%左右。

　　为了回收转化气的高温热能，二段转化炉通过两台并联的第一废热锅炉6后，接着又进入第二废热锅炉7，这三台废热锅炉都产生高压蒸汽。从第二废热锅炉出来的气体温度约370℃左右，可送往变换工段。

　　燃料天然气在对流段预热到190℃，与氨合成弛放气混合，然后分为两路。一路进入辐射段顶部烧嘴燃烧为转化反应提供热量，出辐射段的烟气温度为1005℃左右，再进入对流段，依次通过混合气预热器、空气预热器、蒸汽过热器、原料天然气预热器、锅炉给水预热器和燃料天然气预热器，回收热量后温度降至250℃，用排风机10送入烟囱11排放。另一路进对流段入口烧嘴，燃烧产物与辐射段来的烟气汇合。该处设置烧嘴的目的是保证对流段各预热物料的温度指标。此外，还有少量天然气进辅助锅炉9燃烧，其烟气在对流段中部并入，与一段炉共用一段对流段。

　　为平衡全厂蒸汽用量而设置一台辅助锅炉，和其他几台锅炉共用一个汽包8，产生10.5 MPa的高压蒸汽。

　　4．主要设备

　　（1）一段转化炉　一段转化炉是烃类蒸汽制氢的关键设备，它由包括若干根反应管与加热室的辐射段以及回收热量的对流段两个部分组成。转化管竖直排放在辐射段炉内，总共有300～400根内径约70～120mm、总长10～12m的转化管。多管形式能提供大的比传热面积，而且管径小更有利于横截面上温度分布均匀，可提高反应效率。反应炉管的排布要着眼于辐射传热的均匀性，故应有合适的管径、管心距和排间距。此外，还应形成工艺期望的温度分布，要求烧嘴有合理布置及热负荷的恰当控制。图1-28为凯洛格顶部烧嘴排管式转化炉。

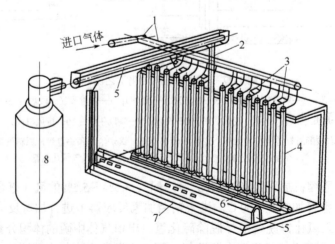

图1-28　凯洛格排管式转化炉

1—进气总管；2—升气管；3—顶部烧嘴；4—炉管；5—烟道气出口；

6—下集气管；7—耐火砖炉体；8—二段转化炉

排管式转化炉是若干根炉管排成多排，整个管排都放在炉膛内用上猪尾管连接上集气管和炉管，每根炉管用弹簧悬挂于钢架上，受热后可以自由向下延伸。另外，排管式的下集气管放在辐射段内，整排炉管汇合后，由中间上升管引到炉顶，温度可升高 30～35℃，因而带入二段转化炉的热能多。但是上升管下部与集气管连接，上部则焊在输气总管上。而炉管底部又焊在下集气管上，都是属于刚性连接，下集气管的热膨胀会使升气管倾斜。顶部烧嘴安装在炉顶，每排炉管两侧有一排烧嘴，烟道气从下烟道排出。炉管与烧嘴相间排列，因此沿炉管圆周方向的温度分布比较均匀。烧嘴数量少，操作管理方便，炉管的排数可按需要增减。但轴向烟道气温度变化较大，操作调节较困难。

（2）二段转化炉　二段转化炉是生产中温度最高的催化反应设备，如图 1-29 所示。与一段转化炉不同的是，这里加入空气燃烧一部分转化气以实现内部自热，同时，也补入了必要的氮。炉顶部空间的理论燃烧温度为 1200℃。

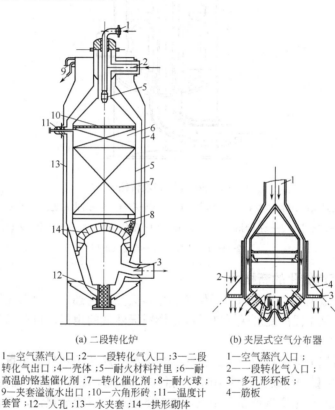

(a) 二段转化炉　　　　(b) 夹层式空气分布器

1—空气蒸汽入口；2—一段转化气入口；3—二段转化气出口；4—壳体；5—耐火材料衬里；6—耐高温的铬基催化剂；7—转化催化剂；8—耐火球；9—夹套溢流水出口；10—六角形砖；11—温度计套管；12—人孔；13—水夹套；14—拱形砌体

1—空气蒸汽入口；
2—一段转化气入口；
3—多孔形环板；
4—筋板

图 1-29　凯洛格型二段转化炉

凯洛格型二段转化炉为一立式圆筒，壳体材质是碳钢，内衬耐火材料，炉外有水夹套。一段转化气从顶部的侧壁进入炉内，空气从炉顶进入空气分布器，混合燃烧后，高温气体自上而下经过催化床反应。凯洛格型二段转化炉，添加的空气量是按氨合成所需氢氮比加入的。

对采用过量空气的 Braun 型 ICIAMV 型流程，其二段转化炉的结构如图 1-30 所示。理论燃烧温度可达 1350℃，为防止局部温度过高，导致镍催化剂烧毁和设备损坏，一段转化气从炉底部进入，经中心管上升，由气体分布器入炉顶部空间，然后与从空气分布器出来的空气相混合以进行燃烧反应。

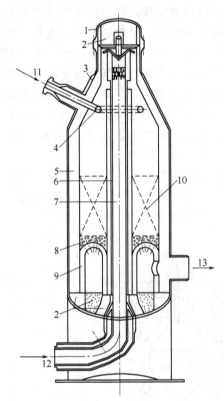

图 1-30　ICI 二段转化炉

1—上封头；2—耐火材料；3—钢壳；4—空气分布器；5—耐火衬里；6—耐火砖；
7—中心管；8—耐火球；9—耐火砖拱；10—催化剂层；11—工艺空气入口；
12—转化气入口；13—转化气出口

六、天然气蒸汽转化的新技术

转化工段的能量消耗主要是原料天然气和燃料天然气两部分。原料天然气的消耗已接近理论值。因此，转化工段的能耗关键在于降低燃料天然气的用量。目前已开发的节能技术主要有：

（1）降低燃料气消耗　调整一、二段转化炉，减少燃料天然气的用量，降低一段转化炉的负荷，残余甲烷含量由传统流程的 10% 提高到 30% 左右，使较多的甲烷转移到二段炉转化。在二段转化炉中加入过量空气或富氧空气，过剩的氮采用深冷分离法，在合成工段前（布朗流程）或合成回路中（ICIAMV 流程）除去。这样使一段转化炉操作温度降低，降低燃料气消耗。

（2）降低烟道气排放温度　传统转化流程中，烟道气排放温度为 250℃，为回收烟道气的显热，可采用旋转蓄热换热器或热管换热器来加热助燃空气，把烟道气的排放温度降到 140℃。

（3）采用低水碳比操作　通过使用高活性及抗析炭的新型催化剂，使进料气中的水碳比由传统流程的 3.5 降到 2.75 或更低，有效地降低了一段转化炉的热负荷，燃料气的消耗大大降低。

（4）采用换热型转化器　换热型转化器是取消传统的一段炉，而将一段转化在立式的管式换热器中进行，如图 1-31 所示。管内充填催化剂，管外热源由二段炉高温出口气提供，从而降低燃料烃的消耗，并取消了现有庞大，分为辐射段和对流段，结构复杂而昂贵的一段炉。

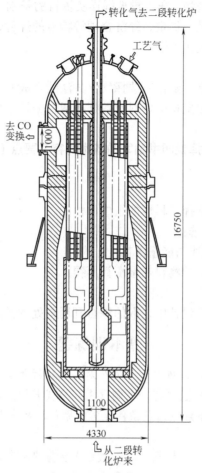

图 1-31 热交换型转化炉

综合训练项目一 煤气化制取合成氨原料气工艺的选择

（一）项目目的

1. 全面了解我国能源结构与煤资源的现状；

2. 研究与分析国内外各种煤气化技术的现状及发展趋势；

3. 掌握选择工艺流程的原则及方法；

4. 培养节能减排、环境保护、安全生产等意识。

（二）项目成果

1. 编制原料煤气化工艺选择说明书；

2. 绘制原料煤气化带控制点的工艺流程图。

（三）项目实施要求

1. 项目小组的建立

每个项目小组一般由 5~8 人组成，设组长 1 名，副组长 1 名。

2．文献资料查阅

通过大量查阅文献资料，全面了解我国能源结构与煤资源的现状；同时研究与分析国内外煤气化技术的现状及发展趋势。在大量掌握详实资料的基础上，在本省（自治区、直辖市）及周边地区选择一种来源充足、稳定、经济合理等特点的煤种作为生产原料，并通过分析、综合、比较，确定相对应的气化方法。

3．实习与调研

在获取原料煤样的基础上，到你所选择气化方法的合成氨生产企业进行实习与调研，掌握该种原料煤的气化技术，搜集相关资料及数据，通过分析、比较、优化，最终确定该原料煤气化的工艺流程。

（四）原料煤气化工艺选择说明书编写的基本内容及要点（仅供参考）

1．国内煤资源现状

2．原料选择分析

选择原料煤的理由，所选择原料煤的组成、性能。

3．煤气化工艺的分析与选择

4．该工艺的节能措施综述与能量消耗

能量消耗指标通过气化炉的物料热量衡算而得。

5．环境保护

主要污染源及主要污染物设计中采取的综合利用与处理措施，预计达到的效果。

基本训练题

1．原料煤的主要物理化学性质有哪几项？对煤气化过程有什么影响？

2．间歇式制半水煤气为什么要把一个制气循环分成若干步骤？

3．简述评价间歇式制半水煤气工艺条件优劣的原则。对炉温、吹风速率、燃料层高度等工艺条件进行分析。

4．如何由炉顶、炉底温度，煤气中的二氧化碳含量来判断间歇制气炉温的高低？

5．如何对间歇式制半水煤气过程的能量进行回收？

6．鲁奇法、德士古水煤浆气化法、Shell 粉煤气化法对原料煤的灰熔点有何要求？并分析其理由。

7．水煤浆气化制取半水煤气的优点是什么？存在的主要问题是什么？有何措施加以解决？

8．甲烷转化催化剂在使用之前为什么要进行还原？已还原的催化剂若与空气接触为何要进行钝化？

9．什么是析炭现象？有何危害？如何防止析炭？发生析炭后应如何处理？

10．甲烷蒸汽转化为什么要分两段转化？二段转化炉所发生的主要化学反应有哪些？

11．天然气蒸汽转化的凯洛格传统的工艺流程由哪几部分组成？其新技术有哪几项？

12．已知入炉煤含碳 78.01%，灰分 13.76%；灰渣中含碳 13.78%，灰分 84.02%；吹出物中含碳 82.20%，灰分 14.51%，吹出物损失的碳量占入炉煤总碳量的 4.5%；如入炉煤量为 40000t/a，试求：

（1）每年排出的灰渣量；

（2）灰渣和吹出物每年损失的碳量。

13．已知造气工段工艺条件：空气流量 3800m³/h，蒸汽流量 1.2t/h，循环时间 3min，各阶段时间分配如下：

阶段	吹风	上吹、下吹、二次上吹	回收
时间分配/%	18	75	7

气体组成如下：

组分	CO_2	CO	O_2	H_2	N_2	CH_4	合计
$y_{i\text{吹风气}}$/%	16	7.8	0.5	—	73.5	2.2	100
$y_{\text{水煤气}}$/%	14	31	—	55	—	—	100

蒸汽分解率 37%，试求：

（1）每小时产生的吹风气量（不含回收）、水煤气量、半水煤气量；

（2）每小时消耗于吹风、回收和制气的标准煤量及每标准立方米半水煤气耗标准煤量（以 kg 计）；

（3）计算半水煤气组成。

14．已知进一段炉天然气组成如下：

组分	CH_4	C_2H_6	C_3H_8	C_4H_{10}	N_2	CO_2	H_2	合计
y_i/%	96.23	1.16	0.30	0.10	2.00	0.01	0.20	100

当蒸汽混合气中 $Z=3.5$，一段炉出口压力为 3MPa，温度为 820℃，出口甲烷含量为 10%（干）时，试计算：

（1）该条件下一段炉出口气体的平衡组成及平衡温距；

（2）当 Z 分别为 2、6 时，试计算反应达平衡时的甲烷含量；

（3）当出口温度为 750℃、900℃时，试计算反应平衡时的甲烷含量；

（4）综合上述问题的计算结果，试分析影响甲烷蒸汽转化的因素；

（5）从热力学角度判断在（1）条件下是否有析炭现象发生？并计算析炭的平衡温度。

15．已知一段炉进口气体组成如下：

组分	CH_4	C_2H_6	C_3H_8	C_4H_{10}	C_5H_{12}	N_2	CO_2	H_2	合计
y_i/%	81.18	7.31	3.37	1.10	0.15	1.86	0.01	5.02	100

进入一段炉的干气量为 1164.69kmol/h，催化剂总装填量为 15.2m^3，试计算进一段炉的原料气空速、碳空速及理论氢空速。

16．一段转化炉进出口气体湿基组成（%）见下表。并已知一段转化炉进口温度为 510℃，出口温度 798℃，试求处理 1kmol 进口气，炉管所需要的热负荷。

组分	CH_4	C_2H_6	C_3H_8	C_4H_{10}	N_2	CO_2	H_2	CO	H_2O	合计
一段炉进口	20.15	0.242	0.063	0.026	0.77	0.105	1.094	—	77.55	100
一段炉出口	5.457	—	—	—	0.603	5.964	39.086	43.872	5.018	100

能力训练题

任务一 通过调研及查阅资料，对国内合成氨生产所用原料煤、天然气等情况进行分析，写一篇我国合成氨生产制取原料气展望的综述报告。

任务二 编写一个以煤为原料气化方法的开停车方案，并利用仿真装置练习开停车的操作（结合学校的实际条件）。

任务三 如何判断间歇式煤气化炉气化层温度的变化？请制定气化层温度控制操作方案。

任务四 对烃类蒸汽两段转化过程的能量消耗进行分析，写一篇烃类蒸汽转化节能分析报告。

任务五 到企业实习并搜集相关资料，编写烃类蒸汽一段转化炉温度监控方案。

第二章 原料气的脱硫

能力与素质目标

1. 能根据脱硫的基本原理正确识别脱硫的方法;
2. 能根据原料气的成分和工艺要求正确选择脱硫路线;
3. 能根据工艺条件优化原料气脱硫工艺过程;
4. 能按生产操作规程操作和分析判断脱硫操作过程中出现的常见事故,并能进行分析处理;
5. 具有化工生产职业基本素质、道德、科学态度和严谨的工作作风;
6. 具有劳动保护、安全生产、节能减排和环境保护意识。

知识目标

1. 掌握原料气脱硫的基本原理;
2. 掌握典型的原料气脱硫方法、工艺条件的选择、工艺流程的组织原则及主要设备的结构与作用;
3. 了解原料气脱硫在合成氨生产中的意义。

以煤、天然气或重油为原料制取的合成氨原料气中,都含有一定量的硫化物。其中包括两大类,即无机硫:硫化氢(H_2S);有机硫:二硫化碳(CS_2)、硫醇(RSH)、硫氧化碳(COS)、硫醚($R—S—R$)和噻吩(C_4H_4S)等。原料气中硫化物的成分和含量取决于气化所用燃料中硫的含量及其加工方法。以煤为原料制得的煤气中,一般含 H_2S 为 $1\sim6g/m^3$,有机硫为 $0.1\sim0.8g/m^3$。若用高硫煤作原料时,煤气中的 H_2S 高达 $20\sim30g/m^3$。以天然气、油田气、轻油、重油为原料时,因原料产地不同,制出的煤气中硫含量差别很大。

硫化物是各种催化剂的毒物,对甲烷转化和甲烷化催化剂、中温变换催化剂、低温变换催化剂、甲醇合成催化剂、氨合成催化剂的活性有显著的影响。硫化物还会腐蚀设备和管道,给后续工序的生产带来许多危害。因此,对原料气中硫化物的清除是十分必要的。此外,硫是一种重要的化工原料,应当予以回收。因此,原料气中硫化物必须脱除干净。脱除原料气中硫化物的过程称为脱硫。

由于合成氨生产原料品种多、流程长、原料气中硫化物的状况及含量不同,各种过程对气体净化度的要求不同,用同一种方法在同一部位一次性地从含硫气体中高精度地脱除硫化物是困难的。因此,在流程中何处设置脱硫,用什么方法脱硫是没有绝对标准的,应根据原料及流程的特点来决定。

脱硫的方法很多,按脱硫剂的物理形态可分为干法脱硫和湿法脱硫两大类。

第一节 干法脱硫

干法脱硫的脱硫剂为固体,用固体吸收剂或吸附剂来脱除硫化氢或有机硫的方法称为干法脱硫。干法脱硫既能脱除无机硫,又能除去有机硫。干法脱硫具有脱硫效率高、操作简便、设备简单、维修方便等优点。但干法脱硫所用脱硫剂的硫容量(单位质量或体积的脱硫剂所能脱除硫的最大数量)有限,且再生较困难,需定期更换脱硫剂,劳动强度较大。因此,干法脱硫一般用在硫含量较低、净化度要求较高的场合。所以一般串在湿法脱硫之后，作为精脱硫。

目前，常用的干法脱硫有钴钼加氢-氧化锌法、活性炭法、氧化铁法、分子筛法、有机硫（COS、CS_2）水解法等。干法脱硫可分为高温和常温两种，高温精细脱硫采用钴钼加氢和ZnO工艺，其主要缺点是能耗高，开车时间长。常温精细脱硫采用硫氧化碳水解催化剂，使COS在常温下水解成H_2S，然后用ZnO脱除H_2S，ZnO常温精脱可使H_2S <0.05mg / m^3（标）。与高温精细脱硫相比，常温精细脱硫能耗低，开车时间短，但ZnO硫容小，费用较高。

一、钴钼加氢-氧化锌法

（一）钴钼加氢转化法

钴钼加氢是一种含氢原料气中有机硫的预处理措施。有机硫化物脱除一般比较困难，但将其加氢转化成硫化氢后就可以容易脱除。采用钴钼加氢可使天然气、石脑油原料中的有机硫几乎全部转化成硫化氢，再以氧化锌法便可将硫化氢脱除到2×10^{-8}（体积分数）以下。

1. 钴钼催化剂

主要成分是MoO_3和CoO，Mo含量一般为5%～13%。Co含量一般为1%～6%。Al_2O_3为载体，它可以提供较大活性表面积来增加催化剂活性。

由于钴钼催化剂经过硫化后才具有较大的活性，所以在高温下通入含有硫化物（H_2S或CS_2）和H_2的气体，进行硫化反应。

$$MoO_3+2H_2S+ H_2 \longrightarrow MoS_2+3 H_2O \tag{2-1}$$

$$9CoO+8H_2S+H_2 \longrightarrow Co_9S_8+9H_2O \tag{2-2}$$

硫化后催化剂的活性组分是MoS_2和Co_9S_8。通常认为MoS_2提供催化活性，Co_9S_8主要是保持MoS_2具有活性的微晶结构，以防止MoS_2活性衰退时进行微晶集聚的过程。

2. 基本原理

在钴钼催化剂作用下，有机硫加氢转化为H_2S，然后用ZnO脱硫剂除去。反应式为：

$$R—SH+H_2 \longrightarrow RH+H_2S \tag{2-3}$$

$$COS+H_2 \longrightarrow CO+H_2S \tag{2-4}$$

$$CS_2+4H_2 \longrightarrow CH_4+2H_2S \tag{2-5}$$

$$C_4H_4S+4H_2 \longrightarrow C_4H_{10}+H_2S \tag{2-6}$$

$$R—S—R'+2H_2 \longrightarrow RH+R'H+H_2S \tag{2-7}$$

其中噻吩加氢转化反应速率最慢，因此有机硫加氢反应速率取决于噻吩加氢转化反应速率。当温度升高，氢分压增大时，加氢反应速率加快。

3. 工艺操作条件

工业上钴钼加氢转化操作条件为：温度350～430℃，压力0.7～7.0MPa，入口气态烃空间速度为500～1500h^{-1}，液态烃空间速度为0.5～6h^{-1}。所需的加氢量是根据气体中含硫量多少来确定的，一般相当于原料气中含硫量的5%～10%。

（二）氧化锌法

氧化锌法脱硫具有脱硫精度高、硫容量大、使用性能稳定可靠等优点，被广泛用于合成氨、制氢、煤化工生产等行业。

1. 氧化锌脱硫剂

氧化锌是一种内表面积大、硫容量高的固体脱硫剂，能以极快的速度脱除原料气中的硫化氢和部分有机硫（噻吩除外）。净化后的原料气中硫含量可降至0.1cm^3/m^3以下。氧化锌脱硫剂以ZnO为主体（约为68%），加入少量MnO_2、CuO或MgO等助剂。氧化锌脱硫剂中含有氧化锰时，为了提高活性，在使用前须经还原处理，还原介质为原料气中的H_2或CO。反应方程为：

$$MnO_2 + H_2 \longrightarrow MnO + H_2O + Q \qquad (2\text{-}8)$$

$$MnO_2 + CO \longrightarrow MnO + CO_2 + Q \qquad (2\text{-}9)$$

由于脱硫剂中 MnO_2 很少，因而放出的热量也很少，还原结束即可投入生产。停车时，氧化锌脱硫剂不需进行钝化处理，只需降至常温、常压后卸出即可。氧化锌脱硫剂的性能见表 2-1。

表 2-1 氧化锌脱硫剂的性能

型 号		T302Q	T304	T305	ICI324
外观		深灰色球	白色条	浅蓝色条	球
堆密度/（kg/L）		0.8~1.0	1.15~1.35	1.1~1.3	1.1
化学组成/%	MnO_2	80~85	≥90	≥95	—
	ZnO	6~8	6~8	—	—
	MgO	3~5	—	—	—
操作条件	温度/℃	200~350	350~380	200~400	350~450
	压力/MPa	2.8	4.0	0.1~4.0	0.1~5.0
备注		保护低变催化剂	用于液态烃高温脱硫	用于氨、甲醇厂脱硫	大型氨厂脱硫

2. 基本原理

氧化锌脱硫剂能直接吸收 H_2S 和 RSH。反应方程为：

$$H_2S + ZnO \longrightarrow ZnS + H_2O \qquad (2\text{-}10)$$

$$C_2H_5SH + ZnO \longrightarrow ZnS + C_2H_5O \qquad (2\text{-}11)$$

$$C_2H_5SH + ZnO \longrightarrow ZnS + C_2H_4 + H_2O \qquad (2\text{-}12)$$

当气体中有 H_2 存在时，CS_2、COS 等有机硫化物先转化成 H_2S，然后再被氧化锌吸收。反应方程为：

$$COS + H_2 \longrightarrow H_2S + CO \qquad (2\text{-}13)$$

$$CS_2 + 4H_2 \longrightarrow 2H_2S + CH_4 \qquad (2\text{-}14)$$

氧化锌不能脱除噻吩，所以氧化锌法能全部脱除 H_2S，脱除部分有机硫。

（1）化学平衡 氧化锌脱硫反应的平衡常数如表 2-2 所示。

表 2-2 不同温度下氧化锌脱除硫化氢反应的平衡常数

温度/℃	200	300	350	400
$K_p = \dfrac{p_{H_2O}}{p_{H_2S}}$	2×10^8	6.25×10^6	1.73×10^6	5.55×10^5

由表可知，温度降低，平衡常数增大对脱硫反应有利。水蒸气浓度和温度对 H_2S 浓度的影响如表 2-3 所示。

表 2-3 不同温度及水蒸气含量时的硫化氢平衡含量（体积分数）/$\times 10^{-6}$

入口气体中水蒸气含量/%	200℃		300℃		350℃		400℃	
	干气	湿气	干气	湿气	干气	湿气	干气	湿气
0.5	0.000025	0.000025	0.0008	0.0008	0.0029	0.0029	0.009	0.009
5	0.00027	0.00025	0.008	0.008	0.030	0.029	0.095	0.09
10	0.00055	0.0005	0.018	0.016	0.065	0.058	0.20	0.180
20	0.00125	0.0010	0.040	0.032	0.145	0.116	0.45	0.360
30	0.0021	0.0015	0.070	0.048	0.250	0.174	0.77	0.540
40	0.0033	0.0020	0.107	0.064	0.387	0.232	1.2	0.720
50	0.005	0.0025	0.160	0.080	0.580	0.290	1.80	0.900

由表可知，温度越低，水蒸气含量越少，硫化氢平衡浓度越低，对脱硫反应越有利。所以吸收硫化氢的反应在常温下就可进行，但吸收有机硫的反应要在较高温度下才能进行。

（2）反应速率　随着温度的升高，反应速率显著加快；压力提高也可加快脱硫反应的反应速率。由于硫化物在脱硫剂的外表面通过毛细孔达到脱硫剂内表面的内扩散为反应的控制步骤，因此脱硫剂粒度越小，孔隙率越大，越有利于脱硫反应的进行。

3．工艺操作条件的选择

（1）硫容量　工业生产中评价氧化锌脱硫剂的一个重要指标是"硫容量"，常用质量硫容和体积硫容来表示。质量硫容是指单位质量新的脱硫剂吸收硫的量。如 15%硫容量是指100kg 新的氧化锌可吸收 15 kg 的硫。体积硫容是指单位体积脱硫剂可吸收硫的量，单位为 kg/m^3 或 g/L。硫容量不仅与脱硫剂本身的性能有关，而且与操作温度、空速、汽/气比和氧含量有关。温度降低，原料气的空速和汽/气比增大，硫容量降低。

空速、汽／气比对 C_{7-2} 型脱硫剂硫容的影响如图 2-1、图 2-2 所示。

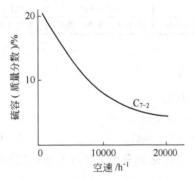

图 2-1　空速对 ZnO 硫容的影响

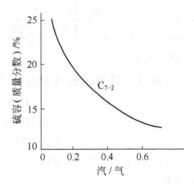

图 2-2　汽/气比对 ZnO 硫容的影响

（2）温度　温度升高，反应速率加快，脱硫剂硫容量的增大，但温度过高，氧化锌脱硫能力下降。温度与硫容量的关系如图 2-3 所示。在工业生产中，操作温度在 200～400℃之间，脱除 H_2S 可在 200℃左右进行，脱除有机硫必须在 350～400℃之间。

（3）压力　氧化锌脱硫属于内扩散控制过程，因此提高压力可加快反应速率，但操作压力取决于本流程，一般操作压力为 0.7～6.0MPa。

4．工艺流程

当原料气中硫含量较高时，原料气与 H_2 混合后进入预热炉，预热至 350～400℃进入第一段氧化锌脱硫槽，将 H_2S 及一些易分解的有机硫化物除去，然后进入第二段脱硫槽。第二段脱硫槽上层装钴钼催化剂，

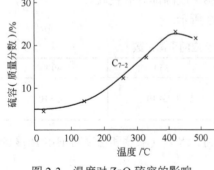

图 2-3　温度对 ZnO 硫容的影响
（空速 900/h，0.1MPa）

下层装氧化锌脱硫剂。难被氧化锌脱除的噻吩等有机硫在钴钼催化剂层中加氢转化为硫化氢，然后被第二段氧化锌吸收。其流程如图 2-4 所示。

当硫含量较低时，可以不设第一段 ZnO 脱硫槽，含有 40mg／m^3 有机硫的原料气预热到 350～400℃与 H_2 混合后，先通过一个钴钼加氢转化器，有机硫在催化剂上加氢转化为硫化氢，然后气体进入两个串联的 ZnO 脱硫槽将硫化氢吸收脱除。氧化锌脱硫主要在第一脱硫槽内进行，第二脱硫槽起保护作用，即采用双床串联倒换操作法。其工艺流程如图 2-5 所示。

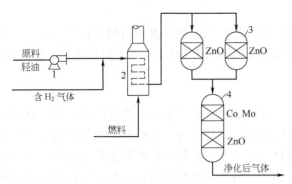

图 2-4　钴钼加氢-氧化锌脱硫工艺流程

1—轻油泵；2—预热炉；3—第一段脱硫槽；
4—第二段脱硫槽（Co-Mn、ZnO）

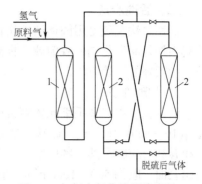

图 2-5　加氢串氧化锌脱硫流程

1—钴钼加氢脱硫槽；2—氧化锌槽

5. 主要设备

氧化锌脱硫过程所用主要设备为脱硫槽，如图 2-6 所示。脱硫槽为钢板制成的圆筒形设备，高径比约为 3:1。脱硫剂分两层装填，上层铺设在由支架支承的箅子板上，下层装在耐火球和镀锌钢丝网上。为使气体分布均匀，槽上部设有气体分布器，下部有集气器。氧化锌在脱硫槽内的脱硫过程如图 2-7 所示。

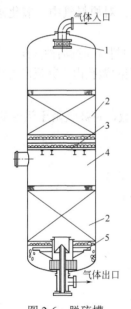

图 2-6　脱硫槽

1—气体分布器；2—催化剂层；
3—箅子板；4—筒体；5—集气器

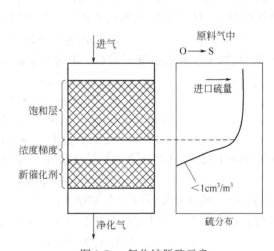

图 2-7　氧化锌脱硫示意

原料气经换热器加热到 210℃左右后进入氧化锌脱硫槽，靠近入口的氧化锌先被硫饱和，随着时间增长，饱和层逐渐扩大，当饱和层临近出口处时，就开始漏硫。评价 ZnO 性能的一个重要指标是硫容，氧化锌的平均硫容为 15%～20%，最高可达 30%，接近入口的饱和层硫容一般为 20%～30%。通常 ZnO 装在两个双层的串联设备里，每年更换一次入口侧的 ZnO，而将出口侧的 ZnO 移装于入口侧，新的 ZnO 用作保护层，确保净化气中硫含量达到指标要求。

二、活性炭法

活性炭法脱硫是用固体活性炭作脱硫剂，脱除原料气中的 H_2S 及有机硫化物。由于在活性炭中加入助催化剂使脱硫效率提高，并且采用过热蒸汽法再生，克服了硫化锌再生的缺点，是一种较好的脱硫方法。

1. 物理性质

活性炭是由许多毛细孔体聚集而成的。毛细孔有大孔、过渡孔和微孔之分，但主要是微孔 $[(10\sim100)\times10^{-10}m]$。通常气体分子都可以从微孔扩散入内。毛细孔为脱硫提供了反应场所和容纳反应物及其产物的空间。毛细孔表面积的大小直接影响活性炭活性的高低，活性炭的比表面一般为 $500\sim1000m^2/g$，最高可达 $1800\ m^2/g$。当脱硫达到饱和时，活性炭内部空隙基本上被生成的硫所填满。

在生产中，当以脱除硫化氢为主时，宜选择过渡孔或大孔发达的活性炭；当主要用于脱除硫醇、噻吩时，则宜选用比表面大，即微孔和过渡孔发达、大孔较少的活性炭更好。但工业上，一般采用以过渡孔为主的活性炭。

2. 基本原理

活性炭常用于脱除天然气、油田气以及经湿法脱硫后气体中的微量硫。根据反应机理不同，可分为吸附、氧化和催化等方式。

吸附脱硫是由于活性炭具有很大的比表面积，对某些物质具有较强的吸附能力。如吸附有机硫中的噻吩很有效，而对挥发性大的硫氧化碳的吸附很差；对原料气中二氧化碳和氨的吸附强，而对挥发性大的氧和氢较差。

催化氧化脱硫是在活性炭吸附器内，加入少量 O_2 和 NH_3 的原料气通过活性炭层，在氨及活性炭的催化作用下，H_2S 被 O_2 氧化成单质硫，并被吸附在活性炭的微孔内，其反应方程式为：

$$2H_2S+O_2 \longrightarrow 2H_2O+2S \tag{2-15}$$

有机硫中的 COS 与氧及氨反应后，生成单质硫和化合态硫，并被吸附于活性炭的微孔内，反应式为：

$$2COS+O_2 \longrightarrow 2CO_2+S \tag{2-16}$$

$$COS+2O_2+H_2O+2NH_3 \longrightarrow (NH_4)_2SO_4+CO_2 \tag{2-17}$$

$$COS+2NH_3 \longrightarrow (NH_2)_2CS+ H_2O \tag{2-18}$$

有机硫中的 RSH 在活性炭表面被催化氧化，反应式为：

$$4CH_3SH+O_2 \longrightarrow 2CH_3SSCH_3+2H_2O \tag{2-19}$$

生成的烷基二硫化物被活性炭吸附除去。

脱硫时，部分氨与气体中 CO_2、H_2S、O_2 发生副反应：

$$NH_3+CO_2+H_2O \longrightarrow NH_4HNCO_3 \tag{2-20}$$

$$2NH_3+H_2S+2O_2 \longrightarrow (NH_4)_2SO_4 \tag{2-21}$$

生成的 NH_4HCO_3 与（NH_4）SO_4 覆盖在活性炭的表面，使活性降低。

近年来经研究发现，在活性炭中加入 Fe、Co、Ni、Cu、Ag 的化合物，能提高活性炭的硫容量及脱硫效率。其中铁的氧化物价格低廉，效果较好，为常用助催化剂之一。例如，当活性炭中含 $0.3\%\sim1.5\%$ 的氧化铁时，硫含量将提高 15% 左右。

3. 活性炭脱硫后的再生

活性炭层经过一段时间的脱硫，反应生成的硫黄和铵盐达到饱和而失去活性，需进行再生。通常采用过热蒸汽法再生，饱和蒸汽经电加热器加热至 400~500℃，由吸附器上部进入活性炭层，在高温下硫黄解吸、升华，随蒸汽从吸附器下部出来，在回收槽中被水冷却，得到固体硫黄。

活性炭脱硫优点：能有效的脱除原料气中的 H₂S 及有机硫，硫容量大，脱硫效率高，脱硫反应在常温下即可进行，反应速率快，活性炭可以再生，并能回收高纯度的硫黄，而且制备活性炭的原料来源广。

4. 工艺流程

活性炭脱硫及过热蒸汽再生的工艺流程如图 2-8 所示。

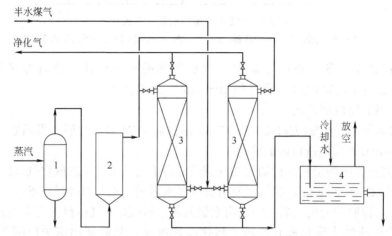

图 2-8　活性炭脱硫及过热蒸汽再生的工艺流程
1—汽水分离器；2—电加热器；3—活性炭吸附器；4—硫黄回收槽

含有少量氨和氧的半水煤气自下而上通过活性炭吸附器 3，硫化物被活性炭所吸附，脱硫后的净化气从吸附器的顶部引出。再生时，由锅炉来的饱和蒸汽进汽水分离器 1，经电加热器 2 加热到 400℃左右，由上而下通过活性炭吸附层，使硫黄熔融或升华后随蒸汽一并由吸附器底部出来，在硫黄回收槽中被水冷却沉淀，与水分离后得到副产硫黄。

三、常温精脱硫技术

常温精脱硫是指在常温下将工业原料气中的总硫（有机硫+无机硫）脱至<0.1×10⁻⁶或更低，以保护许多高效催化剂、吸附剂，并提高产品质量，避免设备腐蚀，减小环境污染。

以煤或石油制取的化工原料气中，COS 与 CS₂ 是最主要的有机硫成分。在合成氨与尿素生产中，微量硫（H₂S、COS 与 CS₂）是使甲醇化、甲烷化、氨合成、脱氢等催化剂失活的最主要原因。在以煤或重油为原料的氮肥厂中，因能耗高、价格贵，无法采用传统的高温精脱硫工艺。

1. JTL-1 常温精脱硫工艺

由湖北化学研究所开发的 T102（或 T703）活性炭-T504 有机硫催化剂-T102（或 T703）活性炭，即夹心式工艺。

JTL-1 常温精脱硫工艺流程如图 2-9 所示。由碳化工序综合塔出来的碳化气，H₂S≤20mg/m³，COS≤10mg/m³，经气水分离分离水后进入本系统第一脱硫塔底部，经过 T102（或 T703）型活性炭床脱除硫化氢后从顶部出塔，空速一般控制在 800~1200h⁻¹。出第一脱硫塔的气体经加热器被蒸汽（或热水）间接加热到 40~100℃后，从底部进入水解炉，空速一般控制 800~2000h⁻¹，经过 T504 型有机硫水解催化剂床转化有机硫后从顶部出塔。出水解炉的气体经冷却塔降温至 35℃后，从底部进入第二脱硫塔，经过 T102（或 T703）型活性炭床脱除硫化氢后从顶部出塔，去压缩工序，净化气 H₂S<0.03mg/m³，COS<0.03mg/m³。

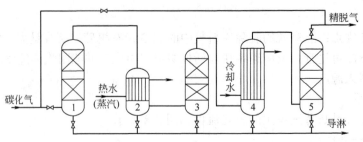

图 2-9　JTL-1 常温精脱硫工艺流程

1—第一脱硫塔；2—加热器；3—水解炉；4—冷却塔；5—第二脱硫塔

系统设有副线以备合成氨正常生产时更换精脱硫剂使用。JTL-1 精脱硫工艺对 CS_2 无法脱除，可适用于较高 COS 含量（约 $10mg/m^3$）的工艺气。

2. JTL-4 常温精脱硫工艺

由湖北化学研究所开发的 T102（或 T703）活性炭串 T104 转化吸收型精脱硫剂组成的工艺，是在 $20\sim40℃$ 下实现微量硫的精脱。

JTL-4 常温精脱硫的工艺流程如图 2-10 所示。由碳化工序送来的碳化气，$H_2S \leqslant 20mg/m^3$，$COS \leqslant 2mg/m^3$，$CS_2 \leqslant 2mg/m^3$，经气水分离器分离水后进入第一脱硫塔底部，经过 T102（或 T703）型活性炭床脱除无机硫后从塔顶出来进入第二脱硫塔，气体自上而下在通过第二脱硫塔 T104 型特种活性炭床完成有机硫的转化吸收脱除，从底部出塔去压缩工序，净化气 $H_2S < 0.05mg/m^3$，$COS < 0.05mg/m^3$，$CS_2 < 0.05mg/m^3$。

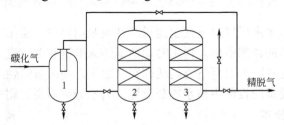

图 2-10　JTL-4 常温精脱硫工艺流程

1—气水分离器；2—第一脱硫塔；3—第二脱硫塔

系统设有副线以备合成氨正常生产时更换精脱硫剂使用。JTL-4 精脱硫工艺实现了真正常温下的精脱硫，流程较 JTL-1 精脱硫工艺更简化；在精脱 H_2S、COS 的同时还可精脱 CS_2。由于 T104 是转化吸收型的催化剂，精脱 COS 和 CS_2 的硫容不高，故只适用于低 COS 与低 CS_2 含量（$<2mg/m^3$）的工艺气。

3. JTL-5 常温精脱硫工艺

由湖北化学研究所开发的 JTL-1 与 JTL-4 工艺的组合，可同时脱除 H_2S、COS、CS_2，特别适用于以高硫煤为原料的原料气精脱硫。

JTL-5 常温精脱硫的工艺流程如图 2-11 所示。进系统工艺气 $H_2S \leqslant 20mg/m^3$，$COS \leqslant 10mg/m^3$，$CS_2 \leqslant 4mg/m^3$，经气水分离器分离水后，进入第一脱硫塔底部，经过 T102（或 T703）型活性炭床脱除硫化氢后从顶部出塔。出第一脱硫塔的气体，经加热器被蒸汽（或热水）间接加热到 $40\sim100℃$ 后，从顶部进入水解塔，经过 T504 型有机硫水解催化剂床转化有机硫后，从底部出塔。出水解塔的气体，经冷却器降温至 35℃ 后，从底部进入第二脱硫塔，经过 T102（或 T703）型活性炭床脱除硫化氢后从顶部出塔。再从顶部进入第三脱硫塔，经 T104 精脱硫剂将 CS_2、COS、H_2S 均脱至 $0.05mg/m^3$（标）以下，从塔底部出塔，去后工序。

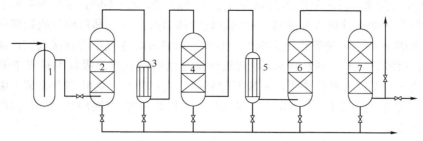

图 2-11 JTL-5 常温精脱硫新工艺流程

1—气水分离器；2—第一脱硫塔；3—加热器；4—水解塔；5—冷却器；6—第二脱硫塔；7—第三脱硫塔

JTL-5 精脱硫工艺是水解型与转化吸收型的组合，可同时脱除 H_2S、COS、CS_2，特别适用于以高硫煤为原料的原料气精脱硫。

4. 科灵常温精脱硫工艺

由太原理工大学、山西科灵催化净化技术发展公司开发的，是水解与羰基催化净化剂的组合，在原料气中 CS_2 较高和 COS/CS_2 较低条件下也可同时脱除 H_2S、COS、CS_2，特别适用于以高硫煤为原料的厂。

科灵精脱硫的工艺流程为原料气经水分离器分离水后，进入第一吸附器，经过 TGC-3 型活性炭床脱除硫化氢和部分有机硫。再进入换热器被蒸汽或转化气加热到预定温度后，去水解转化器，经过 TGH-3Q 水解剂床，进行 COS 转化吸收。然后经水冷却器，用水冷却至常温，再进入第二吸附器，经过 TZX 活性炭床脱除以 CS_2 为主的有机硫。净化后的气体去下道工序。

催化净化剂性能：

（1）TGC-3 TGC-3 型活性炭精脱硫剂，是以优质洗煤制得的煤基活性炭，经特殊化学处理而制得的高效净化剂，可用于含 H_2S<200mg/m³ 原料气的精脱硫，硫容≥20%；用于粗脱硫时，硫容≥6%。

（2）TGH-3Q TGH-3Q 常温水解剂，保持了原 TGH-2 的基本特性，更具有常温活性高、温区宽、抗氧中毒能力强，既转化又吸收等一系列优点。该催化剂堆密度 0.7～1.0kg/L，使用温度 40～180℃，比表面>200m²/g，孔隙率>50%。

（3）TZX 系列有机硫催化净化剂 TZX-1 型 CS_2（COS）精脱硫剂是用特殊活性炭，负载其他复合促进剂而成的，对 CS_2（COS）一类有机硫有很强的转化吸收能力，它在 10～40℃下，按照特定机理可将 CS_2 和 COS 催化转化为表面硫络合物或单体硫，从而达到脱除有机硫的目的。

第二节 湿法脱硫

湿法脱硫的脱硫剂为溶液，用脱硫液吸收原料气中的 H_2S。湿法脱硫具有吸收速率快、生产强度大，脱硫过程连续，溶液易再生，硫黄可回收等特点，适用于硫化氢含量较高，净化度要求不太高的场合。

根据脱硫液吸收过程不同，可分为物理吸收法、化学吸收法和物理化学吸收法三种。物理吸收法是依靠吸收剂对硫化物的物理溶解作用进行脱硫的，如低温甲醇法、聚乙二醇二甲醚法等。吸收剂一般为有机溶剂，此法除了能脱除 H_2S，还能除去 CO_2。化学吸收法是根据

脱硫液与 H_2S 发生化学反应从而达到除去 H_2S 的目的。按反应不同,可分为中和法和湿式氧化法。中和法是用弱碱性溶液与原料气中的酸性气体 H_2S 进行中和反应生成硫氢化物而被除去,在减压加热条件下可使溶液得到再生,但放进的 H_2S 再生气不能直接放空,通常采用克劳斯法或斯科特法进一步回收 H_2S。湿式氧化法是用弱碱性溶液吸收原料气中的酸性气体 H_2S,再借助于载氧体的氧化作用,将硫氢化物氧化成单质硫,同时副产硫黄。由于湿式氧化法具有脱硫效率高,易于再生,副产硫黄等特点,目前国内大部分氨厂采用这种方法脱硫,本节将重点介绍。

物理化学吸收法即在吸收过程中既有物理吸收,又发生化学反应。如环丁砜法,溶液中的环丁砜是物理吸收剂,烷基醇胺为化学吸收剂。

一、湿法脱硫的选择原则

(1)硫容量大。硫容值越大,所需脱硫溶液量越少,脱硫及再生泵的运转能耗也越少。硫容大小主要取决于脱硫剂的化学性质,也与脱硫塔和再生设备结构设计以及操作技术水平有关。

(2)脱硫剂活性好,容易再生,且消耗定额低。

(3)不易发生硫堵。

(4)脱硫剂价廉易得。

(5)无毒性、无污染或污染小。

(6)该法适用于脱硫净化度要求较低的工艺,一般和干法串联使用。

总之,在选择脱硫方法时,必须综合考虑上述诸因素的利弊及其经济效益,从而选出最优化方案。

二、湿法脱硫的基本原理

湿式氧化法脱硫包括两个过程。一是脱硫液中的吸收剂将原料气中的硫化氢吸收;二是吸收到溶液中的硫化氢的氧化及吸收剂的再生。

1. 吸收的基本原理与吸收剂的选择

硫化氢是酸性气体,因此,吸收剂应为碱性物质。而且 pH 值越大,对硫化氢的吸收效果越好。但 pH 值过大,再生困难,溶液黏度增加,动力消耗增大。为稳定操作条件,吸收剂一般应选择 pH=8.5~9 的碱性缓冲溶液。工业中一般用碳酸盐、硼酸盐以及氨和乙醇胺的水溶液。

2. 再生的基本原理与催化剂的选择

碱性吸收剂只能将原料气中的硫化氢吸收到溶液中,不能使硫化氢氧化为单质硫。但在溶液中添加催化剂作为载氧体后。氧化态的催化剂将硫化氢氧化为单质硫,其自身呈还原态。还原态的催化剂在再生时被空气中的氧氧化后恢复氧化能力,如此循环使用。此过程可表示为:

$$载氧体(氧化态) + H_2S \longrightarrow S + 载氧体(还原态) \tag{2-22}$$

$$载氧体(还原态) + \frac{1}{2}O_2(空气) \longrightarrow H_2O + 载氧体(氧化态) \tag{2-23}$$

总反应为:

$$H_2S + \frac{1}{2}O_2(空气) =\!\!=\!\!= S + H_2O \tag{2-24}$$

显然,选择适宜的催化剂是湿式氧化法的关键。这种催化剂必须既能氧化硫化氢,又能被空气中的氧所氧化。下面用电化学理论分析氧化态催化剂所应具备的条件。

用 Q 代表醌态（氧化态）催化剂，用 H_2Q 代表酚态（还原态）催化剂。式（2-23）可表示为如下氧化还原过程：

$$H_2S \longrightarrow 2e^- + 2H^+ + S \tag{2-25}$$

$$Q + 2H^+ + 2e^- \longrightarrow H_2Q \tag{2-26}$$

式（2-23）可表示为如下氧化还原过程

$$H_2Q \longrightarrow Q + 2H^+ + 2e^- \tag{2-27}$$

$$\frac{1}{2}O_2 + 2H^+ + 2e^- \longrightarrow H_2O \tag{2-28}$$

根据能斯特（Nernst）方程，式（2-25）、式（2-26）的电极电位为

$$E_{S/H_2S} = E_{S/H_2S}^0 + \frac{0.059}{2}\lg\frac{\alpha_{H^+}^2}{\alpha_{H_2S}} \tag{2-29}$$

$$E_{Q/H_2Q} = E_{Q/H_2Q}^0 + \frac{0.059}{2}\lg\frac{\alpha_Q \alpha_{H^+}^2}{\alpha_{H_2Q}} \tag{2-30}$$

当反应达平衡时，$E_{S/H_2S} = E_{Q/H_2Q}$

$$E_{S/H_2S}^0 - E_{Q/H_2Q}^0 = \frac{0.059}{2}\left(\lg\frac{\alpha_{H^+}^2}{\alpha_{H_2S}} - \lg\frac{\alpha_Q \alpha_{H^+}^2}{\alpha_{H_2Q}}\right)$$

$$= 0.0295\lg\frac{\alpha_{H_2Q}}{\alpha_{H_2S}\alpha_Q} \tag{2-31}$$

根据实验，欲使反应进行完全，必须满足 $\dfrac{\alpha_{H_2Q}}{\alpha_{H_2S}\alpha_Q} \geqslant 100$ 的条件，且 $E_{S/H_2S}^0 = 0.14V$。将以上数据代入式（2-31）

$$E_{Q/H_2Q}^0 = 0.059 + 0.141 = 0.2V$$

可见，氧化态的催化剂的 E^0 只有大于 0.2V，才能将硫化氢氧化为单质硫。$E^0 = 0.2V$ 是其下限。上限如何呢？因为还原态的催化剂要被空气氧化，而 $E_{O_2/H_2O}^0 = 1.23V$，由式（2-27）、式（2-28），并根据能斯特方程确定催化剂标准电极电位的上限。

$$E_{Q/H_2Q}^0 = E_{O_2/H_2O}^0 - 0.0295\lg100 = 1.17V$$

为避免硫化氢过度氧化成 SO_4^{2-} 和 $S_2O_3^{2-}$，一般选择上限 $E_{Q/H_2Q}^0 = 0.75V$。因此，被选用的催化剂的 E^0 范围是：

$$0.2V < E_{Q/H_2Q}^0 < 0.75V \tag{2-32}$$

式（2-32）是选择催化剂的重要依据，但同时还应考虑原料的来源、用量、价格、化学性质等。表 2-4 为几种催化剂的 E^0 值。

表 2-4 几种催化剂的 E^0 值

类 别	有 机			无 机	
方法	氨水催化	改良 ADA	萘醌	改良砷碱	络合铁盐
催化剂	对苯二酚	蒽醌二磺酸钠	1,4-萘醌	As^{3+}/As^{5+}	Fe^{2+}/Fe^{3+}
E^0	0.699	0.228	0.535	0.670	0.770

三、栲胶法

栲胶法为湿式氧化法脱硫。此法是中国广西化工研究所、广西林业科学研究所、百色栲胶厂于1977年联合研究成功的，是目前国内中型氮肥厂使用较多的一种，取代了改良ADA法脱硫。该法的优点是气体净化度高，溶液硫容量大，硫回收率高，并且栲胶价廉，无硫黄堵塞脱硫塔的问题。

1. 栲胶的组成及性质

栲胶是由植物的皮、果、叶和秆等水的萃取液熬制而成的，如五倍子、橡椀、栲树皮、冬青叶等，主要成分是单宁，约占66%。其中以橡椀栲胶配制的脱硫液最佳，橡椀栲胶的主要成分是多种水解单宁。

单宁的分子结构十分复杂，但大多是具有酚式结构（THQ酚态）和醌式结构（TQ醌态）的多羟基化合物。在脱硫工艺中，酚态栲胶氧化为醌态栲胶，可将溶液中的HS^-氧化，析出单质硫，起载氧体的作用。由于高浓度的栲胶水溶液是典型的胶体溶液，尤其在低温下，其中的$NaVO_3$、$NaHCO_3$等盐类易沉淀，所以在配制前要进行预处理。

栲胶用量和浓度取决于脱硫负荷。溶液组成一般为：总碱度0.4mol/L，Na_2CO_3 4～10g/L，栲胶2～5g/L，脱硫液pH值控制在8.1～8.7。

2. 基本原理

（1）脱硫塔中的反应　碱性栲胶水溶液吸收原料气中的H_2S生成硫氢化物。

$$Na_2CO_3 + H_2S \longrightarrow NaHS + NaHCO_3 \tag{2-33}$$

液相中，硫氢化钠与偏钒酸钠反应生成焦钒酸钠，并析出单质硫。

$$2NaHS + 4NaVO_3 + H_2O \longrightarrow Na_2V_4O_9 + 4NaOH + 2S\downarrow \tag{2-34}$$

醌态栲胶在析出单质硫时被还原为酚态，而焦钒酸钠被氧化为偏钒酸钠。

$$Na_2V_4O_9 + 2TQ（氧化态）+ 2NaOH + H_2O \longrightarrow 4NaVO_3 + 2THQ（还原态）\tag{2-35}$$

（2）再生塔中的反应　富液中酚态栲胶被空气中的O_2氧化恢复为醌态，分离硫颗粒后溶液循环使用。

$$THQ（还原态）+ O_2 \longrightarrow TQ（氧化态）+ H_2O \tag{2-36}$$

（3）副反应　当被处理气体中有CO_2、O_2时产生副反应：

$$Na_2CO_3 + CO_2 + H_2O \longrightarrow 2NaHCO_3 \tag{2-37}$$

$$2NaHS + 2O_2 \longrightarrow Na_2S_2O_3 + H_2O \tag{2-38}$$

由此可见，一定要防止硫以硫化物形式进入再生塔，即反应式（2-34）须在溶液进入再生塔与空气接触前完成，同时副反应消耗Na_2CO_3溶液，应尽量减少气体中的CO_2。当副反应进行到一定程度后，必须废掉一部分脱硫液，再补充新鲜的脱硫液以维持正常生产。再生后的脱硫液循环使用。

3. 工艺操作条件的选择

（1）溶液的组成

① 溶液的pH值　溶液的pH值与总碱度有关。总碱度为溶液中Na_2CO_3与$NaHCO_3$的浓度之和。提高总碱度是提高溶液硫容量的有效手段。总碱度提高，溶液的pH值增大，对吸收有利，但对再生不利。所以栲胶法脱硫液的pH值在8.5～9.2较合适。

② $NaVO_3$的含量　$NaVO_3$的含量取决于脱硫液的操作硫容，即富液中HS^-的浓度。符合化学计量关系，但配置溶液时常过量，过量系数为1.3～1.5。

③ 栲胶的浓度　要求栲胶浓度与钒浓度保持一定的比例，根据实际经验，适宜的栲胶与钒的比例为1.1～1.3。工业上典型的栲胶溶液的组成如表2-5所示。

表 2-5　工业上典型的栲胶溶液的组成

溶液	总碱度/mol	Na$_2$CO$_3$/（g/L）	栲胶/（g/L）	NaVO$_3$（g/L）
稀溶液	0.4	3~4	1.8	1.5
浓溶液	0.8	6~8	8.4	7

（2）温度　通常吸收与再生在同一温度下进行，一般不超过 45℃。温度升高，吸收和再生速率都加快，但超过 45℃，生成 Na$_2$S$_2$O$_3$ 副反应也加快。

（3）压力　在常压至 3MPa 范围内，吸收过程都能正常进行。提高吸收压力，气体净化度提高；加压操作可提高设备生产强度，减小设备的容积。但吸收压力增加，氧在溶液中的溶解度增大，加快了副反应速率，并且 CO$_2$ 分压增大，溶液吸收 CO$_2$ 量增加，生成 NaHCO$_3$ 量增大，溶液中 Na$_2$CO$_3$ 量减少，影响对 H$_2$S 的吸收。因此吸收压力不宜太高，实际生产中吸收压力取决于前后工序的操作压力。

（4）氧化停留时间　再生塔内通入空气主要是将酚态栲胶氧化为醌态栲胶，并使溶液中的悬浮硫以泡沫状浮在溶液表面，以便捕集回收。氧化反应速率除受 pH 值和温度影响外，还受再生停留时间的影响。再生时间长，对氧化反应有利，但时间过长会使设备庞大；时间太短，硫黄分离不完全，使溶液再生不完全。高塔再生氧化停留时间一般控制在 25~30min，喷射再生一般为 5~10min。

4．栲胶法脱硫的工艺流程

如图 2-12 所示，来自造气工序的半水煤气，经焦炭过滤器 1 除去所含的部分粉尘、煤焦油等杂质后，由罗茨鼓风机 2 增压送入气体冷却塔 3 冷却，然后进入脱硫塔 4 与贫液接触吸收，半水煤气中的硫化氢被贫液吸收。脱硫后的半水煤气从脱硫塔出来，经清洗塔 5 洗去所带杂质后，再经静电除焦油塔 6 进一步除去焦油等杂质后，去压缩工序。

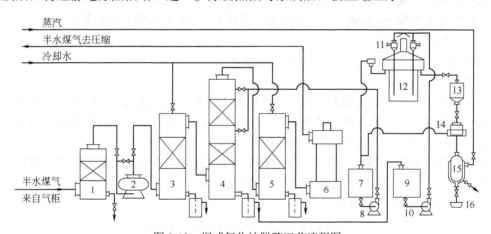

图 2-12　湿式氧化法脱硫工艺流程图

1—焦炭过滤器；2—罗茨鼓风机；3—气体冷却塔；4—脱硫塔；5—清洗塔；6—静电除焦油塔；7—贫液槽；8—贫液泵；9—富液槽；10—富液泵；11—喷射再生器；12—再生槽；13—硫泡沫槽；14—离心机；15—熔硫釜；16—硫锭模

吸收了硫化氢的富液流入富液槽 9，由富液泵 10 打入喷射再生槽的喷射再生器 11，与喷射吸入的空气进行氧化反应。氧化反应后的溶液再进入再生槽 12 继续氧化再生，并浮选出硫泡沫。再生后的贫液经液位调节器流入贫液槽 7，再由贫液泵 8 打入脱硫塔循环使用。

富液在再生槽中氧化再生所析出的硫泡沫,由槽顶溢流入硫泡沫槽 13,再经离心机 14 分离得硫膏,硫膏放入熔硫釜 15 用蒸汽间接加热,经熔融精制,进入硫锭模 16 制成硫锭。分离得到的母液可直接放入贫液槽,循环使用。连续熔硫釜工艺流程为硫泡沫从浮选再生槽上部溢流回收至硫泡沫槽,再用泵将硫泡沫打至连续熔硫釜。在熔硫釜内,硫泡沫经夹套蒸汽加热后温度由上而下逐渐升高至 140℃ 左右,熔融态硫膏由底部放硫阀排出至硫黄回收盆,冷却后即成硫锭产品。硫泡沫夹带的脱硫液由上部溢流至回收槽,再回流至贫液槽,继续作脱硫液循环使用。

5. 工艺特点

① 栲胶资源丰富,价格低廉,费用低;

② 栲胶脱硫液组成简单,而且不存在硫黄堵塔问题;

③ 栲胶水溶液在空气中易被氧化,酚态栲胶易被空气氧化生成醌态栲胶,当 pH 值大于 9 时,单宁的氧化能力特别显著;

④ 在碱性溶液中单宁能与铜、铁反应并在材料表面上形成单宁酸盐的薄膜,从而具有防腐作用;

⑤ 栲胶脱硫液特别是高浓度的栲胶溶液是典型的胶体溶液;

⑥ 栲胶组分中含有相当数量的表面活性物质,导致溶液表面张力下降,发泡性增强,所以栲胶溶液在使用前要进行预处理,否则会造成溶液严重发泡。

四、其他湿法脱硫方法

1. 改良 ADA 法

早期的 ADA 法是在碳酸钠的稀碱液中加入 2,6-和 2,7-蒽醌二磺酸钠作氧化剂,但因反应速率慢,其硫容量低,设备体积庞大,应用过程受到很大的限制。后来在溶液中添加了适量的偏钒酸钠和酒石酸钾钠及三氯化铁,使吸收和再生速率大大加快,提高了溶液的硫容量,使设备容积可大大缩小,取得了良好的效果。改进后的 ADA 法使 ADA 法的脱硫工艺更趋于完善,称为改良 ADA 法。

ADA 脱硫工艺原理、工艺流程与栲胶法相近。

2. PDS 法

PDS 的主要成分是双核酞菁钴磺酸盐,称为 TS-8505 高效脱硫剂。酞菁钴为蓝色,酞菁钴对 H_2S 的催化作用是作为载氧体加入到 K_2CO_3 溶液中,加入催化剂后水溶液的吸氧速率是衡量其活性的重要标志。酞菁钴四磺酸钠的活性最好。

此法是用高活性的 PDS 催化剂代替 ADA。PDS 催化剂既能高效催化脱硫,同时又能催化再生,是一种多功能催化剂。PDS 法的反应原理为:

(1) 碱性水溶液吸收 H_2S

$$Na_2CO_3 + H_2S \longrightarrow NaHCO_3 + NaHS \tag{2-39}$$

$$NaHS + (x-1)S \xrightarrow{PDS} Na_2S_x + NaHCO_3 \tag{2-40}$$

$$RSH + Na_2CO_3 \longrightarrow RSNa + NaHCO_3 \tag{2-41}$$

$$COS + 2NaOH \longrightarrow Na_2CO_2S + H_2O \tag{2-42}$$

(2) 再生反应

$$2NaHS + O_2 \xrightarrow{PDS} 2S + 2NaOH \tag{2-43}$$

$$Na_2S_x + 1/2O_2 + H_2O \xrightarrow{PDS} S_x + 2NaOH \tag{2-44}$$

$$2RSNa + 1/2O_2 + H_2O \xrightarrow{PDS} RSSR + 2NaOH \tag{2-45}$$

$$Na_2CO_2S + 1/2O_2 \xrightarrow{PDS} Na_2CO_3 + S \tag{2-46}$$

PDS 法的优点是脱硫效率高,在脱硫除 H_2S 的同时,还能脱除 60%左右的有机硫,再生的硫黄颗粒大,便于分离,硫回收率高,不堵塔,成本低。PDS 无毒,脱硫液对设备无腐蚀。目前我国中型氨厂使用较多。工业上,PDS 可单独使用,也可与 ADA 或栲胶配合使用。当 ADA 脱硫液中 ADA 降至 0.1g/L 以下时,加入 3~5mg/kg 的 PDS,脱硫效果显著增强。在栲胶溶液中加入 1~3mg/kg 的 PDS,脱硫效果良好。

3. KCA 法

KCA 法是我国广西化工研究所 1988 年开发成功的,并已用于工业生产。KCA 是一种脱硫催化剂,将其溶于碱性水溶液中即为脱硫液。

KCA 来源于野生植物,其主要成分为焦性活食子酸和焦性萘酚的衍生物,是一种活泼的载氧体。其中有酚羟基和羧基,对钒等金属有较好的络合能力。在 KCA 脱硫液中加入 $NaVO_3$,其脱硫性能更强。

KCA 法脱硫操作条件为:当原料气中含硫较高时,Na_2CO_3 0.4~0.5mol/L 或氨水 0.8~1.0mol/L,pH 值 8.5~9.2,KCA 2~4g/L,$NaVO_3$ 1.5~2.0g/L,再生温度 35~45℃,吸收压力为常压或加压。

其工艺特点:原料易得,价格低廉,脱硫效率高,脱硫液稳定,不存在堵塔问题,腐蚀性小。

4. 888 脱硫法

(1)888 脱硫剂的催化机理 888 脱硫剂是东北师范大学实验化工厂在 PDS 基础上改进提高后的新产品,主要成分为三核酞菁钴磺酸盐金属有机化合物,是高分子络合物,具有很强的吸氧能力,能吸附 H_2S、HS^-、S_x^{2-},并与被吸附活化了的氧进行氧化反应析出硫,生成的单质硫脱离 888 后,在溶液中微小的硫颗粒互相靠近结合,颗粒增大,变成悬浮硫。

888 脱硫剂的氧化还原电极电位为 0.41V,完全符合脱硫要求,而且 888 易溶于水和碱液,888 自身结构稳定,在系统浓度较低的情况下,仍具有很强的催化能力。

(2)888 脱硫的特点

① 工作硫容高,脱硫效率高,对处理气体的硫化氢含量适应性好,实践证明被处理气体的硫化氢含量从 1 g/m^3(标)直到 47 g/m^3(标)都能脱至理想的结果;

② 具有抑制和消除硫泡沫堵塔的功能,再生效率高,贫液中悬浮硫含量在 0.5g/L 以下,溶液清亮,不积硫堵塔,自清洗能力强,有洗塔作用,能提高脱硫塔的能力;

③ 具有脱有机硫的功能,脱硫率一般为 50%~80%,实际应用中最高有机硫脱除率为 83.9%;

④ 溶液组分简单,生产管理与操作方便,脱硫液除吸收剂(碱性溶液)外,其催化剂只加一种 888,不加助催化剂,溶液组分对脱硫过程的影响因素单纯,容易调节;

⑤ 催化剂 888 活性好,用量少,消耗低,运行经济,通常情况下每脱除 1kg 硫化氢只需耗 888 催化剂 0.5~0.9g;

⑥ 副反应生成率低,纯碱(或氨水)消耗低,脱硫费用低;

⑦ 888 活性好,再生时浮选硫黄颗粒大,便于分离回收,硫回收率高,副产硫黄产量和质量高;

⑧ 888 预活化简单,时间短,使用方便;

⑨ 888 兼容性好，既可单独使用，又可与其他催化剂配合使用，在旧装置改造中替代其他催化剂期间，与其他催化剂和平相处，不需排放旧溶液，过渡期间脱硫系统能保持稳定运行，不影响正常生产；

⑩ 888 脱硫法应用范围广，可应用于半水煤气、水煤气、甲醇原料气、变换气、焦炉气、天然气、城市煤气等含硫气体的脱硫，可用于常压和加压系统，可用在以纯碱或氨水或两者混合为碱源的脱硫系统。

五、安全生产操作要点

1. 保证脱硫液质量

（1）根据脱硫液成分及时制备脱硫液进行补加，保证脱硫液成分符合工艺指标；

（2）保证喷射再生器进口的富液压力，稳定自吸空气量，控制好再生温度，使富液氧化再生完全，并保证再生槽液面上的硫泡沫溢流正常，降低脱硫液中的悬浮硫含量，保证脱硫液质量。

2. 保证半水煤气脱硫效果

应根据半水煤气的含量及硫化氢的含量变化，及时调节，当半水煤气中硫化氢的含量增高时，如增大液气比仍不能提高脱硫效率，可适当提高脱硫液中碳酸钠含量。

3. 严防气柜抽瘪和机泵抽负、抽空

（1）经常注意气柜高度变化，当高度降至低限时，应立即与有关人员联系，减量生产，防止抽瘪；

（2）经常注意罗茨鼓风机进出口压力变化，防止罗茨鼓风机和高压机抽负；

（3）保持贫液槽和脱硫塔液位正常，防止泵抽空。

4. 防止带液和跑气

控制冷却塔液位不要太高，以防气体带液；液位不要太低，以防跑气。

基本训练题

1. 合成氨原料气中的硫化物有哪些？为什么要进行脱硫？
2. 脱硫的方法有哪些？目前常用的方法有哪些？
3. 湿式氧化法脱硫有何特点？简述栲胶法脱硫的基本原理。
4. 影响栲胶法脱硫的工艺条件有哪些？溶液的 pH 值如何影响脱硫？
5. 画出高塔再生和喷射再生脱硫工艺流程图，并说明各设备的作用。
6. 氧化锌脱硫的原理是什么？其硫容的大小受哪些因素的影响？
7. 简述活性炭脱硫的原理。脱硫后的活性炭如何再生？

能力训练题

任务一　根据生产原料和工艺要求选择脱硫工艺路线。

任务二　综合分析各种脱硫方法。

任务三　分析湿式氧化法脱硫的正常操作要点。

第三章 一氧化碳的变换

能力与素质目标

1. 能综合考虑原料、生产要求、工艺组合等因素，选择适宜的一氧化碳变换工艺；
2. 能初步编制一氧化碳变换开停车方案；
3. 能初步编制变换工段催化剂升温还原方案；
4. 具有节能减排、环境保护的意识；
5. 具有安全生产的意识。

知识目标

1. 掌握一氧化碳变换的基本原理、工艺条件的选择及工艺流程；
2. 熟悉变换催化剂的分类、特点、组成、还原与操作等基本知识；
3. 熟悉各变换工艺的特点及工艺参数；
4. 了解变换的新工艺、新技术及发展趋势；
5. 了解变换反应器等主要设备的基本结构。

第一节 概 述

一、变换的基本任务

无论以固体、液体或气体为原料，所得到的合成氨原料气中均含有一定数量的一氧化碳，其含量随原料而异。一般固体燃料气化一氧化碳含量为28%~33%，烃类蒸汽转化为12%~13%，焦炉转化气为11%~15%，重油部分氧化为44%~48%。

合成氨生产需要的原料气是氢气和氮气，一氧化碳是氨合成催化剂的毒物，必须予以清除。直接分离一氧化碳比较困难，但在一定的温度下，借助催化剂可使粗煤气中的一氧化碳与水蒸气发生反应，生成二氧化碳和氢气，该过程称为一氧化碳变换。这样既能把一氧化碳变为易于清除的二氧化碳，同时在变换过程中又可得到等摩尔的氢，而所消耗的只是廉价的水蒸气。因此，变换工序在合成氨生产中主要有三个作用：一是清除半水煤气中大部分一氧化碳；二是获得合成氨所需要的氢气；三是获得生产尿素的二氧化碳原料。所以，一氧化碳的变换过程既是原料气的净化过程，又是原料气制造的继续。最后，残余的一氧化碳再通过精制工序加以清除。

工业生产中，一氧化碳变换反应均在催化剂的作用下进行。由于催化剂有一定的活性温度范围，故半水煤气必须预热至一定温度后，才可送入催化剂层进行变换反应；因变换气的温度较高，要设置换热器回收热量，维持全系统的热平衡。CO 变换反应须在加入过量的蒸汽下进行，蒸汽可通过锅炉直接补加，也可设饱和塔给气体增温增湿。未反应的蒸汽的能量可通过热水塔等装置来回收余热。设置冷凝塔，使变换气温度降至35℃左右，送到压缩工序。因此，变换的基本工艺流程包含增湿预热、变换反应、热量回收及冷却降温四个部分。

二、变换工艺的比较

在工业生产中，变换工艺是随着催化剂的发展和合成氨工艺的变化而不断发展的。随着钴钼系耐硫低变催化剂的使用及低温变换技术的发展，CO 最终变换率得到进一步提高。根据反应温度的不同，变换工艺流程有传统的中温变换流程、中变串低变流程、联醇工艺流程、全低变流程及中-低-低变换流程。

1．传统的中温变换工艺

该工艺是工业生产最早应用的方法，一般分两段中温变换和三段中温变换。中温变换使用的催化剂是铁-铬系催化剂，床层操作温度控制在 380～500℃，变换炉出口 CO 控制在 3%以上。目前在单醇生产和联醇生产企业还有应用，出口 CO 可以控制在 6%～7%，留有部分 CO 给甲醇岗位做原料生产甲醇。

中温变换工艺蒸汽消耗量高，热水循环量大，热点温度高，催化剂耐硫性差。目前属于逐步淘汰的工艺，逐渐被其他变换工艺替代。

2．中变串低变工艺

该工艺是在中温变换炉后串联一个装有 Cu-Zn 系列或 Co-Mo 系列耐硫宽温催化剂的低变炉。低变炉入口温度一般控制在 210～230℃左右。中变串低变工艺可以减少进入中变炉的蒸汽添加量，达到节能效果，同时为了调节低变炉入口气体温度，可以设置调节水加热器或第二热水塔等回收低位余热。低变出口气体中 CO 含量比传统中变工艺可降低 2%以下，减轻后继精制工序的负荷，增加二氧化碳产品的产量。

3．联醇工艺

合成氨联产甲醇工艺简称联醇，是我国于 1966 年试验成功的独特工艺。联醇工艺不仅部分除去了合成氨的有害杂质 CO，提高了原料气的利用率，还得到一种重要的化工产品甲醇。它主要利用合成氨与合成甲醇工艺流程和设备基本相同或类似的特点。根据市场需求，调整甲醇和合成氨的生产能力（简称醇氨比），保证企业的生产效益，是该工艺的突出特点。只需通过控制变换出口 CO 的含量即可控制氨、醇的产量。

联醇工艺大大降低了 CO 变换反应对变换率的要求，简化了流程，明显降低了变换过程中蒸汽消耗，也降低了后继工序的负荷。

自从 20 世纪 60 年代末，联醇工艺在我国实现工业化，工艺本身也处于不断发展和完善中，从原来的一级联醇+铜洗，发展为一级联醇+甲烷化的"双甲"工艺，两级联醇+甲烷化的新双甲工艺，现在发展为两级联醇+醇（醚）烃化新工艺。两级联醇中第一级以产醇为目的，第二级以净化为目的。

4．全低变工艺

全低变工艺由中变串低变流程发展而来，催化剂使用低温活性较好的 Co-Mo 耐硫低温变换催化剂（如 B303Q 型耐硫变换催化剂），取代传统的 Fe-Cr 系中温变换催化剂。20 世纪 80 年代在我国开始使用，经过多年的实践已获成功，并在中小型氨厂推广使用。

全低变工艺与中变串低变工艺相比，由于催化剂的起始活性温度低，变换炉的操作温度远远低于传统中变炉，入口温度和热点温度可下降 100～200℃，变换系统处于较低的温度范围操作。随着耐硫低温催化剂的开发利用，全低变的工艺流程和设备不断得到完善，操作水平进一步提高，目前全低变工艺已进入成熟阶段。

全低变工艺具有以下特点：①节能降耗效果显著。低变炉各段进口温度均在 200℃左右，床层温度比传统的中温变换床层温度下降 150～250℃，有利于变换反应平衡。汽气比降低，蒸汽消耗大幅下降，在变换工艺中蒸汽消耗最低。②热回收效率高，能量损失少，热交换设备换热面积可减少 1/2 左右。③对半水煤气中硫化氢的要求相应降低，煤气总硫须大于 150mg/m³（标），因此原料煤的含硫量可适当放宽。④催化剂用量较中变串低变减少 40%～

50%，降低了床层阻力，变换炉床层阻力降低，压缩功耗也降低了很多，相同装填量下提高了反应器的设备能力。⑤有机硫转化率高，可达 98%～99%。在相同操作条件和工况下，全低变工艺比中变串低变或中-低-低工艺有机硫转化率提高 5%，有利于后继操作。⑥变换率高，变换气中 CO 含量可降至 1%以下。

由于入炉原料气的温度低，气体中的油污、杂质等直接进入催化剂床层，造成催化剂容易污染中毒，活性降低，所以全低变入炉气体应严格保证硫含量和杂质含量。

5．中-低-低变换工艺

该工艺吸收了全低变工艺能耗低、催化剂装量少的优点，克服了全低变工艺一段催化剂易失活和阻力上升快的缺点，继承了中变串低变工艺操作稳定的优点，克服了能耗高的不足。

从反应方面，采用中-低-低变换工艺，较好地满足了工艺设计中"高温提高反应速率，低温提高转化率"的基本原则，利用中变的高温来提高反应速率，脱除有毒杂质，利用两段低变来提高转化率。该工艺与中变串低变相比，增加了第一低变，填补了 250～280℃这一反应温区，充分利用了低变催化剂在这一温区的高活性。

从保护低变催化剂方面，由于中温段催化剂温度较高，煤气中的油污、水等杂质容易发生分解或汽化，煤气中的一些杂质首先会吸附在催化剂的中温段，对进入低变催化剂床层的气体起到了净化、去除毒物的作用，使低温段催化剂得到保护，延长了使用寿命。整个系统催化剂装填总量比中变串低变流程少，系统阻力下降，有机硫和一氧化碳转化率高。

从节能方面，蒸汽集中由中变炉上段加入，其他各段床层温度调节采用热交换器，汽气比从上到下依次降低，分别满足了中、低变对水蒸气的需要，并且有效地阻止了低变催化剂的反硫化，整个系统热量回收率高，节汽节能效果明显。

第二节　一氧化碳变换的基本原理

一、化学平衡

变换反应可用下式表示：

$$CO + H_2O \rightleftharpoons CO_2 + H_2 \qquad \Delta H^{\ominus}_{298} = -41.19kJ/mol \qquad (3-1)$$

该反应特点为可逆、放热、反应前后体积不变。因反应速率比较慢，只有在催化剂的作用下才能实现工业生产。

此外，一氧化碳与氢之间还可发生下列反应

$$CO + H_2 \rightleftharpoons C + H_2O \qquad (3-2)$$

$$CO + 3H_2 \rightleftharpoons CH_4 + H_2O \qquad (3-3)$$

由于变换催化剂对反应（3-1）具有良好的选择性，降低了反应温度，抑制了其他副反应的发生。因此，仅需考虑反应（3-1）的化学平衡。

一氧化碳变换是放热反应，反应热随温度升高而减少，不同温度下变换反应的热效应见表 3-1。

表 3-1　变换反应的热效应

温度/℃	25	200	250	300	350	400	450	500	550
$-\Delta H/$（kJ/mol）	41.19	40.07	39.67	39.25	38.78	38.32	37.86	37.30	36.82

变换反应的平衡常数随温度的升高而降低，因而降低温度有利于变换反应向右进行，使

变换气中残余 CO 的含量降低。在工业生产范围内，平衡常数可用下面的简化式计算：

$$\lg k_p = \frac{1914}{T} - 1.782 \tag{3-4}$$

式中　T——温度，K。

不同温度下，一氧化碳变换反应的平衡常数见表 3-2。

表 3-2　变换反应的平衡常数

温度/℃	200	250	300	350	400	450	500
$K_p = \dfrac{P_{CO_2}P_{H_2}}{P_{CO}P_{H_2O}}$	2.279×10^2	8.651×10^1	3.922×10^1	2.034×10^1	1.170×10^1	7.311	4.878

从化学平衡角度分析，温度越低越有利于 CO 的转变。降低反应温度，能够使出口 CO 的含量降低；同时降低反应温度，有利于降低能耗。因此工业变换工艺的发展往往是通过研制低温或宽温催化剂和中温、低温工艺流程组合，从而降低出口 CO 的含量。

计算表明，当压力小于 5MPa 时，可不考虑压力对平衡常数和热效应的影响。

衡量一氧化碳变换程度的参数称为变换率，用 x 表示。变换率为已变换的一氧化碳量与变换前的一氧化碳量之比，反应达平衡时的变换率称为平衡变换率，用 x^* 表示。一氧化碳变换率分为平衡变换率和实际变换率。

1．平衡变换率

已知 n 为汽气比（水蒸气与干原料气的摩尔比），a、b、c、d 分别为反应前一氧化碳、二氧化碳、氢气和其他气体的含量（干基摩尔分数），反应温度为 T。

计算基准：1kmol 原料气（干基）。

假设变换率为 x 时，已变换的一氧化碳量为 ax kmol，反应前后的物料关系如表 3-3 所示。

表 3-3　一氧化碳变换反应的物料关系

组　分	反应前各组分物质的量/kmol	反应后各组分物质的量/kmol	变换气组成 干　基	变换气组成 湿　基
CO	a	$a-ax$	$(a-ax)/(1+ax)$	$(a-ax)/(1+n)$
H_2O	n	$n-ax$	—	$(n-ax)/(1+n)$
CO_2	b	$b+ax$	$(b+ax)/(1+ax)$	$(b+ax)/(1+ax)$
H_2	c	$c+ax$	$(c+ax)/(1+ax)$	$(c+ax)/(1+ax)$
其他气体	d	d	$d/(1+ax)$	$d/(1+ax)$
干基气量	1	$1+ax$	—	—
湿基气量	$1+n$	$1+n$	—	—

在一定条件下，当变换反应的正、逆反应速率相等时，反应达到平衡状态。若已知反应温度 T，则可求得反应的平衡常数。根据表 3-3，平衡常数和各组分的组成有如下关系：

$$K_p^* = \frac{p_{CO_2}^* p_{H_2}^*}{p_{CO}^* p_{H_2O}^*} = \frac{y_{CO_2}^* y_{H_2}^*}{y_{CO}^* y_{H_2O}^*} = \frac{(b+ax^*)(c+ax^*)}{(a-ax^*)(n-ax^*)} \tag{3-5}$$

式中　$p_{CO_2}^*$、$p_{H_2}^*$、p_{CO}^*、$p_{H_2O}^*$——分别为各组分的平衡分压，MPa；

　　　　$y_{CO_2}^*$、$y_{H_2}^*$、y_{CO}^*、$y_{H_2O}^*$——分别为各组分的平衡组成，摩尔分数；

　　　　x^*——平衡变换率。

由式（3-5）整理得：

$$(K_p^* - 1)(ax^*)^2 - [K_p^*(a + n) + (b + c)]ax^* + (K_p^*an - bc) = 0$$

令

$$W = K_p^* - 1$$

$$U = K_p^*(a + n) + (b + c)$$

$$V = K_p^*an - bc$$

则得 $W(ax^*)^2 - Uax^* + V = 0$

$$x^* = \frac{U - \sqrt{U^2 - 4WV}}{2aW} \tag{3-6}$$

因此，已知温度 T、汽气比 n 及反应前各组分的干基组成，即可求得达平衡时的变换率。上述中的 a、b、c 亦可以是原料气的湿基组成，但这时的 n 应为初始状态下的水蒸气含量。

2. 实际变换率

在工业生产中，受各种条件的制约，反应不可能达到平衡，故实际变换率小于平衡变换率。生产中通常分析反应前后气体中一氧化碳的体积分数（干基）来计算变换率。

若干变换气中一氧化碳的摩尔分数为 a'，则有

$$a' = \frac{a - ax}{1 + ax}$$

$$x = \frac{a - a'}{a(1 + a')} \tag{3-7}$$

根据表 3-3 则有

$$V_2 = V_1(1 + ax) \tag{3-8}$$

$$V_2' = V_1'(1 + n) \tag{3-9}$$

式中　　V_1，V_1'——分别表示原料气的干、湿基体积，m^3；

　　　　V_2，V_2'——分别表示变换气的干、湿基体积，m^3。

二、化学反应速率

1. 反应机理与动力学方程式

变换反应属于气-固相催化反应，其反应机理目前比较普遍的说法是：水蒸气分子首先被催化剂的活性表面所吸附，并分解为氢及吸附状态的氧原子，氢进入气相，吸附态的氧则在催化剂表面形成氧原子吸附层，当一氧化碳分子撞击到氧原子吸附层时，即被氧化为二氧化碳，并离开催化剂表面进入气相。然后催化剂又与水分子作用，重新生成氧原子的吸附层，如此反应重复进行。可表示如下：

$$[K] + H_2O（g）\longrightarrow [K]O + H_2 \tag{a}$$

$$[K]O + CO \longrightarrow [K] + CO_2 \tag{b}$$

式中　[K]——催化剂；

　　　O——吸附态氧。

实验证明，在这两个步骤中，第二步（b）比第一步（a）慢，因此，（b）是过程的控制步骤。

变换反应速率不仅与变换系统的压力、温度及各组分的组成等因素有关，还与催化剂的性质有关，其通式可用幂函数型动力学方程来表示。

$$r_{CO} = kp_{CO}^l p_{H_2O}^m p_{CO_2}^n p_{H_2}^q (1 - \beta) = kp^\delta y_{CO}^l y_{H_2O}^m y_{CO_2}^n y_{H_2}^q (1 - \beta) \qquad (3-10)$$

式中　　　　　　　　　r_{CO}——反应速率；

　　　　　　　　　　　k——速率常数；

p、p_{CO}、p_{H_2O}、p_{CO_2}、p_{H_2}——分别为总压与各组分分压；

　　　　δ、l、m、n、q——幂指数。

$$\delta = l + m + n + q$$

$$\beta = \frac{1}{K_p} \times \frac{p_{CO_2} p_{H_2}}{p_{CO} p_{H_2O}}$$

常用的国产中变催化剂 B110-2 的本征动力学方程如下：

$$r_{CO} = \frac{1.604 \times 10^7}{(0.101325)^{0.5}} \times \exp\left(-\frac{105700}{8.314T}\right) \times p_{CO} p_{CO_2}^{-0.5} \left(1 - \frac{p_{CO_2} p_{H_2}}{K_p p_{CO} p_{H_2O}}\right) \qquad (3-11)$$

2. 影响反应速率的因素

（1）反应温度　变换反应是可逆放热反应，温度对反应速率的影响主要体现在化学反应速率、化学平衡常数两个方面。从反应动力学可知，温度升高，反应速率常数增大，对提高反应速率有利；但平衡常数随温度的升高而减小，即 CO 平衡含量增大，反应推动力减小，对反应速率不利，可见温度对两者的影响是相反的。对一定催化剂及气相组成，必将出现最大的反应速率值，其对应的温度称为相应于这个组成的最佳反应温度。最佳反应温度可由下式求得：

$$T_m = \frac{T_e}{1\ln + \dfrac{RT_e}{E_2 - E_1} \ln \dfrac{E_2}{E_1}} \qquad (3-12)$$

式中　　T_m——最佳反应温度，K；

　　　　T_e——平衡温度，K；

　E_1、E_2——正、逆反应的活化能，kJ/(kmol·K)；

　　　　R——气体常数，kJ/(kmol·K)。

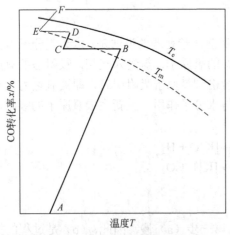

图 3-1　一氧化碳变换过程的 T-x 图

T_e—平衡温度曲线；T_m—最佳反应温度曲线；AB——一段操作曲线；

BC——一、二段间等变换率降温；CD—二段操作曲线；

DE—二、三段间等变换率降温；EF—三段操作曲线

最佳反应温度与气体的原始组成、转化率及催化剂有关。在原始组成和催化剂一定时，变换率增大，最佳反应温度下降，如图 3-1 所示。图中 T_m 为最佳反应温度曲线，即由相应于各转化率的最佳反应温度组成的曲线；T_e 为平衡温度曲线，即表示平衡温度与转化率之间关系的曲线。如果随着反应的进行操作温度能沿着最佳反应温度变化，则整个过程速率最快，也就是说，在催化剂用量一定，变换率一定时，所需时间最短；或者说达到规定的转化率所需催化剂的用量最少，反应器的生产强度最高。

生产中完全按最佳反应温度曲线操作是不现实的。首先，在反应初期 x 很小，但对应的 T_m 很高，已超过了催化剂的耐热温

度。而此时，由于远离平衡，反应的推动力大，即使在较低温度下操作仍有较高的反应速率。其次，随着反应的进行，x不断升高，反应热不断放出，床层温度不断提高，而依据最适宜曲线，T_m却要求不断降低。因此，随着反应的进行，应从催化剂层中不断移出适当的热量，使催化剂层温度符合T_m的要求。

（2）反应压力　由式（3-10）可见，当气体组成和温度一定时，反应速率随压力的提高而增大。压力在3.0MPa以下，反应速率与压力的平方根成正比，压力再高，影响不明显。

压力对变换反应的平衡几乎没有影响，而反应速率却随压力的提高而增大，故提高压力对变换反应有利。从能量消耗看，加压操作也有利。因为变换前干原料气的体积小于干变换气的体积，所以先压缩干原料气再进行变换反应，比常压变换后再压缩变换气的功耗降低约15%～30%。同时加压变换可提高过剩蒸汽的回收价值。当然，加压变换需要压力较高的蒸汽，对设备的材质要求相对要高。

第三节　一氧化碳变换催化剂

一氧化碳变换反应在无催化剂条件下，即使温度升到700℃以上，反应速率仍然极慢，这样的条件和结果是不能满足工业化要求的，催化剂在变换反应中起着至关重要的作用，因此变换工艺的发展是建立在催化剂发展基础上的。

一、催化剂的基本知识

一个化学反应能否在工业上实现生产，关键要求是该反应能够以一定的速度进行。在提高反应速率多种手段中使用催化剂是比较有效的方法。催化剂既能提高反应速率，又能控制反应的选择性，并且理论上催化剂是不消耗的。在合成氨工业生产中，脱硫、变换、甲醇合成、甲烷化、醇烃化、氨合成等工序都用到了固体催化剂。

1. 催化作用的定义及特征

根据IUPAC于1981年提出的定义，催化剂是一种能够加速反应的速率，而本身的质量、组成和化学性质在参加化学反应前后保持不变的物质。

催化作用具有四个基本特征：

（1）催化剂只能加速热力学上可以进行的反应，而不能加速热力学上无法进行的反应。

（2）催化剂只能加速反应趋于平衡，而不能改变平衡的位置。对于可逆反应，催化剂在加速正反应的同时，也能够以相同的比例加速逆反应，因此，能够催化正方向反应的催化剂，就能够催化逆方向反应。

（3）催化剂对反应具有选择性。当反应可能有一个以上的不同方向时，有可能导致热力学上可行的不同产物，催化剂仅能加速其中的一种，促进反应的速率与选择性是统一的。

（4）催化剂能够加速化学反应速率，但它本身并不进入化学反应的计量。催化剂在参与反应过程中先与反应产物生成某种不稳定的活性中间物种，后者再继续反应生成产物和恢复成原来的催化剂。理论上反应前后催化剂没有消耗，能循环不断地起催化作用。但在实际生产过程中，催化剂在长期受热和化学作用下，也会经受一些不可逆的物理的和化学的变化，包括中毒、挥发、积炭等造成催化剂的失活。

2. 催化剂的组成

工业催化剂通常不是单一的物质，而是由多种物质组成的。绝大多数工业催化剂由三类组分组成，即活性组分、载体、助催化剂。

（1）活性组分　活性组分是催化剂的主要成分，无此组分，催化剂无活性，由一种或多种物质组成。

（2）载体　载体是催化活性组分的分散剂、黏合物或支撑体，是负载活性组分的骨架。载体不仅关系到催化剂的活性、选择性，还关系到热稳定性和机械强度，关系到催化过程的传递特性。

（3）助催化剂　助催化剂是加入催化剂中的少量物质，是催化剂的辅助成分，其本身没有活性或者活性很小，但把它加入催化剂中后，可以改变催化剂的化学组成、化学结构、离子价态、酸碱性、晶格结构、表面构造、分散状态、机械强度等，从而提高催化剂的活性、选择性、稳定性和寿命。助催化剂除有促进活性组分的功能外，也有促进载体的功能。

3. 催化剂的性能

衡量催化剂性能最主要的指标主要有活性、选择性和稳定性。

（1）催化剂的活性　可用催化反应的比速率常数来表示，常称比活性。对于固体催化剂，则包括表面比速率常数（单位表面催化剂上的速率常数）、体积比速率常数（单位体积催化剂上的速率常数）、质量比速率常数（单位质量催化剂上的速率常数）。以表面比速率常数为例，其本征比活性 α 可表示为

$$\alpha = k/A$$

式中，k 为本征速率常数；A 为表面积。

速率常数的数值与所用的速率方程有关，这是因为同一个化学反应可能存在几个不同形式的速率表达式，它们的可靠程度也不尽相同，所以使用时须加注意。

在实际应用中，人们常以某种主要反应物在给定条件下的转化率 x（%）来表示催化活性，其定义为

$$x = \frac{已转化的主要反应物物质的量}{主要反应物的总物质的量} \times 100\%$$

此外，工业上还常用时空收率来表示催化剂的活性。时空收率表示在指定条件下单位时间、单位体积或单位质量催化剂上所得产物的量。

（2）催化剂的选择性　催化剂并不是对热力学允许的所有化学反应都有同样的功能，而是特别有效地加速平行反应或连串反应中的一个反应，这就是催化剂的选择性。例如在变换反应中要求变换催化剂只加速一氧化碳与水蒸气生成氢气和二氧化碳的反应，而不加速甲烷化和析炭反应。

催化剂选择性 S(%)表示方法：

$$S = \frac{已转化为目标产物的主要反应物物质的量}{已转化的主要反应物的总物质的量} \times 100\%$$

目标产物的产率（Y）可表示为

$$产率（Y）=选择性（S）\times 转化率（x）$$

（3）催化剂的稳定性　催化剂的稳定性是指催化剂的活性和选择性随时间变化的情况。工业催化剂稳定性主要包括化学稳定性、热稳定性、抗毒稳定性和机械稳定性四个方面。

① 化学稳定性　催化剂在使用过程中保持其稳定的化学组成和化合状态，活性组分和助催化剂不产生挥发、流失或者其他化学变化，这样的催化剂有较长的稳定活性时间。

② 热稳定性　温度对催化剂的影响是多方面的，它可能使活性组分挥发、流失，使负载金属或金属氧化物烧结或微晶粒长大等，结果使比表面积、活性晶面或活性位减少而导致失活。

衡量催化剂的热稳定性，是从使用温度开始逐渐升温，看它能够承受多高的温度和维持多长的时间而活性不变，耐热温度越高，时间越长，则催化剂的寿命越长。

③ 抗毒稳定性　由于有害杂质（毒物）的存在，使催化剂的活性、选择性或稳定性降低、寿命缩短的现象，称为催化剂的中毒。催化剂对有害杂质毒化的抵制能力称为催化剂的抗毒稳定性。

催化剂的中毒有暂时性和永久性之分。暂时性中毒是指催化剂可以通过再生而恢复活性，永久性中毒是指催化剂中毒后，其活性不能再恢复。

④ 机械稳定性　固体催化剂颗粒有抵抗摩擦、冲击、重力的作用以及耐受温度、相变应力的能力，统称为机械稳定性或机械强度。在固定床反应器中，要求催化剂颗粒有较好的抗压碎强度；在流化床和移动床反应器中，要求它有较强的抗磨损强度；在催化剂使用过程中，还要求它有抗化学变化或相变引起的内聚应力强度等。

催化剂往往其中部分指标较好，很难有催化剂满足所有指标都好的情况。从工业生产角度考虑，强调原料和能源的充分利用，多数的工作是对现行流程的改进，对催化剂指标的考虑是首先追求选择性，其次是稳定性，最后是活性。对新开发的工艺及其催化剂，首先要追求高活性，其次是高选择性，最后是稳定性。

4．化肥工业催化剂

化肥催化剂的品种繁多，性能改造和更新换代频繁，为便于区别，将各品种按用途进行分类。

（1）脱毒催化剂　类别代号为 T，主要用于脱除原料气中使催化剂中毒的微量杂质。包括活性炭脱硫剂（T1）、加氢转化脱硫剂（T2）、氧化锌脱硫剂（T3）、脱氯剂（T4）、转化吸收脱硫剂（T5）、脱氧剂（T6）、脱砷剂（T7）等。

（2）转化催化剂　类别代号为 Z。包括天然气一段转化催化剂（Z1）、天然气二段转化催化剂（Z2）、炼厂气转化催化剂（Z3）、轻油转化催化剂（Z4）及轻油转化催化剂（Z5）等。

（3）变换催化剂　类别代号为 B。包括中温变换催化剂（B1）、低温变换催化剂（B2）、宽温（耐硫）变换催化剂（B3）等。

（4）甲烷化催化剂　类别代号为 J。包括合成氨生产中使用的甲烷化催化剂（J1）和煤气甲烷化催化剂（J2）等。

（5）氨合成催化剂　类别代号为 A。包括氨合成催化剂（A1）和低温氨合成催化剂（A2）等。

二、一氧化碳变换催化剂的种类

目前，工业应用的一氧化碳变换催化剂根据成分划分主要有 Fe-Cr 系催化剂、Cu-Zn 系催化剂、Co-Mo 系催化剂三类催化剂。

1．铁-铬系催化剂

Fe-Cr 系中温变换催化剂一般分为传统型和改进型。

目前广泛应用的传统型 Fe-Cr 系中温变换催化剂，是以 Fe_2O_3 为主体，以 Cr_2O_3 为主要添加物的多组分催化剂。适用温度范围为 300～550℃，具有选择性高、抗毒能力强的特点，但存在操作温度高、蒸汽消耗量大的缺点。因为操作温度高，出口 CO 含量最低为 3%～4%。

（1）催化剂的组成与性能　传统型 Fe-Cr 系催化剂的一般化学组成为：Fe_2O_3 80%～90%，Cr_2O_3 7%～11%，并含有少量的 K_2O、MgO、Al_2O_3 等。四氧化三铁是 Fe-Cr 系催化剂的活性组分，还原前以氧化铁的形态存在。氧化铬是重要的结构性促进剂。由于 Cr_2O_3 与 Fe_2O_3 具有相同的晶系，制成固溶体后，可高度分散于活性组分 Fe_3O_4 晶粒之间，稳定了 Fe_3O_4 的微晶结构，使催化剂具有更多的微孔和更大的比表面积，从而提高催化剂的活性和耐热性以及机械强度。添加 K_2O 可提高催化剂的活性，添加 MgO 和 Al_2O_3 可增加催化剂的耐热性，且 MgO 具有良好的抗硫化氢能力。

Fe-Cr 系催化剂能使有机硫转化为无机硫，其反应为：

$$CS_2+H_2O \longrightarrow COS+H_2S$$
$$COS+H_2O \longrightarrow H_2S+CO_2$$

对 COS 而言，转化率可达 90% 以上。以煤为原料的中小型氨厂主要靠变换来完成有机硫转化为硫化氢的过程。

国产 Fe-Cr 系中变催化剂的性能如表 3-4 所示。

表 3-4　国产 Fe-Cr 系中变催化剂的性能

型　号	B104	B106	B109	B110	WB-2	BMC
化学组成	Fe_2O_3、MgO、Cr_2O_3、少量 K_2O	Fe_2O_3、MgO、Cr_2O_3 $SO_3<0.7\%$	Fe_2O_3、MgO、Cr_2O_3 $SO_4^{2-}\approx0.18\%$	Fe_2O_3、MgO、Cr_2O_3 $S<0.06\%$	Fe_2O_3、MgO、Cr_2O_3、K_2O	Fe_2O_3、MoO_3
规格/mm	圆柱体 $\phi7\times(5\sim15)$	圆柱体 $\phi9\times(7\sim9)$	圆柱体 $\phi9\times(7\sim9)$	片剂 $\phi5\times5$	圆柱体 $\phi9\times(5\sim7)$	圆柱体 $\phi9\times(7\sim9)$
堆积密度/（kg/L）	1.0	1.4～1.5	1.5	1.6	1.3～1.4	1.5～1.6
400℃还原后的比表面积/（m^2/g）	30～40	40～45	＞70	55	80～100	～50
400℃还原后的孔隙率/%	40～50	～50			45～50	20
使用温度范围（最佳活性温度）/℃	380～520 （450～500）	360～500 （375～450）	320～500 （350～450）	同 B109	320～480 （350～450）	310～480 （350～450）
进口气体温度/℃	＞380	＞360	330～350	350～380	330～350	310～340
H_2O/CO（摩尔比）	3～5	3～4	2.5～3.5	原料气含 CO13% 时3.5～7	2.5～3.5	2.2～3.0
常压下干气空速/h^{-1}	300～400	300～500	300～500 800～1500 （1.0MPa 以上）	原料气含 CO13% 时 2000～3000 （3.0～4.0MPa）	300～500 800～1500 （1.0MPa 以上）	300～500 800～1500 （1.0MPa 以上）
H_2S 允许含量/（g/m^3）	＜0.3	＜0.1	＜0.05	—	＜0.5	＜1～1.5

国外 Fe-Cr 系中变催化剂的性能如表 3-5 所示。

表 3-5　国外常用 Fe-Cr 系中变催化剂的性能

型　号	C12-304	C12-305	15-4	SK-12	K6-10
公司	美 UCI	美 UCI	英 I CI	丹 Topsφe	德 BASF
Cr_2O_3/%	9	9		7～8	
片剂尺寸/mm	$\phi9.5\times4.8$	$\phi9.5\times4.8$	$\phi8\times10.5$	$\phi6\times6$	$\phi6\times6$
堆密度/（kg/L）	1.12	1.12	1.35	1.05	1.15
侧压强度/（N/cm）	156		250	128	
使用压力/MPa	0.1～5.0	0.1～5.0	0.1～5.0	0.1～8.5	0.1～8.0
温度/℃	340～510	340～510	330～530	330～450	300～500
空速/h^{-1}	300～4000	300～4000	1000～5000		

为了改进催化剂的性能，国内外开发了一系列改进型铁系催化剂。①低硫低水碳比用中

变催化剂，通过添加铜促进剂，改善了 Fe-Cr 中变催化剂对低汽气比条件的适应性，主要有丹麦托普索公司、ICI 公司、BASF 公司，国内南化集团、西北化工院等单位开展了相关的研究；②低铬与无铬中变催化剂。Cr_2O_3 对人体和环境具有毒害作用，为了降低或消除铬氧化物的毒害，世界各国相继开展研究了除铬以外各种助剂对铁系中变催化剂性能的影响。主要有英国 ICI 公司、日产 Girdler 触媒公司以及福州大学以过渡元素与铁组成的 B121 型无铬中变催化剂及内蒙古大学的稀土元素代替铬的 NBC1 型催化剂。其中 B121 已经实现工业化。③低温耐硫型 Fe-Cr 中变催化剂。通过添加铝等金属化合物来提高催化剂的耐硫性能，主要适应于我国中小化肥企业。

（2）催化剂的还原与钝化　Fe-Cr 系催化剂中，Fe_2O_3 需还原为 Fe_3O_4 才具有活性。生产上一般利用半水煤气中的氢气和一氧化碳进行还原，反应式如下：

$$3Fe_2O_3+CO \longrightarrow 2Fe_3O_4 +CO_2 \qquad \Delta H_{298}^{\ominus}= -50.8kJ/mol \qquad (3-13)$$

$$3Fe_2O_3+H_2 \longrightarrow 2Fe_3O_4 +H_2O（g） \qquad \Delta H_{298}^{\ominus}= -9.62kJ/mol \qquad (3-14)$$

催化剂的还原是在变换炉内进行的，由于催化剂的还原与整个变换系统的升温过程同时进行，因此可以把催化剂的还原作为系统升温的一个步骤，还原反应的起始温度在 200℃ 左右。当水蒸气/干气为 1 进行还原时，消耗干气中 1% 的氢气温升约为 1.5℃，消耗 1% 的一氧化碳温升约为 7℃。因此，还原时气体中一氧化碳或氢气的含量不宜过高，要严格控制其加入量。还原过程中要加入适量的蒸汽，以防 Fe_3O_4 被进一步还原为单质铁，发生过度还原现象。

$$Fe_3O_4+4H_2 \longrightarrow 3Fe+4H_2O \qquad (3-15)$$

$$Fe_3O_4+4CO \longrightarrow 3Fe+CO_2 \qquad (3-16)$$

在实际生产中，催化剂升温还原要严格按升温还原方案进行。同时严格控制还原气中的氧含量，当汽/干气为 1 时，每 1% 的 O_2 可造成 70℃ 的温升。因此，当系统停车检修或需卸出具有活性的催化剂时，必须对使用过的催化剂进行钝化处理。一般通入含微量氧的惰性气体或其他气体（如水蒸气），使其生成氧化膜，卸出时能安全和空气接触而不致剧烈燃烧，这种操作称为催化剂的钝化。

$$4Fe_3O_4+O_2 \longrightarrow 6Fe_2O_3 \qquad \Delta H_{298}^{\ominus}= -466kJ/mol \qquad (3-17)$$

需要指出，Fe-Cr 系催化剂因制造原料的关系通常都含有少量的硫酸盐，在还原时以硫化氢的形式放出，称之为"放硫"。对于中变串低变而低变采用 Cu-Zn 系催化剂的流程，必须使中变催化剂放硫结束，中变出口硫化氢含量符合低变气进口要求，工艺气才能串入低温变换炉，以避免硫化氢使低变催化剂中毒。

（3）催化剂的中毒和老化　硫、磷、砷、氟、氯的化合物均能引起催化剂中毒，使变换率下降。当原料气中硫化氢含量高时，会发生以下反应：

$$Fe_3O_4+3H_2S+H_2 \longrightarrow 3FeS+4H_2O \qquad (3-18)$$

硫化氢能使 Fe-Cr 系催化剂暂时中毒，硫化氢含量越高，催化剂层温度下降越快，其活性下降也越严重。当提高温度、增大水蒸气用量或使原料气中硫化氢含量低于规定指标时，催化剂的活性能逐渐恢复。但是，这种暂时性中毒如果反复进行，也会引起催化剂的微晶结构发生变化，导致活性下降。

原料气中灰尘及水蒸气中无机盐等物质，也会使催化剂活性下降，造成永久性中毒。

使催化剂活性下降的另一个重要原因是催化剂的衰老，即指随着使用时间的延长，催化剂的活性逐渐衰退。其原因有：催化剂长期处于高温下操作，使催化剂微晶长大；开、停车时的升卸压速度过快带来的瞬时压差，将导致催化剂破碎；气流不断冲刷，破坏了催化剂的表面状态；固体杂质覆盖在催化剂表面等。

2. 铜-锌系催化剂

Cu-Zn 系低变催化剂是以 CuO 为主体，ZnO、Cr_2O_3、Al_2O_3 为促进剂的多组分催化剂，它具有低温活性好、蒸汽消耗量低的特点，但抗毒性能差，使用寿命短。

金属铜微晶是低变催化剂的活性组分，在使用前需使 CuO 还原为 Cu。显然，较高的铜含量和较小的微晶，对提高反应活性有利。单纯的铜微晶，在操作温度下极易烧结，导致微晶增大，比表面积减少，活性降低和催化剂寿命缩短。因此，需要添加适宜的添加物，使之均匀地分散于铜微晶的周围，将微晶有效地分隔开，提高其热稳定性。常用的添加物有 ZnO、Cr_2O_3、Al_2O_3 等。

Cu-Zn 系催化剂的组成一般为：CuO 15.37%～31.2%，ZnO 32%～62.2%，Cr_2O_3 0～48%，Al_2O_3 为 0～40%。Cu-Zn 系低变催化剂的适用温度范围为 200～280℃，出口 CO 含量可降至 0.2%～0.3%（体积分数）。

低变催化剂对温度比较敏感，其升温还原要求较严格，可用氮气、天然气或过热蒸汽作为惰性气体配入适量的还原气体进行还原。生产上使用的还原性气体是含氢或一氧化碳的气体，反应如下：

$$CuO + H_2 \longrightarrow Cu + H_2O \qquad \Delta H_{298}^{\ominus} = -86.6kJ/mol \qquad (3\text{-}19)$$

$$CuO + CO \longrightarrow Cu + CO_2 \qquad \Delta H_{298}^{\ominus} = -127.6kJ/mol \qquad (3\text{-}20)$$

实践证明，还原温度高会使催化剂的活性降低。因此，生产中一定要把好升温还原关，要严格控制好升温、恒温、配氢三个环节。一般升温速率为 20～30℃/h，从 100℃升至 180℃，可按 12℃/h 进行。为脱除催化剂中的水分，宜在 70～80℃和 120℃恒温脱水，在 180℃时催化剂已进入还原阶段，此时应恒温为 2～4h，以缩小床层的径向和轴向温差，防止还原反应不均匀。氢气的配入量可从还原反应初期的 0.1%～0.5%逐步增至 3%，还原后期可增至 10%～20%，以确保催化剂还原彻底。

与中变催化剂相比，低变催化剂对毒物更为敏感。主要毒物有：硫化物、氯化物和冷凝水。硫化物能与低变催化剂中的铜微晶反应生成硫化亚铜，使氧化锌变为硫化锌，属于永久性中毒，吸硫量越多，催化剂活性丧失越多。因此，低变气必须严格进行气体脱硫，使硫化氢含量在 1×10^{-6} 以下。氯化物对低变催化剂的危害更大，其毒性较硫化物大 5～10 倍，为永久性中毒。氯化物的主要来源是工艺蒸汽或冷激用的冷凝水。因此，改善工厂用水的水质是减少氯化物毒源的重要环节，要采用脱盐水，严格控制水质。进气中的水蒸气在催化剂上冷凝不仅损害催化剂的结构和强度，而且水汽冷凝极易变成稀氨水与铜微晶形成铜氨配合物。因此低温变换的操作温度一定要高于该条件下气体的露点温度。

几种国产低变催化剂的主要性能见表 3-6。

表 3-6　国产低变催化剂的主要性能

型　　号	B201	B202	B204	EB-1
主要成分	CuO、ZnO、Cr_2O_3	CuO、ZnO、Al_2O_3	CuO、ZnO、Al_2O_3	CoS、MoS_2、Al_2O_3
规格/mm	片剂ϕ5×5	片剂ϕ5×5	片剂ϕ5×4～4.5	球形ϕ4、ϕ5、ϕ6 片剂ϕ5×4
堆积密度/（kg/L）	1.5～1.7	1.3～1.4	1.4～1.7	1.05，1.25
比表面/（m²/g）	63	61	69	

使用温度/℃	180～260	180～260	210～250	160～400、185～260
汽气比/摩尔比	$H_2O/CO = 6\sim10$	$H_2O/CO = 6\sim10$	$H_2O/$干气$= 0.5\sim1.0$	$H_2O/$干气$= 1.0\sim1.2$ 入口 $H_2S>0.05g/m^3$
干气空速/h^{-1}	1000～2000 （2.0MPa）	1000～2000 （2.0MPa）	2000～3000 （3.0MPa）	625～2000 （0.71～0.86MPa）

3．钴-钼系催化剂

Co-Mo 系耐硫变换催化剂是以 CoO、MoO_3 为主体的催化剂，载体为三氧化二铝，助剂为碱金属。它具有突出的耐硫与抗毒性，低温活性好，活性温区宽。在以重油、煤为原料的合成氨厂，使用 Co-Mo 系耐硫变换催化剂可以将含硫的原料气直接进行变换，再进行脱硫、脱碳，简化了流程，降低了能耗。钴钼系耐硫催化剂适用温度范围为 160～500℃。

Co-Mo 系耐硫变换催化剂的活性组分是 CoS、MoS_2，使用前必须硫化，为保持活性组分处于稳定状态，正常操作时，气体中应有一定的总硫含量，以避免反硫化现象。

对催化剂进行硫化，可用含氢的 CS_2，也可直接用硫化氢或含硫化物的原料气。硫化反应如下：

$$CS_2+4H_2\longrightarrow 2H_2S+CH_4 \qquad \Delta H_{298}^{\ominus}=-240.6kJ/mol \qquad (3\text{-}21)$$

$$MoO_3+2H_2S+H_2\longrightarrow MoS_2+3H_2O \qquad \Delta H_{298}^{\ominus}=-48.1kJ/mol \qquad (3\text{-}22)$$

$$CoO+H_2S\longrightarrow CoS+3H_2O \qquad \Delta H_{298}^{\ominus}=-13.4kJ/mol \qquad (3\text{-}23)$$

表 3-7 为国内外耐硫变换催化剂的组成及性能。

表 3-7 国内外耐硫变换催化剂的组成及性能

国别	德国	丹麦	美国	中国				
型号	K8-11	SSK	C25-2-02	B301	B302Q	SB303Q	SB308Q	SB-3 型
化学组成	CoO、MoO_3、Al_2O_3	CoO、MoO_3、K_2O、Al_2O_3	CoO、MoO_3、K_2O、Al_2O_3 加稀土元素	CoO、MoO_3、K_2O、Al_2O_3	CoO、MoO_3、K_2O、Al_2O_3	Al_2O_3、CoO、MoO_3	CoO、MoO_3	MoO_3、CoO 载体为 Al_2O_3
规格/mm	条形 $\phi4\times10$	球形 $\phi3\sim5$	条形 $\phi5\times5$	条形 $\phi5\times5$	球形 $\phi3\sim5$	球形 $\phi3\sim6$	球形 $\phi3\sim5$ 或 $\phi5\sim7$	球形 $\phi4\sim6$
堆密度/（kg/L）	0.75	1.0	0.7	1.2～1.3	0.9～1.1	1～1.15	0.85～1.005	0.80～0.85
比表面/（m^2/g）	150	79	122	148	173	—	—	—
使用温度/℃	280～500	200～475	270～500	210～500	180～500	160～480	180～460	170～300

我国耐硫变换催化剂的研究工作十分活跃，并且向宽温、宽硫、高强度、高抗水合性和低生产成本方向发展。

第四节 变换工艺与设备

一氧化碳变换工艺流程的选择主要根据合成氨生产中的原料种类及各项工艺指标的要求、催化剂特性和热能的利用及脱除残余一氧化碳方法等综合考虑。按反应温度和采用催化剂种类分，有多段中温变换流程、中变-低变串联流程、全低变流程及中-低-低流程等；按操作压力分，有加压与常压变换两种流程。

　　首先应依据原料气中的一氧化碳含量来设计工艺流程。一氧化碳含量高，应采用中温变换。这是由于中变催化剂操作温度范围较宽，而且价廉易得，使用寿命长。变换反应是强放热反应，当一氧化碳含量高于15%时，应考虑将变换反应器分为二段或三段，以使操作温度接近最佳反应温度，同时利于回收反应热及控制出口CO含量。其次是根据进入系统的原料气温度和湿含量，考虑气体的预热和增湿，合理利用余热。第三，应将一氧化碳变换和脱除残余一氧化碳的方法联合考虑，如果变换后需要一氧化碳量较高（如后续流程为联醇串铜洗工艺），则仅用中变流程即可。否则需采用中变与低变串联的方法，以降低变换气中的一氧化碳含量。

　　本节主要介绍几种典型的中低变换组合工艺、全低变工艺以及联醇工艺。

一、一氧化碳变换工艺

1. 多段中温变换

　　以煤为原料的中小型氨厂制得的半水煤气中含有较高的一氧化碳，需采用多段中变流程。由于出脱硫系统的半水煤气温度较低，水蒸气含量少，气体在进入中变炉之前设有原料气预热及增湿装置。中变的反应量大，反应放热多，应充分考虑反应的移热及余热回收。图3-2所示为中小型氨厂的多段中温变换流程。

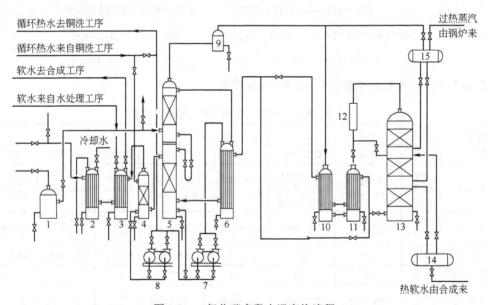

图3-2　一氧化碳多段中温变换流程

1—焦炭过滤器；2—冷凝塔；3—第二水加热器；4—水调温器；5—饱和热水塔；6—第一水加热器；
7—第一循环热水泵；8—第二循环热水泵；9—气水分离器；10—第一热交换器；11—第二热交换器；
12—电加热器；13—中温变换炉；14—热软水分配器；15—蒸汽分配器

　　半水煤气经脱硫后由压缩机加压至1.35MPa，经焦炭过滤器1，进入饱和热水塔5，在饱和塔内气体与塔顶喷淋下来的130～140℃的热水逆流接触，使半水煤气提温增湿。出饱和塔的气体与蒸汽过热器送来的300～350℃的过热蒸汽混合，使半水煤气中的汽气比达到工艺条件的要求。再依次进入第一热交换器10、第二热交换器11，回收离开变换炉变换气的热量，温度升至380℃进入中温变换炉13，进行一氧化碳变换反应。经第一段催化剂层气体温度升到480～500℃，用冷凝水冷激降温后，进入第二段催化剂层反应，仍用冷激水降温，再进入第三段催化剂层。变换气离开变换炉的温度为400℃左右，一氧化碳含量在3%以下，依次经过第二、第一热交换器，再经第一水加热器 6，加热由热水泵来的循环热水，温度降至 100℃左右，进入热水塔，在塔内与塔顶喷洒的水接触，气体温度降至 75℃左右，进入第二水加热器回收热量，再经冷凝塔 2，降至常温送下一工序。

如果合成气最终精制采用铜洗联醇工艺或液氮洗等流程，只需采用中温变换即可。若精制采用甲烷化流程，则经中温变换的气体脱除二氧化碳后，还需精脱硫，使气体中总硫降至 $1mL/m^3$ 以下，再进行低温变换。低变气中一氧化碳含量 0.3%～0.5%，经过第二次脱碳进入甲烷化炉，将残余一氧化碳和二氧化碳除去。若中温变换串耐硫低温变换，就不需二次脱硫，高变气经过耐硫低温变换最终使一氧化碳降至 0.3%～1.0%。

随着低温或宽温催化剂的开发与应用，工业生产中变换逐步向低温方向发展，单纯的中温变换工艺逐步被淘汰。根据生产的需要，往往采取中、低温变换组合的工艺流程，或者是低温或宽温变换。

2．中变-低变流程

对于以天然气为原料的大型氨厂，由于在蒸汽转化前脱硫已很彻底，而且加入了大量蒸汽，所以中温变换后可直接进行低温变换，流程比较简单，原料气精制一般采用甲烷化法。天然气蒸汽转化法制氨流程也称高（中）变串低变流程，由于天然气转化所得到的原料气中一氧化碳含量较低，只需配置一段变换即可，如图 3-3 所示。

将含有 13%～15%一氧化碳的原料气经废热锅炉 1 降温至 370℃左右进入高变炉 2。由于转化气中水蒸气含量较高，一般无需再添加蒸汽。经高变炉变换后的气体中一氧化碳含量可降至 3%左右，温度为 420～440℃。高变气进入高变废热锅炉 3 及甲烷化炉进气预热器 4 回收热量后进入低变炉 5。低变炉绝热温升仅为 15～20℃，低变气中一氧化碳含量在 0.3%～0.5%。为提高传热效果，在饱和器 6 中喷入少量水，使低变气达到饱和状态，提高在贫液再沸器 7 中的传热系数。

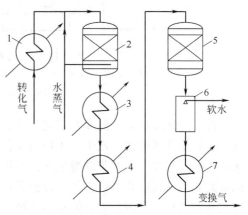

图 3-3　大型氨厂中变串低变工艺流程图
1—废热锅炉；2—高变炉；3—高变废热锅炉；
4—甲烷化炉进气预热器；5—低变炉；
6—饱和器；7—贫液再沸器

图 3-3 是早期采用 Fe-Cr 系中变催化剂和 Cu-Zn 系低变催化剂的变换工艺流程。由于 Cu-Zn 催化剂对硫敏感，以煤或重油为原料制取的原料气在进行中温变换后，一般要经过湿法脱硫、一次脱碳、氧化锌脱硫后，才能进行低温变换，最后还要二次脱碳，流程长、设备多、能耗大。20 世纪 80 年代，为适应含硫较高的重油、煤、焦油制气的要求，科技人员在研制成功 Co-Mo 耐硫变换催化剂的基础上，开发了新型中变串低变工艺流程。即在 Fe-Cr 催化剂后串一段 Co-Mo 耐硫变换催化剂，作为低变催化剂放在中变炉最后一段，或者另设一低变炉串在中变炉后。

3．全低变工艺

全低变工艺全部使用钴钼耐硫低温变换催化剂，由于催化剂的起始活性温度低，全低变工艺变换反应的温度大大低于传统中变反应的温度，整个变换系统的温度范围都较低，入变换炉的汽气比大大降低，蒸汽消耗量大幅度减少，在生产中得到越来越多的应用。

（1）设饱和塔全低温变换工艺　如图 3-4 所示。从压缩机来的半水煤气经过油分离器，依次进入饱和热水塔 1、气水分离器 3 和热交换器 4 管间增湿提温后，温度达 180～220

℃进入变换炉 6。经一段催化剂层反应后的气体温度在 350℃左右，进入热交换器上部与蒸汽换热降温后再进入下部与煤气换热，并补入一定量蒸汽进入二段催化剂层反应，反应后的气体温度约 300℃，进入调温水加热器 7 管间换热，再进入变换炉三段催化剂层反应，出变换炉的变换气温度约 220℃，一氧化碳含量在 1.0%～1.5%。变换气经水加热器 2 回收热量，到热水塔加热循环，最后经冷却塔 8 降至常温后，送至下一工序。

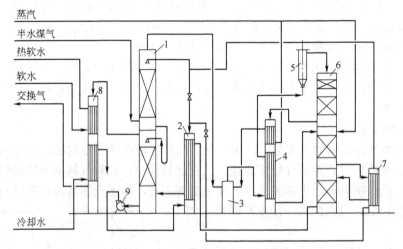

图 3-4　设饱和塔全低变工艺流程
1—饱和热水塔；2—水加热器；3—气水分离器；4—热交换器；5—电炉；6—变换炉；
7—调温水加热器；8—冷却塔；9—热水泵

（2）无饱和塔全低温变换工艺　饱和热水塔的设置使变换装置投资大、操作复杂，更重要的是设备腐蚀严重，水中总固体污染催化剂。随着全低变工艺的广泛应用，变换气中过量水蒸气已经很少，尤其是联醇工艺，利用传统的饱和热水塔回收变换气中潜热的意义不大。由湖北化工研究院化学研究所开发的无饱和塔全低变工艺技术，不但解决了上述问题，还使吨氨蒸汽消耗达到或接近有饱和热水塔工艺流程水平。

取消饱和塔后，由于半水煤气的氧与硫化物处于无水状态，而热水塔的循环水不与煤气接触，不含有氧，也就是使变换系统水、气相分别处于"有氧则无水，有水则无氧"的"非腐蚀"状态，从而杜绝了由于饱和塔引起的各种问题。整个变换温度控制都用喷水增湿来调节，彻底解决了水加热器换热工艺中的设备腐蚀快，材质要求高，进出口管线、阀门多的问题。同时由于喷水增湿的热损小于水加热器，加上没有了饱和热水塔的热水排放，其热量回收率高。

取消饱和塔的全低变流程如图 3-5 所示。来自压缩油分的煤气经煤气水冷器、丝网除油过滤器、除油剂炉进入主热交换器，加蒸汽后通过电炉进入变换炉一段，出变换炉一段的气体进入第一喷水增湿器，然后进入变换炉二段，出二段的气体进入第二喷水增湿器，进入变换炉三段，出三段的反应气体进入热交换器，与原料气进行换热，回收热量后进入一水加热器，继续回收热量，然后进入冷却塔，此时冷却塔出口的变换气温度约 40℃，进入下一工序。

4. 联醇流程

目前应用于甲醇合成的催化剂有两大系列：一种是以氧化铝为主体的锌基催化剂；另一种是以氧化铜为主体的铜基催化剂。锌基催化剂一般只适用于高温（380℃）、高压（32×10⁶Pa）下作为合成甲醇的催化剂，而铜基催化剂则 5×10⁶Pa 压力和低温（240℃）下就有相当高的反应活性。联醇生产选择在甲烷化工序之前，以充分利用对合成催化剂有害的毒物 CO 和 CO_2，降低进甲烷化炉的 CO 和 CO_2 含量，所以必须选用低温、低压的铜基催化剂。

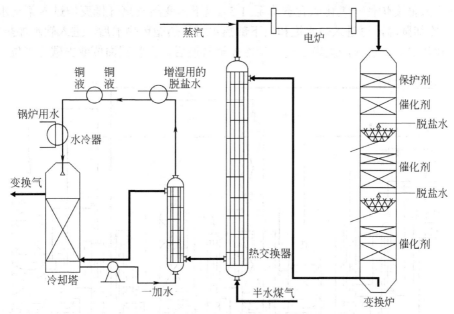

图 3-5　无饱和塔的全低变流程

联醇可分为低压联醇和高压联醇，串联在合成氨生产流程中，兼生产甲醇和气体净化双重作用。低压联醇系统操作压力 5.0～5.5MPa，以产甲醇为主，占总产醇量的 80%～85%，并且可以利用甲醇合成的反应热副产 3.9MPa 饱和蒸汽；高压联醇系统操作压力 18.0～22.0MPa，以气体净化为主，产甲醇为辅，占总产醇量的 20%～15%。

联醇工艺在老企业中绝大部分是把联醇的甲醇合成工序放在铜洗或甲烷化或烃化等精制工序前，即压缩机五段或六段出口处。新建厂采用双甲工艺的，也有把联醇放在与合成氨同一压力等级上的，即所谓等高压联醇。

目前，低压联醇工艺有鲁奇甲醇工艺、安淳公司的 JJD 甲醇工艺、国昌公司的 GC 甲醇工艺、正元公司的 DR 甲醇工艺等。我国现有的醇氨联产工艺，从原料到产品工艺流程图如图 3-6 所示。

5．中-低-低工艺

为进一步降低蒸汽消耗，减轻饱和塔负荷，提高变换率，有些合成氨厂在原有中变、低变串联的基础上，进行技术改造，成为中变-低变-低变串联（简称中-低-低）工艺流程。将原中变炉保留二段中温变换催

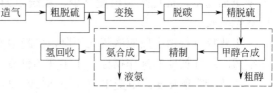

图 3-6　低压联醇流程示意

化剂，把下段中变催化剂改装成 Co-Mo 低温催化剂，低变炉继续使用 Co-Mo 低变催化剂，流程见图 3-7。

来自压缩工段二段出口的半水煤气，经焦炭过滤器 3 进入饱和热水塔 4 上部的饱和塔，与热水逆流接触，增湿升温后由塔顶出来，经汽水分离器分离水滴，再添加适量过热蒸汽，以达到工艺指标所规定的汽气比，然后进入热交换器 8（管内），由变换气加热至 300℃，进入中低变炉 10 进行变换反应，其中一小部分半水煤气不经热交换器而直接进入中变炉段间

作冷激用。经中低变炉二段中变后 450℃的气体进入热交换器（管间），再经第二水调温器 9 冷却降温至 200℃，进中低变炉的低变催化剂段，250℃的变换气进入第一水调温器 7，加热热水后，进入低变炉使一氧化碳含量降至 1.5%以下。变换气离开低变炉进入第一水加热器 5（管间）冷却降温，再进入热水饱和塔下部热水塔加热循环热水后，进入软水加热器 2 加热软水回收热量后，进入冷凝塔 1 进一步冷却至常温后，去脱碳岗位或去碳化岗位。

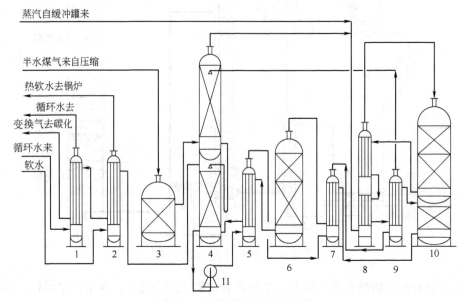

图 3-7　中-低-低变换工艺流程

1—冷凝塔；2—软水加热器；3—焦炭过滤器；4—饱和水塔；5—第一水加热器；6—低变炉；
7—第一水调温器；8—热交换器；9—第二水调温器；10—中低变炉；11—热水泵

循环热水从饱和塔底部溢流至热水塔，被变换气加热，再由热水泵打入第一水加热器管内，然后再经第一水调温器、第二水调温器进一步加热，送入饱和塔，由饱和塔通过 U 形管流入热水塔，再经热水泵重复循环。软水加热器出来的热软水仍回锅炉软水岗位。

中-低-低工艺的突出优点在于基本上不改变原有中串低或中变流程，只需投入少量资金进行技术改造，就可大幅度降低变换工段的能耗并适量增产，不改变原有操作习惯，且操作系统更加稳定，催化剂装填量减少，系统阻力下降，反应温度降低，设备腐蚀降低，设备使用周期延长。

主要缺点是由于反应汽气比下降，引起中变催化剂失活及硫中毒，导致中变催化剂使用寿命缩短。运行初期的操作指标优于中变串低变，中期与中变串低变相当，后期往往影响生产。

中-低-低变换设计中变出口 CO 8%~12%，一低变出口 5%~7%，二低变出口 0.6%~1.8%。如果引入联醇，只设计一段中变、一段低变就可以完成变换的任务，这样变换工段可以省去一台低变炉、一台调温水加热器，从而减少了设备投资，缩短了变换流程，降低了变换阻力，节约了合成氨电耗。但是如果甲醇市场发生变化，需要大幅度降低甲醇产量，提高合成氨产量，要求变换出口 CO 降到 2.0%以下，就可使用原中-低-低变换工艺。

二、工艺条件分析

1. 温度

变换反应存在最适宜温度，如果整个反应过程按最适宜温度曲线进行，则反应速率最大，在相同的生产能力下所需催化剂用量最小，但实际生产完全按最适宜温度曲线操作不现实。

因此，变换过程的操作温度应综合各方面因素来确定。其主要原则如下：

（1）在活性温度范围内操作　生产中，应将操作温度控制在催化剂活性温度范围内，反应开始温度一般应高于催化剂起始活性温度约20℃，热点温度低于催化剂的耐热温度。例如不同型号中变催化剂，反应开始温度为320～380℃，热点温度为410～500℃。

（2）尽可能接近最适宜温度曲线进行反应　根据原料气中CO的含量，将催化剂层分为一段、二段或多段，段间进行冷却。主要是采用中间间接换热式（用原料气或蒸汽间接换热）或中间直接冷激式（即在段间加入冷激水、水蒸气、冷煤气降温）的冷却方式来降低反应系统的温度，使变换过程操作线接近最适宜温度曲线。

变换反应在低温下进行变换率高，变换气体中一氧化碳含量低。但在低温变换过程中，湿原料气有可能达到该条件下的露点温度析出液滴，使催化剂粉碎失活。所以低温变换操作温度必须比该条件下的露点温度高20～30℃，对于以氧化铜为主体的低温变换催化剂，一般控制在180～260℃之间。Co-Mo系耐硫低温变换催化剂，一般入口温度为180～220℃，热点温度为300～400℃，并且随着催化剂使用时间延长，催化剂活性降低，操作温度应适当提高。

2．压力

压力对变换反应的平衡几乎没有影响，但加压可提高反应速率和催化剂的生产能力，采用较大的空间速率，使设备紧凑，有利于过热蒸汽回收，同时降低压缩功耗。实际操作压力应根据大、中、小型氨厂的工艺特点，特别是工艺蒸汽的压力及压缩机各段压力的合理配置而定。一般小型氨厂为0.7～1.2MPa；中型氨厂1.2～1.8MPa；大型氨厂因原料及工艺的不同差别较大，一般为3.0～8.0MPa。

提高压力，也可提高气体的露点，从而操作温度下限值提高。低温变换操作压力随中温变换而定，一般为1.0～3.0MPa。空间速率则随压力升高而增大，常压下空速300～550h^{-1}；当压力为2.0MPa左右时，空间速率为1000～1500h^{-1}；压力在3.0MPa左右时，空间速率则增大到2500h^{-1}左右。

3．空间速率

空速的确定与催化剂活性有关。催化剂活性好，反应速率快，可以采用较大的空速，充分发挥设备的生产能力。但空速太大，一氧化碳来不及反应就离开催化剂层，造成出口一氧化碳含量高，变换率低。降低空速可提高变换率，但易造成反应放热总量减少，催化剂层温度难以维持，需要通过开工电炉补充热量，导致生产设备生产能力下降。

由此可知，加压变换的优点是设备体积小，可采用较高空速，设备生产能力高，有利于热能回收，热能的品位得以提高。

4．汽气比

汽气比有两种表示方法，一是入变换炉的水蒸气与干气中一氧化碳的摩尔（体积）比，二是入变换炉的水蒸气与干气的摩尔（体积）之比。汽气比对反应速率影响的规律与其对平衡转化率的影响相似，在H_2O/CO低于4时，提高其比值，反应速率增长较快；当H_2O/CO大于4后，反应速率随H_2O/CO的增长不明显。增加水蒸气用量，既有利于提高一氧化碳的变换率，又有利于提高变换反应的速率，为此，生产上均采用过量水蒸气。过量水蒸气的存在，抑制了析炭及甲烷化的副反应发生，保证了催化剂活性组分Fe_3O_4的稳定，同时还起到载热体的作用，使催化剂层温升减小。所以，改变水蒸气用量是调节催化剂层温度的有效手段。

但是水蒸气用量是变换过程中最主要的消耗定额，为了达到节能降耗的目的，工业生产中应在满足变换工艺要求的前提下，尽量降低水蒸气消耗。首先，要采用新型低温活性催化剂，使反应在低温下进行，降低反应的汽气比。其次，要合理地确定一氧化碳最终变换率或残余一氧化碳量，催化剂层段数要合适，段间冷却良好。另外，加强余热的回收利用均可降低蒸汽消耗。中温变换操作适宜的汽气比为 H_2O/干气 = 1.1～1.5，经中温变换后气体中 H_2O/干气可达 1.3～2.5，不必再添加蒸汽即可直接进行低温变换。

5. 出口气体中一氧化碳含量

小型氨厂原料气的精制为联醇串铜洗工艺时，一般只采用中温变换工艺，出口一氧化碳含量可适当提高，控制在 3%；以天然气为原料的大型氨厂，原料气的精制为甲烷化工艺，采用高变串低变流程，高变炉出口小于 3%，低变小于 1.5%；小型氨厂中低变串联工艺指标是中变三段出口 6%～8%，低变炉出口约 1.5%，以减轻原料气精制负荷；中-低串联工艺流程工艺指标是中变 2%～3%，低变 0.5%～1.0%，因中变炉下段催化剂的改装提高了变换率，减少了蒸汽消耗；全低变工艺流程工艺指标是一变炉出口 4%～7%，二变炉出口 0.7%～1.5%，系统温度降低，出口一氧化碳含量降低。总之，出口气体中一氧化碳含量应与后工序联合考虑。

低温变换催化剂虽然活性高，但操作温度范围窄，对热敏感，价格高。如果原料气中一氧化碳含量高，反应放出热量多，容易使催化剂超温，使催化剂使用寿命缩短，并且加大催化剂的用量，费用较高。

6. 入口气体中氧含量

如果进入中低变系统原料气中氧含量高，会引起催化剂活性组分与氧反应，导致催化剂层的剧烈温升。同时，活性组分不同程度硫酸盐化造成催化剂活性下降，所以变换炉入口气体中氧含量应小于 0.5%。

三、变换工艺的选择原则

在合成氨工业生产中，一氧化碳变换工艺的选择主要考虑前工序的原料气的制气工艺和后工序的一氧化碳精制工艺，同时整体考虑生产规模、反应温度、反应压力、催化剂种类、一氧化碳含量要求、硫含量、水碳比、全厂蒸汽平衡、热能回收方式、管理水平等不同因素，最终确定变换工艺流程。

根据制气工序原料不同，选择不同变换催化剂。以轻油或天然气等烃类为原料通过蒸汽转化制取的原料气中，硫含量比较少，可以用不耐硫的催化剂，即：铁铬系催化剂串铜锌铝催化剂；而煤、重油、渣油为原料的合成气中含硫量较大，所以只能选择耐硫变换催化剂，即钴钼系耐硫变换催化剂。

根据后继工序对一氧化碳出口浓度要求不同进行选择。出口 CO 含量太高不能满足变换的要求，太低容易造成能耗和蒸汽用量的增加以及系统阻力的增加。后继工艺不同，对变换出口 CO 含量要求不同，后继工序为甲烷化 CO 应控制在 0.2%，为铜洗 CO 一般控制在 1.0% 左右，为醇烃化 CO 控制在 1.2%～7.0%，液氮洗的控制在 1.0% 左右，太低容易造成冷量不富裕。

根据生产前后工艺不同，选择不同的变换工艺。例如以煤为原料间歇制气，采用铜洗法精制的流程，宜选用铁铬中变催化剂串钴钼耐硫低变催化剂的中串低或中低低变换工艺；也可选用钴钼耐硫低变催化剂的全低变工艺，后加变换气脱硫；以煤为原料间歇制气，采用甲烷化法精制的流程，宜选用铁铬催化剂的中变工艺串钴钼耐硫催化剂的全低变深度变换工艺；以煤或油为原料的加压连续制气，采用低温甲醇洗、液氮洗净化工艺，宜选用钴钼耐硫催化剂的全低变工艺。

为适应市场的需要，氨醇联产工艺已广泛使用，变换后先醇化再净化，不仅减少变换的负荷和蒸汽消耗，而且通过调节醇氨比达到最佳经济效益。以煤为原料间歇制气联醇流程中，宜选用铁铬催化剂的中变工艺或者选用低汽比铁铬中变催化剂串钴钼耐硫低变催化剂的中串低工艺。对小氮肥联醇工艺而言，管理水平好可以采用全低变工艺；如果工艺净化条件不高，可以采用中-低-低工艺。

四、变换反应器

目前变换反应器从换热形式考虑，主要有绝热反应器和等温反应器。

1. 绝热反应器

变换炉外壳是用钢板制成的圆筒形容器，内壁筑有保温层，以降低炉壁温度。为减少热量损失，设备外部有保温层。炉内有支架，支架上铺有箅子板和钢丝网及直径5~50mm 的耐火球，在上面装填催化剂。炉内还有冷激喷头。典型的变换炉见图3-8。

变换炉属于气固相催化反应器，工艺上一般要求为：处理气量大；气流的阻力小，气体在炉内分布均匀；热损失小——这是稳定生产、节能降耗的重要条件；结构简单，便于制造和维修，并尽可能接近最适宜温度曲线。

工业生产上，一般按变换炉换热方式分类。根据催化剂层与冷却介质之间换热方式的不同，可分为连续换热和多段换热式两大类。对变换反应，由于整个反应过程变换率较大，反应前期与后期单位催化剂层所需移出的热量相差甚远，故需要采用多段换热式。此类变换炉的特点是反应过程与移热过程分开进行。多段换热式又可分为多段间接换热与多段直接换热，前者在间壁式换热器中进行，后者则在反应气中直接加入冷流体以达到降温的目的，又称冷激式。变换反应可用的冷激介质有冷原料气、水蒸气及冷凝水。

（1）多段间接换热式 多段间接换热式变换炉中，原料气在催化剂层中进行绝热反应，段间采用间接换热器降低变换气温度。绝热反应部分分为一段，间接换热部分分为一段是这类变换炉的特点。

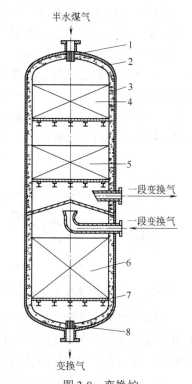

图 3-8 变换炉

1—气体入口；2—炉体；3—保温层；4——一段催化剂层；5—二段催化剂层；6—三段催化剂层；7—炉箅；8—气体出口

图 3-9 为二段中间间接换热式变换过程示意图。

A 点是入口温度，一般比催化剂的起始活性温度高约 20℃，气体在第一段中绝热反应，温度直线上升。当穿过最佳温度曲线 T_m 后，离平衡曲线 T_e 越来越近，反应速率明显下降。所以，当反应进行到 B 点（不超过催化剂的活性温度上限时），将反应气体引至热交换器进行冷却，变换率不变，温度降低至 C 点后，进入第二段催化剂层反应，使操作温度尽快接近最佳温度。

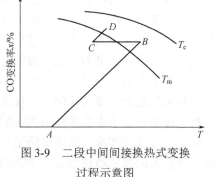

图3-9 二段中间间接换热式变换
过程示意图

ABCD 线为操作线，表示反应过程随 CO 变换率的提高，系统温度的变化情况。AB、CD 分别为一、二段绝热反应线，BC 为段间降温线。段间间接换热时，由于气体变换率不变，BC 呈水平直线，因汽气比不变，平衡曲线和最适宜温度曲线不做移动。

催化剂层的分段一般由半水煤气中的一氧化碳含量、转化率、催化剂的活性温度范围等因素决定。反应器分段多，流程和设备太复杂，也不经济，一般为2～3段。

（2）多段原料气冷激式　它与间接换热式不同之处在于段间的冷却，采用直接加入冷原料气的方法使反应后气体温度降低。冷激过程虽无反应，但因添加了原料气使气体的变换率下降，反应后移，催化剂用量要比间接换热式多。但冷激式的流程简单，调温方便。

图3-10为二段中间原料气冷激式变换过程示意图。

段间换热用煤气冷激时，因组成与原始煤气组成一致，一、二段平衡温度和最适宜温度曲线相同，但冷煤气的加入使混合气体温度降低，变换率下降，使 BC 线不呈水平直线。

（3）多段水冷激式　图3-11为二段中间水冷激变换过程示意图。水冷激或水蒸气冷激与原料气冷激式不同之处在于冷激介质改为冷凝水。绝热反应部分为一段，用冷凝水冷激一次是这类变换反应器的特点。由于冷激后气体中水蒸气含量增加，达到相同的变换率，平衡温度升高。根据最佳温度和平衡温度的计算公式，相同变换率下的最佳温度升高。因此，二段所对应的适宜温度和平衡温度上移。

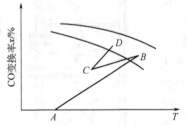

图3-10　二段中间原料气冷激式变换过程示意图

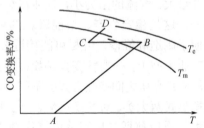

图3-11　二段中间水冷激式变换过程示意图

实际生产中，几种冷却方式混合使用，一般为降低蒸汽的消耗量，采用冷凝水冷激，不采用煤气或蒸汽。在一些较新的设计中，冷凝水冷却方式已被废热锅炉所取代，这样可以获得高压或低压蒸汽供氨厂其他用途。

以上分析了几种多段变换炉的工艺特征，若使整个反应过程完全沿着最佳温度进行，段数要无限多才能实现，显然这是不现实的。因此，工业生产中的多段变换炉只能接近而不能完全沿着最佳温度曲线进行反应。段数越多，越接近最佳温度曲线，但也带来不少操作控制上的问题，故工业变换炉及全低变炉一般用 2～3 段。并且根据工艺需要，变换炉的段间降温方式可以是上述介绍的单一形式，也可以是几种形式的组合。一般间接换热冷却介质多采用冷原料气或蒸汽。用冷原料气时由于与热源气体的热容、密度相差不大，故热气体的热量易被移走，调节温度方便，冷热气体温差较大，换热面积小。用蒸汽作冷却介质时可将饱和蒸汽变成过热蒸汽再补入系统，可以减少主换热器的腐蚀。但蒸汽间接换热不宜单独使用，因在多数情况下系统补加的蒸汽量较少，常常只有热气体的 1/6，调温效果不理想，故常将蒸汽换热与其他换热方法在同一段间接降温中结合起来使用。对于原料气冷激、蒸汽冷激和水冷激三种直接降温方法，前两种方法因冷激介质热容小，降温效果差。蒸汽冷激，不仅蒸汽消耗量大，且增加了系统阻力及热回收设备的负荷。原料气冷激，由于未变换原料气的加入使反应后的气体变换率下降，反应后移，催化剂利用率降低。故蒸汽和原料气冷激降温目前很少采用。相反，水冷激降温在近年来被广泛采用。由于液态水的蒸发潜热很大，少量的水就可达到降温的目的，调节灵敏、方便。水的加入增加了气体的湿含量，在相同的汽气比下，可减少外加蒸汽量，具有一定的节能效果。但是冷激用水要注意水质，否则会引起催化剂结块，降低活性。

2. 等温变换反应器

由于绝热固定床反应器具有结构简单的特点，所以是目前应用最为广泛的反应器类型。但为使操作温度尽量遵循最适宜温度，只有采用多段反应、多段换热的流程才能满足生产需要。这就造成了变换工艺流程长，换热体系复杂。为了改善这种状况，简化变换工艺流程，提出了等温变换反应器。

等温变换工艺将换热器置于反应器中，通过锅炉给水吸收工艺余热副产蒸汽的方式移去反应热，保持催化剂床层基本恒温。这样，就可以省去相关的换热和热能回收设备，简化工艺流程，并降低设备的造价。图 3-12 为等温变换反应器，在反应器中内置一个换热器，通过及时移走反应生成的热量，保持床层基本恒温。由于温度降低，反应程度加深，转化率提高，反应热被及时移出，使反应过程温和，并接近最适宜温度。同时对变换反应初期操作时易超温的情况，可通过反应器中的换热体系加以控制，保护设备安全，可有效解决操作中的一系列难题。等温反应过程延长了催化剂的寿命并且催化剂的性能也得到最大程度的发挥。不足之处是，因为增添了内件，催化剂的装填系数减小，维修难度增加。

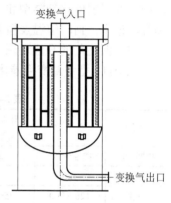

图 3-12 等温变换反应器

目前等温变换反应器主要有两类：轴向等温反应器、轴径向等温反应器。南京敦先化工科技有限公司开发的第一套"水移热等温变换技术"，主要是利用埋在催化剂床层内部的移热水管束将催化剂床层反应热及系统多余的低品位热能转化为高品位蒸汽，同时降低催化剂床层温度，提高反应推动力，有效降低变换系统蒸汽添加量。蒸汽单耗减少带来湿基半水煤气体积缩小，系统阻力降低，同样阻力工况下，变换装置产能大幅度增加。出催化剂床层水气比降低、露点腐蚀减少，减缓回收系统多余显热和潜热的换热设备腐蚀速率，有效降低设备维修费用。

丹麦的赫多特普索化工设备公司开发了一种等温反应器，在反应器中插入许多列管，列管中装催化剂，管外用锅炉给水汽化带走热量。

北京航天万源煤化工工程技术有限公司通过将气气换热器内置于变换反应器中，变换反应产生的热量在产生之初就被换热管所吸收。在实际生产过程中，当反应稳定以后，床层的温度相对均匀。这种结构形式催化剂和换热管之间直接接触，而气体在催化剂表面反应以后，催化剂与气体温度均上升，这样换热管、催化剂及热气之间存在着三种换热形式：热对流、热传导和热辐射。这种结构形式提高了换热效率，降低了压降，可大幅减少换热面积，节省材料，并且换热器管束分散布置在催化反应装置中，能够直接与床层接触，使床层温度分布更为均匀，有利于对反应进程的监控和调节，是一种较为先进又可行的等温反应器。

第五节　操作及安全生产要点

一、变换炉的操作

1. 催化剂的填装、升温与还原

（1）催化剂的填装　无论何种催化剂，其装填的质量对于降低催化剂层阻力、提高变换率、延长催化剂使用寿命都有直接影响。装填前，应先将催化剂过筛，除去运输中产生的粉尘碎粒，使颗粒均匀，以减少生产时的阻力，并在炉内标记出催化剂要装填的高度。依据催化剂装填方案，在炉箅上铺好钢丝网和耐火球，然后自上而下分层进行装填。装填时，绝不能集中倾倒成堆，以免床层各部分松紧不一，影响生产中气流分布。装填人员进炉时，严禁踩踏催化剂，可站在临时木板上操作，装好后，用木板将表面刮平，再覆盖上一层铁丝网和耐火球，然后封上人孔和变换炉顶盖。

催化剂的升温还原操作对催化剂的活性和使用寿命影响很大，必须高度重视。在升温还原前，要根据催化剂类型和现场情况制定出合理的升温还原曲线，详细标明升温还原各阶段和升温速率，何时恒温及恒温时间长短等。

（2）催化剂的升温还原（具体升温还原方案由催化剂制造商提供）

以 B113 型中温变换催化剂为例，其升温还原控制指标见表 3-8。

表 3-8　B113 型中温变换催化剂升温还原控制指标

阶段	温度/℃	升温速率/(℃/h)	所需时间/h	阶段	温度/℃	升温速率/(℃/h)	所需时间/h
初期升温	常温～120	25	8	还原	250～350	10	10
恒温	120	—	4	恒温	350	10	4
升温	120～200	25～30	4	还原	350～420		8
恒温	200	—	4	恒温	420		4
升温	200～250	25～30	2	合计			48

以升温还原时间为横坐标，催化剂层温度为纵坐标制成的曲线图，称为催化剂的升温还原曲线。升温还原过程应严格按照升温还原曲线进行。催化剂温度升至 120℃进行恒温是为了使催化剂较好地脱除吸附水，以增加催化剂的机械强度。在 250℃和 350℃恒温是为了消除轴向和径向温差，使催化剂层温度均匀一致，并使催化剂内部结晶水释放出来。

升温还原方法现已普遍采用电炉加热法，升温还原分为空气升温、蒸汽升温置换和还原三个阶段。空气升温阶段是空气经过电炉加热后通入变换炉，使催化剂温度由常温升至 150℃。蒸汽升温阶段是蒸汽经电炉加热后通入变换炉，将催化剂层温度由 150℃升至 250～350℃，并同时进行系统置换，使氧含量降到 0.5%以下。当催化剂层温度达到 200℃进入还原阶段，可在蒸汽中慢慢配入半水煤气进行还原。

变换催化剂的还原反应是可逆放热反应，当催化剂层温度达到 200℃左右，还原反应即开始，这样可用还原反应热来提高催化剂层温度。但操作中要防止温度升得过快。当催化剂层各点温度均达到 300℃左右时，已达到催化剂活性温度，可逐渐提高煤气中一氧化碳含量，并加大蒸汽用量，利用变换反应热来提高催化剂层温度，同时，应根据温升情况降低电炉容量。当出现温度猛升时，应立即减少或切断半水煤气，同时加大蒸汽量降温。当变换炉出口气体中一氧化碳含量小于 3%，催化剂层热点温度（达 500℃）比较平稳时，还原结束，可转入正常生产。

催化剂升温还原过程应注意以下事项：升温还原过程应防止轴向温差过大，温差大于 100℃时应及时恒温；过热蒸汽必须在床层温度升到高于该压力下的露点温度 20℃以上才能使用。对于常压系统，则必须在催化剂层温度升高到 150℃以上时，才能使用过热蒸汽；升温气体的温度不准超过催化剂的最高允许温度。有纯氮气的大、中型氨厂，一般采用经过加热炉加热后的氮气升温，然后配入煤气进行还原。此法操作简单，催化剂还原度高，温度易于控制。

2．开、停车操作（以耐硫低温变换为例）

（1）原始开车步骤

① 开车前的准备工作　设备安装完毕后，按照规定的程序和方法进行检查、清扫吹净、气密试验、催化剂装填及系统置换。

② 催化剂升温硫化　根据不同型号催化剂的性质，制订出合理的升温硫化方案，可根据工厂具体情况，选择气体一次通过法或气体循环硫化法进行硫化。B303Q 型催化剂采用气体一次通过法硫化，其升温硫化控制指标见表 3-9。

表 3-9　BQ303Q 型催化剂硫化控制指标

阶　　段	时间/h	空速/h^{-1}	床层温度/℃	入炉 H_2S 含量/（g/m^3）	备　　注
升温期	8～10	200	160～180	—	先置换后升温
硫化初期	10～12	200	200～300	10～20	出口 H_2S>3g/m^3 为穿透
强化期	8～10	200	300～350	10～20	出口 H_2S>10g/m^3 或进出口
	8～10	200	350～430	20～40	CS_2 含量相近
降温置换期	4～8	200	—	—	出口 H_2S<0.5g/m^3

催化剂升温硫化分为升温期、硫化初期、强化期和降温置换期四个阶段。升温前要用干煤气对低变炉进行置换，使低变炉出口取样分析 O_2 含量小于 0.5% 为合格。开启电炉加热煤气升温。当催化剂床层升温至各点温度达到 180～200℃ 时，可加入 CS_2 转入硫化初期。

在硫化初期控制电炉出口温度 220～250℃，进催化剂床层的半水煤气中 H_2S 含量 10～20g/m^3（标），当催化剂床层各段出口 H_2S>3g/m^3（标），说明催化剂已穿透，可以进入强化期。在强化期，将电炉出口温度逐渐提高到 300～350℃，执行 8h，然后逐步提高电炉出口温度和 CS_2 配入量，使催化剂温度升到 350～430℃，维持 8h，当床层各点温度均达到 425℃，保持 4h 以上，同时尾气出口 H_2S 含量连续 3 次在 10g/m^3（标）以上可认为硫化结束。硫化结束后，逐渐加大半水煤气循环量降温，开大放空排硫（如果采用脱硫后半水煤气硫化，在 300℃ 以上时，需保持 CS_2 的继续加入，防止已硫化好的催化剂发生反硫化），当温度降至 300℃ 以下，分析出口 H_2S<1.0g/m^3（标）时，为排硫结束，可转入正常生产。

注意事项：

a．升温硫化过程，氧含量一定控制在 0.5% 以下。

b．床层温度控制以调节电炉功率、煤气量（空速）为主，适当改变 CS_2 的配入量。

c．床层温度暴涨，要及时采取断电、停 CS_2、加大气量等措施。

d．严禁蒸汽、油污进入系统。

e．CS_2 易燃易爆，注意安全，防止放空着火。

（2）短期停车后的开车　若停车时间短，温度仍在催化剂活性温度范围，可直接开车。否则，打开电炉用干煤气升温，在低变炉入口处放空，待温度升至正常（至少高于露点温度）后投入运行，或用热变换气进行升温后投入系统。低变炉并入前，开进、出口管道导淋阀，排净管道内积水。待中变炉调整稳定，且低变炉入口变换气温度到达该压力下的露点温度 30℃ 以上时，硫化氢含量符合指标要求后，开副线阀进行充压。待低变压力充至与前系统一样后，开低变炉进出口阀，将低变炉并入系统，调整适当的汽气比，用副线阀将炉温调整到指标之内，逐渐加大生产负荷，转入正常生产。

（3）长期停车后开车　催化剂床层温度降到活性温度以下，需重新进行升温，升温方法与催化剂升温硫化相同。当催化剂升至活性温度时停止升温，其余步骤与短期停车后的开车相同。

（4）短期停车　关闭低变系统进出口阀、导淋阀、取样阀，保温、保压。如床层温度下降，系统压力亦应降低，保证床层温度高于露点30℃；当温度降至120℃前，压力必须降至常压，然后以煤气、变换气或保存在钢瓶内的精炼气保持正压，严防空气进入。紧急停车同短期停车，关闭系统进出口阀、副线阀、导淋阀、取样阀，保持温度和压力，注意热水塔液位，以免液位过高倒入低变炉。

（5）长期停车　在系统停车前，将低变炉压力以0.2MPa/min的速率降至常压，并以干煤气或氮气将催化剂床层温度降至小于40℃，降温速率为30℃/h，关闭低变进出口阀及所有测压、分析取样点，并加盲板，把低变炉与系统隔开。并用氧含量小于0.5%的惰性气体（煤气、变换气或氮气）保持炉内微正压（100~200Pa），严禁空气进入炉内。

必须检查催化剂床层时，先以氮气（$O_2<0.1\%$）置换后，仅能打开人孔，避免产生气体对流使空气进入催化剂产生烟囱效应。

卸催化剂时，用干煤气将低变炉降至常温常压，并以N_2吹扫床层。打开卸料孔，将催化剂卸入塑料袋或桶内封存，24h内再装填，可不硫化直接并气运行。

3．正常操作

（1）中温变换的正常操作　中温变换的正常操作主要是将催化剂层温度控制在适宜的范围内，以便充分发挥催化剂的活性，提高设备的生产能力和一氧化碳的变换率，同时尽量降低水蒸气消耗。

催化剂床层温度的变化可以根据"灵敏点"温度的升降来判断，一般以催化剂床层第一层的第一个测量温度即零米温度进行判断。催化剂层入口温度必须达到催化剂的活性温度以上，入口温度高，则上层温度的利用充分，催化剂层入口温度变化影响着整个催化剂温度的变化，所以操作总是经常注意催化剂入口温度变化，以这点温度作为操作依据，可以及时发现催化剂温度变化趋势以作预见性的处理，以维持热点温度的稳定。催化剂温度指标的控制则以"热点"为准，而"热点"则是催化剂床层温度最高点。

在实际生产中，影响催化剂层温度变化的主要因素有以下几个方面。系统负荷变化，即进入变换系统的煤气量发生变化，气量增加，反应热增加，催化剂床层的温度升高。气体成分变化，半水煤气中一氧化碳、硫化氢、氧含量变化均会造成炉温的变化。一氧化碳含量升高，参加反应的一氧化碳增多，放热量增加，导致床层温度上升；硫化氢含量高时会使催化剂中毒，一氧化碳反应量减少，温度下降；氧含量增大，催化剂将被剧烈氧化放出大量热量，使催化剂温度猛增，严重时会烧坏催化剂。蒸汽压力或变换系统压力发生变化时，进入变换系统的蒸汽量也会发生变化，从而影响催化剂层温度。

上述各种原因导致催化剂床层温度发生波动时，在以往的操作习惯中，调温的手段主要是调节蒸汽用量，用蒸汽作载热体把过多的热量移走。但过多加入蒸汽，不仅消耗定额增加，而且加大蒸汽设备的负荷，热能利用率下降，不利于节能。因此，现在多使用副线调节床层温度，尽量少用蒸汽，使蒸汽消耗降到最低。

在控制炉温时，必须细心观察催化剂床层温度变化，正确分析原因，精心调节，注意参照"灵敏点"预见炉温的变化趋势，及时采取调节措施，使床层温度波动控制在指标范围内。

（2）耐硫低温变换正常操作　主要是控制好催化剂床层温度，防止催化剂反硫化，防止催化剂的污染。操作中应注意以下几点。

① 控制好催化剂床层温度。控制在其活性温度范围。低变催化剂床层温度应控制在其活性温度范围内，不能超温，床层入口温度比气体露点温度高30℃。

尽量控制在操作温度的下限。在全低变流程和中-低-低流程中，各段床层温度应从上而下降低，最后一段床层入口温度应尽量控制在操作温度的下限。

低变催化剂使用初期床层温度应尽量控制在低限，以后逐步提高，一般每年提温不超过 10℃。

床层操作温度波动范围不要超过±5℃/h。

② 控制适当的汽气比和 H_2S 含量。防止出现反硫化反应，根据低变催化剂的操作温度，在保证所需的变换率的前提下，控制尽量低的汽气比；气体中 H_2S 含量也应控制在满足操作条件需要的最低限。

③ 严格控制进入低变催化剂床层工艺气体中的氧含量。氧不能超过 0.5%，特别是全低变流程，如因氧含量过高引起床层温度上涨时，应开大半水煤气副线或通过减量来降低炉温，且不能用加大蒸汽量的方法来降温。由于低变催化剂活性好，加大蒸汽量反而会使变换反应剧烈，炉温严重超温，引起反硫化。

④ 保证工艺气体干净清洁。进入低变炉的工艺气体应干净清洁，不能夹带中变催化剂的粉尘和其他杂质，特别是全低变流程。严禁油类物质进入低变炉。

⑤ 严禁带水入炉。水进入催化剂床层后，不但造成催化剂水溶性组分流失，而且水溶性组分在催化剂颗粒间进行粘接形成"桥梁"，增大床层阻力。

⑥ 加减量时要缓慢，防止炉温波动过大，大幅减量或临时停车时，应立即相应地减少蒸汽进入量，甚至切断蒸汽，防止在短期内汽气比过高引起反硫化反应，导致催化剂失去活性。

4. 异常现象及处理

以中温变换生产为例，对生产中的异常现象的处理方法说明如表 3-10 所示。

表 3-10 异常现象及处理

序号	异常现象	常见原因	处理方法
1	催化剂层温度急剧上升	(1) 半水煤气中一氧化碳或氧含量升高； (2) 蒸汽加入量少； (3) 热水泵跳闸或抽空； (4) 煤气副线开启度小； (5) 罗茨鼓风机和压缩机抽负，将空气吸入系统	(1) 如一氧化碳升高，可加大蒸汽用量，开大煤气副线，或减负荷生产；如氧含量超过 1.0%，应采取紧急措施，迅速联系减量，同时加大蒸汽降温； (2) 测定蒸汽比例，适当加大蒸汽用量； (3) 检查热水泵，开启备用泵； (4) 调整煤气副线； (5) 与脱硫和压缩工段联系，防止罗茨鼓风机抽负
2	催化剂层温度下降	(1) 蒸汽或冷激水添加过多； (2) 蒸汽中带水； (3) 热水泵出口阀开启过大，造成饱和塔液位过高，湿半水煤气温度下降带水进入热交换器，使催化剂层入口处温度下降； (4) 系统负荷减轻或半水煤气中一氧化碳含量下降，反应热减少； (5) 煤气副线阀开启过大； (6) 饱和塔假液位串气，半水煤气串入变换炉气中，造成一氧化碳超标	(1) 适当减少蒸汽及冷激水添加量； (2) 减少蒸汽用量，打开蒸汽混合器排污阀，放出积水； (3) 关小热水泵出口阀，调节热水循环量； (4) 联系前工段，正常调节半水煤气量； (5) 适当关小煤气副线阀； (6) 查验饱和塔液位
3	变换气中一氧化碳含量突然升高	(1) 蒸汽用量少； (2) 饱和塔液位低，半水煤气走短路； (3) 热水泵抽空； (4) 热交换器内漏	(1) 适当加大蒸汽用量； (2) 适当提高饱和塔液位； (3) 加大蒸汽用量，并倒泵处理； (4) 停车更换热交换器

续表

序号	异常现象	常见原因	处理方法
4	变换系统压差大	(1) 设备堵塞; (2) 催化剂表面结块或粉化; (3) 饱和塔、热水塔或冷凝塔液位过高; (4) 蒸汽带水或系统内积水	(1) 停车处理疏通; (2) 停车过筛或局部调换催化剂; (3) 适当降低有关塔液位; (4) 排净系统积水
5	热水泵打不上液位	(1) 进口管堵塞; (2) 热水塔产生假液位或液位低; (3) 泵内带气; (4) 电机反转; (5) 泵叶轮脱落	(1) 倒泵疏通进口管; (2) 检查处理假液位,或提高液位; (3) 关闭泵出口阀排气; (4) 倒泵联系电工处理; (5) 停泵检修

二、安全生产要点

半水煤气经过变换之后,气体中氢气含量显著增加,变换气的爆炸极限为 $6.55\% \sim 80.64\%$,因此,变换岗位的火灾爆炸危险性较大。

1. 变换岗位常见事故

常见事故有热交换器或变换炉的物理爆炸,如停车不当,引起蒸汽倒入而发生憋压爆炸;升温时罗茨鼓风机的爆炸;催化剂还原时烧毁和变换炉炉体烧毁;停车时未保护好催化剂,致使进入空气而烧毁催化剂;热水塔液位抽空,导致煤气未经变换反应,直接进入后工序以及变换炉抽加盲板时引起中毒和着火事故等。

2. 变换岗位安全操作

变换岗位在操作上要重点掌握几个环节,即催化剂的升温还原操作,催化剂的氧化降温操作,停车时通氮气对催化剂的保护和热水塔、饱和塔的液位控制。

(1) 升温还原　在还原初期,要控制好 CO 和 H_2 的含量,使反应缓慢进行,以防其过量使反应剧烈,造成催化剂局部过热,甚至使操作无法控制而烧毁催化剂,烧坏变换炉。还原末期要控制氧含量,以防产生剧烈的氧化反应,烧毁催化剂。

(2) 氧化降温　变换炉里的催化剂在正常生产时是以 Fe_3O_4 的状态存在的,当温度超过 $60℃$ 时,Fe_3O_4 与空气中的氧能剧烈反应,放出大量的热,能使催化剂熔融成块,甚至将变换炉烧毁。因此,在长期停车之前,应彻底将催化剂进行氧化处理,使之成为稳定的 Fe_2O_3。这一过程为催化剂的钝化。

在氧化降温操作时,要控制好空气添加量,以免空气量过大,氧化反应剧烈导致事故。当出入口氧含量趋于相等,分析出口氧含量 20% 左右时,温度稳定,并持续 $3 \sim 4h$,无异常变化,可以认为氧化操作结束。切不可操之过急,否则氧化不完全,打开炉盖后,大量空气进入,也会由于剧烈的氧化反应而烧坏设备。当催化剂层温度下降到 $60℃$ 以下,降温即告结束,可打开炉盖卸催化剂。在操作时还要仔细检查各阀门的开关情况,防止空气阀门打开而放空阀门不打开,或蒸汽阀门打开而放空阀门不打开,造成憋压而发生物理爆炸。

(3) 停车检修时催化剂的保护　系统需要短期停车检修时,变换炉保持微正压,通氮气保护。进出口处插盲板。

(4) 饱和热水塔的液位控制　正常生产时,各塔的液面要勤检查并控制稳定。如液面过低或热水泵自动停车未及时发现,由于无液面,饱和塔中的煤气会直接通过热水塔而串到后工序,影响后工序而造成全厂停车。生产上应安装热水泵停车及塔液位高低限报警信号,预防事故发生。

当热水塔的液位控制过高时，热水会沿着变换气管道流入热交换器或变换炉中，不仅毁坏整炉催化剂，更为严重的是，由于 $80\sim140℃$ 的水在 $300\sim500℃$ 时的高温下瞬间大量汽化，使设备内压力猛增，当超过设备的强度时，便造成物理爆炸。因此要调节好饱和塔和热水塔液位，按时排放蒸汽缓冲器和各换热器排污阀。

3．有毒有害及可燃气体

由于生产本身具有的特点，决定了其生产过程中存在着一些固有的潜在危险。例如：容易着火、容易发生爆炸事故、灼伤、中毒等。主要有害、有毒物质为 CH_4、CO、H_2、H_2S 等。

变换生产中，有一些物质（如 CO、H_2S 等）触及人的皮肤、黏膜或微量吸入时，将给以不同程度的刺激甚至损害，若进入人的机体并累积达一定量后，经物理-化学作用，会扰乱或破坏机体的正常生理机能，使某些器官和组织发生暂时性或持久性病变，导致急性中毒或慢性中毒，甚至导致死亡。

（1）一氧化碳　一氧化碳是无色无臭的气体，相对密度 0.967，爆炸下限 12.5%，上限 74.2%，遇明火会发生爆炸。一氧化碳在水中与血红蛋白结合，造成组织缺氧，吸入高浓度的一氧化碳后可发生头痛、头晕、心悸、昏迷等。

（2）硫化氢　硫化氢为无色可燃气体，有恶臭味，爆炸下限 4%，爆炸上限 46%，遇热、明火或氧化剂易着火。吸入后可出现流泪、咽痛、眼内有异物感、咽喉部有灼热感，头痛，头晕，重者可出现脑水肿。

（3）氢气　氢气为无色、无臭、无毒的可燃气体，大量气态氢通过置换空气中的氧而引起窒息，氢生产、使用和贮存的最大危险是容易点燃和爆炸，氢的爆炸极限为 $4.0\%\sim74.2\%$。

（4）甲烷　甲烷是无色可燃气体，在空气中爆炸极限为 $5\%\sim15\%$，在氧气中为 $5.1\%\sim61\%$。

综合训练项目二　变换催化剂升温还原方案的编制

（一）项目目的

要求学生学完本章后，能够根据工厂实际工艺条件和工艺流程，编制变换催化剂升温还原方案，提高学生的实际操作能力。

（二）项目内容

中变催化剂或低变催化剂任选一种。

1．以升温还原时间为横坐标，催化剂床层温度为纵坐标，画出升温还原曲线图。

2．画出升温还原操作表格，详细表明升温还原的阶段和升温速率，何时恒温及恒温时间长短等。

3．写出升温还原操作步骤。

（三）项目实施要求

1．项目小组的建立

每个项目小组一般由 $4\sim8$ 人组成，设组长 1 名，副组长 1 名。

2．文献资料查阅

通过查阅文献资料，全面了解我国变换催化剂的现状；同时研究国内外变换技术的现状及发展趋势。在掌握详实资料的基础上，在本省（自治区、直辖市）及周边地区选择一种较常用的工艺路线及变换催化剂作为编制项目的对象。

3．实习与调研

在确定了某种变换催化剂作为编制对象后，要到合成氨生产企业进行实习，掌握该种变换催化剂的升温还原操作技术，搜集相关资料及数据。

4．在以上工作的基础上，编制变换催化剂升温还原方案。

（四）参考实例

中变催化剂升温还原方案，以 B113 型中温变换催化剂为例。

1．升温还原的准备

（1）开启冷凝塔放空阀，关闭冷凝塔气体出口阀，启动冷却水泵，调节好冷凝塔液位；

（2）关闭蒸汽阀、冷凝煤气阀和各设备的放空阀、排污阀及导淋阀；

（3）向饱和热水塔内加软水至正常液位；

（4）检查电感应炉的绝缘电阻值及电器、仪表等，应符合要求，与压缩工段联系，做好送空气准备。

2．升温还原操作

（1）升温还原操作指标

阶段	时间/h	累计时间/h	热点温度/℃	升温速率/(℃/h)	升温介质	备注
升温	6	6	室温~120	15~20	空气	
恒温	4	10	120	0	空气	
升温	7	17	120~240	15~20	蒸汽	室温按 15℃
升温	7	24	240~350	13~17	蒸汽	计分段恒温
恒温	4	28	350	0	蒸汽	
还原	10	38	350~480	16~20	蒸汽、半水煤气	

（2）升温还原操作

a．室温~120℃升温阶段。与压缩工段联系送空气，空气首先进入饱和塔，经热交换器、电感应炉加热后进入变换炉，再按气体流程至冷凝塔放空管放空。空气量逐渐增加，使催化剂层温度从室温平稳上升至 120℃，升温速率为 15~20℃/h，在升温过程中催化剂层所逸出的水蒸气被热气流带走。

b．120℃恒温阶段。空气升温阶段结束后，恒温 4h，以蒸发催化剂层中的水分，缩小催化剂层的各点温差。

c．120~240℃升温阶段。120℃恒温阶段结束后，升温介质逐渐由空气改为蒸汽。蒸汽由饱和塔气体出口管加入，蒸汽量逐渐增加，而空气量逐渐减少，直至切断，全部改用蒸汽，升温至 240℃。升温速率为 15~20℃/h。

d．240~350℃升温阶段。继续用蒸汽升温至 350℃，升温速率为 13~17℃/h。

e．350℃恒温阶段。蒸汽升温阶段结束后，恒温 4h，以使催化剂层的各点温度尽量趋近。

f．350~480℃还原阶段。350℃恒温阶段结束后，与压缩工段联系，送脱硫后的半水煤气，同时添加适量的蒸汽，进行还原。半水煤气量逐渐增加，并及时调节水气比，使催化剂层温度平稳上升至 480℃，升温速率为 16~20℃/h。与此同时，逐渐切断电感应炉。一旦出现温度猛升现象时，应立即减少或切断半水煤气，同时加大蒸汽量降温。当半水煤气中的一氧化碳含量大于 15%，变换炉出口气体中一氧化碳含量小于 3.5%，催化剂层温度比较平稳时，还原结束，可转入正常生产。

g．按时填写操作记录表，并绘制成实际升温还原曲线图。

3．升温还原操作的注意事项

（1）升温还原过程应防止温差过大，温差大于 100℃时应及时恒温。

（2）过热蒸汽必须在床层温度升到比该压力下的露点温度高 20℃ 以上才能使用。对于常压系统，则必须在床层温度升高到 150℃ 以上时，才可使用过热蒸汽。

（3）升温气体的温度不准超过催化剂的最高允许温度。

（4）整个升温还原过程中，应每 0.5h 将各处导淋排放一次。

（5）配入半水煤气还原时，要增加分析次数，控制氧含量、一氧化碳含量，以防催化剂超温。

（6）到达还原终点时，提压要缓慢，以防温度急剧上升。

（7）催化剂还原时应做到"三低二高"，即低一氧化碳含量、低氧含量、低温，高空速、高汽气比。脱硫后半水煤气中氧含量要小于 0.5%。半水煤气量要由小到大逐渐增加，半水煤气中一氧化碳含量由 0.5%，1%，2%，…依次慢慢增加，同时相应增加蒸汽量。

（8）电加热器送电前应先送空气，遇到紧急事故应先切断电加热器电源。电加热器出口气体温度不能超过 400℃。

基本训练题

1. 影响一氧化碳平衡变换率的因素有哪些，如何影响？

2. 一氧化碳变换反应为什么存在最适宜温度？最适宜温度随变换过程进行是如何变化的？如何根据温度的变化设计变换炉的结构？

3. 简述变化工艺的种类及特点。

4. 分析中温变换与低温变换的操作条件差异。

5. 一氧化碳变换能耗高低的主要标志是什么？如何减少外加蒸汽用量？

6. 叙述变换催化剂的种类、组分及特点。

7. 分析变换气中一氧化碳含量增高的原因，提出处理方法。

8. 叙述全低变工艺流程。

9. 中变催化剂为什么要进行升温还原？升温还原前要做哪些准备工作？

10. 解释 Co-Mo 耐硫催化剂反硫化现象。工艺上如何避免？

11. 变换工艺的工艺条件主要考虑哪些？变换反应器的机构如何分类？

12. 进变换炉的半水煤气中 CO 含量为 29%，变换气中 CO 含量为 2.5%，求变换率。

能力训练题

任务一 通过调研及查阅资料，对本省（自治区、直辖市）及全国合成氨生产变换工艺等情况进行了解，写一篇本地区及我国合成氨生产变换工艺展望的综述报告。

任务二 根据图 3-4，试编写变换工序操作规程。

第四章 二氧化碳的脱除

能力与素质目标

1. 能根据脱碳的基本原理正确识别脱碳的方法；
2. 能根据工艺要求和二氧化碳的需求量正确选择脱碳路线；
3. 能根据工艺条件优化原料气脱碳工艺过程；
4. 能按生产操作规程操作和分析判断脱碳操作过程中出现的常见事故，并能进行分析处理；
5. 具有化工生产职业基本素质、道德、科学态度和严谨的工作作风；
6. 具有劳动保护、安全生产、节能减排和环境保护意识。

知识目标

1. 掌握典型的原料气脱碳方法、工艺条件的选择、工艺流程的组织原则及主要设备的结构与作用；
2. 掌握典型脱碳方法的基本原理，能够对工艺条件的选择进行分析；
3. 掌握脱碳方法中吸收剂的组成与再生原理；
4. 掌握典型脱碳方法的生产操作技能；
5. 了解原料气的脱碳在合成氨生产中的意义。

合成氨原料气经变换后都含有相当数量的二氧化碳，在合成之前必须清洗干净。此外，二氧化碳又是生产尿素、碳酸氢铵和纯碱的重要原料，应加以回收利用。

工业上常用的脱除二氧化碳方法为溶液吸收法。一类是循环吸收法，即溶液吸收二氧化碳后在再生塔解析出纯态的二氧化碳，再生后的溶液循环使用；另一类是联合吸收法，将吸收二氧化碳与生产产品联合起来同时进行，例如碳铵、联碱的生产过程。

循环吸收法根据吸收原理的不同，可分为物理、化学和物理化学吸收法三种。化学吸收法大多是用碱性溶液为吸收剂中和酸性气体 CO_2，采用加热再生，释放出溶液中的 CO_2，常用的方法有氨水法、改良热钾碱法（如本菲尔特法）等。物理吸收法一般用水和有机溶剂为吸收剂，利用 CO_2 比 H_2、N_2 在吸收剂中溶解度大的特性而除去 CO_2，再生依靠简单的闪蒸解吸和气提放出 CO_2，常用的方法有加压水洗法、低温甲醇法、聚乙二醇二甲醚法（NHD 法）等。物理化学吸收法兼有物理吸收和化学吸收的特点，有环丁砜法、甲基二乙醇胺法（MDEA 法）等。MDEA 法已在世界上几十个大型氨厂使用。

近年来，变压吸附法（PSA 法）在我国许多厂得到推广使用。变压吸附技术是利用固体吸附剂在加压下吸附 CO_2，使气体得到净化，吸附剂再生，使减压脱附析出 CO_2。PSA 法一般在常温下进行，能耗低，操作简便，对环境无污染。本法还可用于分离提纯 H_2、N_2、CH_4 和 CO 等气体。我国已有国产化 PSA 装置，其规模和技术均达到国际先进水平。

第一节 低温甲醇洗法

甲醇是吸收二氧化碳、硫化氢、硫氧化碳等极性气体的良好溶剂，尤其在低温下。当温度从 20℃降至-40℃时，二氧化碳的溶解度约增加六倍。

低温甲醇洗除了具有良好的选择性外，还具有以下特点：

① 气体净化度高。净化气中总硫含量的体积分数在 0.1×10^{-6} 以下，二氧化碳的体积分数可达到 10×10^{-6} 以下。低温甲醇洗适于对硫含量有严格要求的化工生产过程。

② 甲醇的热稳定性和化学稳定性好，甲醇不会被有机硫、氰化物所降解。在生产操作中甲醇不起泡，纯甲醇也不腐蚀设备管道，因此，设备可以用碳钢和耐低温的低合金钢制造。甲醇的黏度小，在-30℃时与常温水的黏度相当。

③ 低温甲醇洗可以串液氮洗涤，是冷法净化流程的较佳选择。低温甲醇洗的操作温度为-30～-70℃，而液氮洗涤温度在-190℃左右，因此，低温甲醇洗既能净化气体，又能为液氮提供条件，起到预冷的作用。

一、基本原理

1. 甲醇的性质

甲醇的结构式为 CH_3OH，相对分子质量为 32，是一种无色、易发挥、易燃的液体。凝固点-97.8℃、沸点64.7℃，它能与水以任何比例混溶。甲醇有毒，人服 10mL 能使双目失明，服 30mL 可致死亡。在空气中的允许浓度为 $50mg/m^3$。甲醇是一种具有极性的有机溶剂，化学性质稳定，不变质，不腐蚀设备。

2. 吸收原理

根据二氧化碳、硫化氢、硫氧化碳等酸性气体在甲醇中有较大的溶解度，而氢气、氮气、一氧化碳在其中的溶解度很小而吸收。因而用甲醇吸收原料气中的 CO_2、H_2S 等酸性气体，而 H_2、N_2 的损失很小。

不同气体在甲醇中的溶解度如图 4-1 所示。

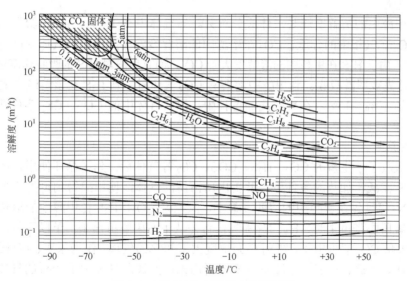

图 4-1　不同气体在甲醇中的溶解度

1atm=101325Pa

随着温度的降低，CO_2、H_2S 等气体在甲醇中的溶解度增大，而 H_2、N_2 变化不大。因此，此法易在较低温度下操作。H_2S 在甲醇中的溶解度比 CO_2 更大，所以用甲醇脱除 CO_2 的同时也能把气体中的 H_2S 一并脱除掉。

CO_2 在甲醇中的溶解度还与吸收压力有关，不同温度和压力下 CO_2 在甲醇中的溶解度如表 4-1 所示。

表 4-1　不同温度和压力下 CO_2 在甲醇中的溶解度/（cm^3CO_2/g 甲醇）

$p(CO_2)$/MPa	温度/℃			
	−26	−36	−45	−60
0.101	17.6	23.7	35.9	68.0
0.203	36.2	49.8	72.6	159.0
0.304	55.0	77.4	117.0	321.4
0.405	77.0	113.0	174.0	960.7
0.507	106.0	150.0	250.0	
0.608	127.0	201.0	362.0	
0.709	155.0	262.0	570.0	
0.831	192.0	355.0		
0.912	223.0	444.0		
1.013	268.0	610.0		
1.165	343.0			
1.216	385.0			
1.317	468.0			
1.418	617.0			
1.520	1142.0			

由表可知：压力升高，CO_2 在甲醇中的溶解度增大，而温度对 CO_2 溶解度的影响更大，尤其是当温度低于−30℃时，溶解度随温度降低而急剧增大。因此，用甲醇吸收 CO_2 宜在高压和低温下进行。

CO_2 在甲醇中的溶解度还与气体成分有关。当气体中有 H_2 时，由于总压一定，H_2 的存在会降低 CO_2 在气相中的分压，CO_2 在甲醇中的溶解度将会降低。当气体中同时含有 H_2S、CO_2 和 H_2 时，由于 H_2S 在甲醇中的溶解度大于 CO_2，而且甲醇对 H_2S 的吸收速度远大于 CO_2，所以，H_2S 首先被甲醇吸收。当甲醇中溶解有 CO_2 气体时，则 H_2S 在该溶液中的溶解度比在纯甲醇中降低 10%～15%。在甲醇洗的过程中，原料气体中的 COS、CS_2 等有机硫化物也能被脱除。

3．再生原理

甲醇在吸收了一定量的 CO_2、H_2S、COS、CS_2 等气体后，为了循环使用，使甲醇溶液得到再生，通常在减压加热的条件下，解析出所溶解的气体，使甲醇得到再生。由于在一定条件下，H_2、N_2 等气体在甲醇中的溶解度最小，其次是 CO_2，H_2S 在甲醇中的溶解度最大，所以采用分级减压膨胀再生时，H_2、N_2 等气体首先从甲醇中解析出来，予以回收，然后控制再生压力，使大量 CO_2 解析出来，得到 CO_2 浓度大于 98% 的气体，作为尿素、纯碱的生产原料，最后再用减压、气提、蒸馏等方法使 H_2S 解析出来，得到含 H_2S 大于 25% 的气体，送往硫黄回收工序，予以回收。

再生的另一种方法是用 N_2 气提，使溶于甲醇中的 CO_2 解析出来，气提量越大，操作温度越高或压力越低，溶液的再生效果越好。

二、工艺条件选择

1．温度

甲醇的蒸气分压和温度的关系如表 4-2 所示。由表可见，常温下甲醇的蒸气分压很大。为了减少操作中甲醇损失，宜采用低温吸收。由表 4-2 可知，温度降低，CO_2 在甲醇中的溶解度增大，低温还可减少甲醇的损失。在生产中，吸收温度一般为$-20\sim-70℃$。

表4-2　甲醇的蒸气分压和温度的关系

温度/℃	蒸气压/kPa	温度/℃	蒸气压/kPa	温度/℃	蒸气压/kPa
64.7	101.33	130	832.18	200	3959.78
70	123.62	140	1077.08	210	4765.31
80	178.74	150	1374.98	220	5692.44
90	252.71	160	1733.67	230	6755.34
100	349.77	170	2162.28	235	7343.02
110	475.01	180	2669.91	240.0	7971.24
120	633.79	190	3265.70		

由于CO_2等气体在甲醇中的溶解热很大，在吸收过程中溶液温度不断升高，使吸收能力下降。为了维持吸收塔的操作温度，在吸收大量CO_2部位设有一冷却器降温，或将甲醇溶液引出塔外冷却。

2. 压力

提高操作压力可使气相中 H_2S、CO_2 等酸性气体分压增大，增加吸收的推动力，从而减少吸收设备的尺寸，提高气体的净化度，同时也可增大溶剂的吸收能力，减少溶液循环量。但是，若压力过高会使受压设备投资增加，使有用气体组分 H_2、N_2 等的溶解损失也增加。具体采用多高压力，主要由原料气的组成、所要求的气体净化度以及前后工序的压力等来决定。

目前低温甲醇洗涤法的操作压力一般为$2\sim8MPa$。

3. 吸收塔液气比 L/G

吸收塔的溶液量 L 与进塔气体总量 G 之比，称为液气比 L/G，与温度、压力以及吸收动力学有关。当吸收前吸收液中不含溶质时，有以下计算式：

$$L/G = \frac{Y_1 - Y_2}{(1 - Y_2)\varphi HY_1 p} = \frac{1}{\varphi Hp}$$

式中　Y_1、Y_2——分别为吸收前、后混合气体中被吸收组分的摩尔分数；

$\qquad p$——塔底操作压力，MPa；

$\qquad H$——被吸收组分的溶解度系数，$kmol/(m^3\cdot MPa)$；

$\qquad \varphi$——溶剂中气体的饱和度；

$\qquad L/G$——液气比，$m^3/kmol$。

可见，降低吸收塔的进液量可降低能耗，须提高吸收压力，降低吸收温度以增大溶解度系数，并采用高效的传质设备。

液气比应在满足净化气体指标的前提下，尽量维持较低值。液气比太大，吸收负荷下移，会导致塔内温度分布失常，影响到有关换热器的热负荷分配，而且会使溶液中待脱除组分的含量降低，进而影响二氧化碳的解吸过程。

4. 净化气中有害组分的含量

吸收净化后的气体中有害组分的浓度不仅取决于操作温度和压力，还与进塔溶液的再生度，即再生后溶液中有害组分的残留量有关。溶液的再生愈彻底，净化度愈高。一般经低温甲醇洗涤后，要求净化气中的$CO_2<20cm^3/m^3$，$H_2S<1cm^3/m^3$。

三、工艺流程

低温甲醇法流程有两大类型：一种是适用于单独脱除气体中的 CO_2，或处理只含有少量 H_2S 的气体；另一种是适用于同时脱除含 CO_2 和 H_2S 的原料气，再生时可分别得到高浓度的 CO_2 和 H_2S。

1. 低温甲醇洗涤法脱除 CO_2 的工艺流程

如图 4-2 所示。本流程吸收塔分为上下两段，在下段脱除大量 CO_2，上段主要提高气体的净化度，进行精脱碳。

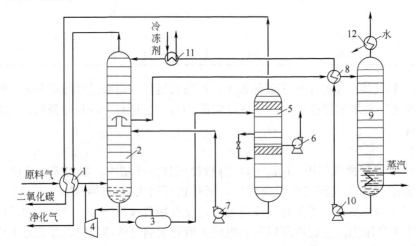

图 4-2　低温甲醇洗涤法脱除 CO_2 的工艺流程

1—原料气预冷器；2—吸收塔；3—闪蒸器；4—压缩机；5—再生塔；6—真空泵；
7—半贫液泵；8—换热器；9—蒸馏塔；10—贫液泵；11—冷却器；12—水冷器

压力为 2.5MPa 的原料气在预冷器 1 中被净化气和 CO_2 气冷却到−20℃后进入吸收塔 2 下部，与从吸收塔中部加入的半贫液甲醇逆流接触，大量的 CO_2 被吸收。为了提高气体的净化度，气体进入吸收塔上部，与从塔顶喷淋下来的贫液甲醇逆流接触，脱除原料气中剩余的 CO_2，净化气从吸收塔顶引出在原料气预冷器与原料气换热后去下一工序。

由于 CO_2 在甲醇中溶解时放热，从吸收塔底部排出的富液甲醇液温度升高到−20℃，送入闪蒸器 3，解吸出所吸收的氢氮气，经压缩机 4 压缩后回原料气总管。甲醇液由闪蒸槽进入再生塔 5，经两级减压再生。第一级在常压下再生，再生气中 CO_2 的浓度在 98%以上，经原料气预冷器与原料气换热后去尿素工序；第二级在真空度为 20kPa 下再生，可将吸收的大部分 CO_2 放出，得到半贫液。由于 CO_2 从甲醇液中解吸吸热，半贫液的温度降到−75℃，经半贫液泵 7 加压后送入吸收塔中部，循环使用。

从上塔底排出的富液甲醇与蒸馏后的贫液经换热器 8 换热后进入蒸馏塔 9，在蒸汽加热的条件下进行蒸馏再生。再生后的贫液甲醇从蒸馏塔底部排出，温度为 65℃，经贫液泵 10 加压后经换热器、冷却器 11 被冷却到−60℃以后，送到吸收塔顶部循环使用。蒸馏塔顶部出来的气体经水冷器 12 冷却后回收。

2. 同时脱除 H_2S 和 CO_2 的低温甲醇法流程

若采用造气→高温耐硫变换→脱硫脱碳工艺时，低温甲醇洗能同时脱除原料气中的 H_2S 和 CO_2，工艺流程如图 4-3 所示。净化气中二氧化碳的含量小于 $20cm^3/m^3$，硫化氢的含量小于 $1cm^3/m^3$，可省去脱硫工序。富液经解吸后可得到纯度大于 98%的二氧化碳，作为生产尿素的原料，并且可以解吸出硫化物，送往克劳斯硫黄回收工序副产硫黄。

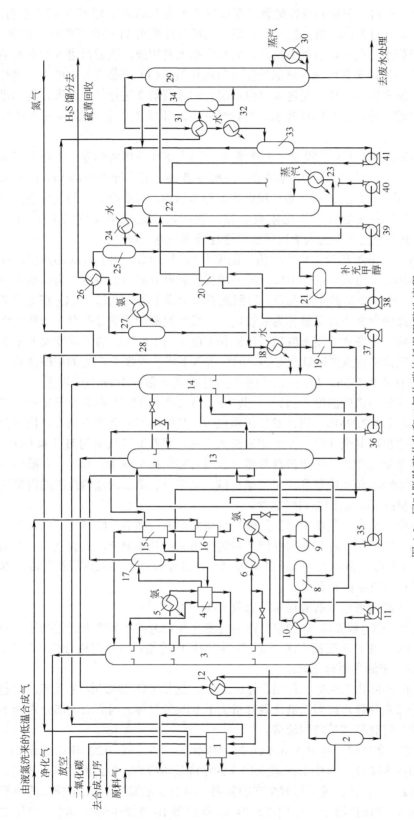

图 4-3 同时脱除硫化物和二氧化碳的低温甲醇洗流程

1—原料气换热器；2, 17, 25, 28, 33, 34—分离器；3—洗涤塔；4—中间冷却器；5, 7, 27—氨冷器；6, 12—甲醇冷却器；8—第一闪蒸槽；9—第二闪蒸槽；10, 15, 16—换热器；11—压缩机；13—CO₂解吸塔；14—H₂S浓缩塔；18, 32—水冷却器；19, 20—贫甲醇冷却器；21—甲醇蒸出塔冷凝器；22—甲醇再生塔；23—再沸器；24, 31—回流冷却器；26—H₂S馏分冷却器；29—甲醇蒸馏塔；30—甲醇蒸馏塔在沸器；35～41—甲醇泵

（1）原料气的预冷　来自一氧化碳变换装置的原料气压力为 7.8MPa，温度为 40℃ 左右，含 CO_2 34%、H_2S 0.24%、CO 2.1%、H_2 62.5%，与来自循环气压缩机 11 的循环气进行混合。为了防止原料气中的饱和水分在冷却过程中结冰，向其中喷入贫甲醇，然后再进入原料换热器 1 与出系统的及来自液氮洗装置的三种低温物流（气提尾气、CO_2 产品气和合成气）进行换热而被冷却，甲醇水混合物与气体一起进入甲醇水混合物分离器 2 进行气液分离，气体进入洗涤塔 3 作进一步处理。分离下来的甲醇水混合物经回流冷却器 31、分离器 34 进入甲醇蒸馏塔 29。

（2）酸性气体（CO_2、H_2S 等）的吸收　洗涤塔 3 分为上塔和下塔两部分，上塔又可分为上、中、下三段。来自贫液泵 38 的贫甲醇溶液，经水冷器 18、贫甲醇冷却器 19、冷却器 16 和 15 一次冷却到 -57℃，由洗涤上塔上段（精洗段）加入塔内，与塔内上升的气体逆流接触，气体中尚残存的少量硫化氢和二氧化碳被吸收，使出塔净化气中 $CO_2 < 20cm^3/m^3$，$H_2S < 1cm^3/m^3$，达到要求的净化气由洗涤塔顶排出后送往液氮洗涤工段。

溶液吸收酸性气体后，溶解热使上段甲醇溶液温度升高到 -20℃，由上段底部抽出，经中间冷却器 4 降温至 -40℃，进入上塔的中段。经中段吸收温度升高后的溶液，再次从中段底部抽出，经氮冷器 5、中间冷却器 4 降温后，送回洗涤塔上塔下段。大部分 CO_2 在上塔的中段和下段被吸收，因此中段和下段又被称为吸收段。下段吸收后的溶液分两路，一路去膨胀闪蒸，另一路进入下塔。下塔主要用来脱硫（H_2S 和 CO_2），由于 H_2S 的溶解度大于 CO_2 的溶解度，且硫组分在气体中含量要降低于 CO_2，因此进入下塔的吸收了 CO_2 的甲醇液只需一部分作为洗涤剂吸收 H_2S 和 COS，使进入上塔的气体中总硫含量在 $10cm^3/m^3$ 以下。

由上塔底部排出的甲醇溶液的温度为 -11℃，其中约 51% 的甲醇经冷却器 6 和氮冷器 7 冷却到 -32℃ 左右，并减压到 2.3MPa，进入第二闪蒸槽 9，其中溶解的氢和少量二氧化碳自液相中逸出。上塔底部排出的其余 49% 的甲醇溶液进入下塔，吸收原料气中的 H_2S 和 COS，温度升高到 -7℃ 后由下塔底部排出，经甲醇冷却器 12、换热器 10 冷却到 -32℃，并减压到 2.3MPa 后进入第一闪蒸槽 8，解吸收氢和少量二氧化碳。从第一、第二闪蒸槽排出的闪蒸气经压缩机 11 压缩到 7.8MPa 后，送回原料气总管。

（3）循环氢气的回收　来自吸收塔上塔的无硫半贫甲醇溶液冷却后，经减压，进入第二闪蒸槽 9 进行闪蒸分离，闪蒸气，与第一闪蒸槽 8 中闪蒸出来的气体混合，混合气体进入循环气压缩机 11 压缩，压缩后的循环气进入冷却器被循环冷却水冷却，补入进原料气冷却器前来自 CO 变换装置的原料气中回收利用。

第二闪蒸槽底部的甲醇溶液送入解吸塔解吸回收 CO_2 产品气。

（4）CO_2 的解吸回收　CO_2 解吸塔 13 的主要作用是将含有 CO_2 的甲醇溶液通过减压，使其中溶解的 CO_2 解吸出来，生产无硫的 CO_2 产品气，同时回收冷量，对甲醇进行初步再生。

解析塔的 CO_2 产品气来源主要有三处：

① 来自闪蒸槽 9 底部的甲醇溶液，压力降到 0.2MPa，送至 CO_2 解吸塔 13 顶部，闪蒸解吸出所溶解的大部分二氧化碳，得到二氧化碳含量大于 98% 的气体。闪蒸液一部分作为下塔回流液，另一部分作为硫化氢浓缩塔回流液。

② 来自第一闪蒸槽 8 底部的含有 H_2S 和 CO_2 的甲醇溶液，压力降到 0.23MPa，送到 CO_2 解吸塔中部，解吸出 H_2S 和 CO_2。其中 H_2S 被上段来的甲醇溶液吸收，CO_2 则由塔顶排出。

③ 为了进一步回收二氧化碳，满足尿素生产的需要，由 H_2S 浓缩塔 14 上塔排出的甲醇溶液（含有 CO_2 和 H_2S），经换热器 15、中间冷却器 4、换热器 10 被加热到 -26.8℃，送往二氧化碳解吸塔的下段。溶液中的 CO_2 大部分被解吸出来，与上段和中段解吸出的 CO_2 汇合后，

得到纯度大于 98%的 CO_2 气，经甲醇冷却器 12、原料气换热器 1 换热后，送往尿素车间，下段解吸出的 H_2S 被上段来的甲醇溶液吸收。

出 CO_2 解吸塔底部甲醇溶液经减压后送入 H_2S 浓缩塔 14 下段作进一步处理。

（5）H_2S 的浓缩　H_2S 浓缩塔也叫做气提塔，其作用是浓缩溶解在甲醇中的 H_2S，进一步解吸甲醇溶液中的二氧化碳。进入 H_2S 浓缩塔的物料有：

① 进入 H_2S 浓缩塔上段的物料

a. 来自 CO_2 解吸塔上段积液盘的无硫甲醇溶液；

b. 来自 CO_2 解吸塔中段排出的甲醇溶液。

② 进 H_2S 浓缩塔下段的物料

a. 出 CO_2 解吸塔底部的含 H_2S 甲醇溶液；

b. 来自 H_2S 气体分离器底部的富含 H_2S 的甲醇溶液；

c. 来自液氮洗装置吸附器的分子筛再生氮气导入的底部作为气提介质，用以破坏原系统的气液平衡，降低气相中 CO_2 的分压，使甲醇溶液中的 CO_2 进一步解吸出来。

H_2S 浓缩塔下段底部经浓缩后的甲醇溶液经 H_2S 浓缩塔底泵加压，经过过滤、复热回收冷量后送入热再生塔进行热再生。

从 H_2S 浓缩塔顶排出的含 CO_2、N_2 的尾气经原料气换热器回收冷量后放空。

（6）甲醇溶液的热再生　H_2S 浓缩塔底部浓缩的甲醇溶液经泵抽出加压后，经贫甲醇冷却器 19、20 加热到 91℃送到再生塔 22 的顶部。在甲醇再生塔下部再沸器 23 内，用蒸汽将溶液加热，靠自身蒸发的甲醇蒸气进行气提，甲醇中溶解的 CO_2 和 H_2S 完全解吸出来，与部分甲醇蒸气一同从塔顶引出，在回流冷却器 24 中大部分甲醇蒸气冷凝下来。经分离器 25 分离出的甲醇送到甲醇再生塔顶作回流。气体经 H_2S 馏分冷却器 26 和氮冷器 27 降温至-33℃，使甲醇蒸气冷凝下来，在分离器 28 中进行气液分离后，溶液送到 H_2S 浓缩塔 14 下部。从分离器 28 分离出的气体中 H_2S 和 COS 的含量为 27%左右，经 H_2S 馏分冷却器 26 换热后，送往克劳斯硫黄回收工序。

由再生塔底部排出的贫甲醇溶液经贫甲醇换热器 20 冷却后进入甲醇收集槽 21，用泵 38 加压至 8.8MPa 后经水冷器 18、换热器 16 和 15 降温至-57℃左右，进入洗涤塔顶部循环利用。

（7）甲醇水分离　从甲醇水分离器 2 底部排出的甲醇水溶液，为了回收其中的甲醇，在甲醇蒸馏塔 29 中用蒸汽间接加热到 145℃进行蒸馏。从再生塔 22 底部引出的少量贫甲醇作为蒸馏塔的回流。甲醇蒸馏塔 29 顶部排出的水蒸气经回流冷却器 31、水冷器 32 冷却后，大部分甲醇蒸气冷凝为液体，经分离器 33 分离出的液体甲醇用泵 41 送至再生塔 22 顶部作为回流液。经分离器 33、34 分离的气体，与再生塔顶排出的气体汇合后，作为硫化氢馏分加以回收。从蒸馏塔底部排出的水含甲醇 0.5%，送往废水处理工序。

低温甲醇法的特点是能同时脱除原料气中的 CO_2、H_2S 及有机硫等杂质，并能分别回收高浓度的 CO_2 和 H_2S，吸收能力强，气体净化度高；由于 CO_2 和 H_2S 在甲醇中的溶解度高，溶液循环量小，能耗低；吸收剂本身不起泡，不腐蚀设备；吸收过程无副反应发生；甲醇价格低廉，操作费用低；低温甲醇法一般与液氮洗工艺结合在一起应用，特别经济。

以煤或油渣为原料时，采用低温甲醇法串液氮洗的净化流程，有很大优越性，因为低温甲醇法可作为下一工序液氮洗脱除少量 CO 的预冷阶段，可省冷量。但低温下操作时对设备材质要求高。并且为了回收冷量，换热设备多，流程较复杂。另外甲醇有毒，对废水须进行处理。

低温甲醇法的吸收塔、再生塔内部都用带浮阀的塔板，根据流量大小，选用双溢流或单溢流，塔板材料选用不锈钢。由于甲醇腐蚀性小，采用低温甲醇洗时所用设备不需涂防腐涂料，也不用缓蚀剂。

（8）合成气的加热　从低温液氮洗工段向甲醇洗工段送入了一股低温合成气，作为冷源的一部分，在换热器 16、甲醇冷却器 6、原料气换热器 1 中被加热后离开本工段。

四、主要设备

1. 吸收塔

吸收塔采用浮阀塔，分为上塔和下塔两部分，分四段，共 86 块塔板。上塔三段，下塔一段。下塔主要是用来继续脱除 H_2S、COS 等硫化物的，来自预吸收塔的工艺气从吸收塔的下塔底部进入，被自上而下的甲醇溶液洗涤，H_2S、COS 等硫化物被吸收降低至 0.1×10^{-6} 以下，气体通过塔内积液盘的升气管进入上塔进一步进行脱除 CO_2 过程。上塔主要是用来脱除工艺气中的 CO_2 的。由于 CO_2 在甲醇中的溶解度比 H_2S 和 COS 等硫化物小，且原料气中的 CO_2 含量很高，所以上塔的洗涤甲醇流量比下塔的洗涤甲醇流量大。

2. CO_2 解吸塔

CO_2 解吸塔采用浮阀塔，分为三段，共 68 块塔板，所有的塔板均安装在中段，上下两段均无塔板，其作用相当于闪蒸罐。

3. H_2S 浓缩塔

H_2S 浓缩塔采用浮阀塔，分为两段，共 87 块塔，也叫做气提塔，主要作用是利用气提原理进一步解吸甲醇溶液中的 CO_2，浓缩甲醇溶液中的 H_2S，同时回收冷量。

五、系统开停车

（一）原始开车

1. 开车前的准备

在施工单位机械竣工的基础之上，化工投料之前需要完成如下工作：气相管线的吹扫、液相管线的水冲洗、系统的气密试验、单体试车、系统水联动试验、系统干燥。

2. 开车应具备的条件

（1）装置设备、管道、仪表全部安装符合要求；

（2）公用工程、电、气、汽具备使用条件；

（3）化工原料甲醇、精脱硫剂已装填好；

（4）装置内空气吹扫、气密试验、单体试车、水冲洗、水联运已完成；

（5）系统 N_2 置换、干燥合格，$O_2 \leqslant 0.5\%$；

（6）各泵试车合格；

（7）仪表调试合格，动作灵敏可靠；

（8）氨压缩岗位可以随时供液氨。

3. 系统进料开车前应做如下检查工作

（1）确认本工序各盲板位置正确，确认所有临时盲板和过滤器均已拆除。

（2）确认本工序所有液位、压力和流量仪表导管根部阀处于开启位置，所有调节阀及联锁系统动作正常。

（3）确认系统内所有阀门处于关闭位置。

（4）确认公用工程条件具备。N_2、蒸汽、循环水、冷冻液氨随时可用。

（5）最终确认系统内的设备、管线等设施均正确无误。

（6）检查以下阀门是否关闭：

① 系统进口管线上的切断阀及旁路阀关闭。

② 系统出口管线上的切断阀及旁路阀关闭。

③ 去酸性气体硫回收装置管线上的调节阀打手动关闭、旁路阀关闭，前后截止阀打开。

④ 所有分析取样阀、就地倒淋阀关闭。

⑤ 其他应关闭的手动阀门。

⑥ 除特殊说明外的所有自动调节控制阀处于"手动"位置并处于关闭状态。

⑦ 所有调节阀前截止阀和旁路阀处于关闭位置。

（7）检查以下阀门是否打开：

① 调节阀后切断阀。

② 各液位计气相、液位连接阀。

③ 原料气放空阀，酸性气体去火炬自调阀前后截止阀。

④ 去火炬各自调节阀前后切断阀。

（8）检查各连锁投用。

4. 低温甲醇洗净化装置开车操作

（1）系统 N_2 冲压 开启管线上的 N_2 阀门，用氮气给系统充压。

① H_2S、CO_2 吸收塔系统充压。

② 闪蒸塔系统充压。

③ 热再生系统充压。

（2）甲醇循环系统灌装甲醇

① 甲醇溶剂送至装置区内新鲜甲醇贮罐中。

② 用新鲜甲醇泵将新鲜甲醇贮罐中的甲醇送到热再生塔的上部。

③ 甲醇从热再生塔沿正常工艺流程灌入系统，工艺泵用于甲醇输送。按操作说明启动泵，并按要求送入或排出系统。

④ 适当调节小流量旁路阀，换热器完全排气，一旦有液体加入塔内，就应检查和比较控制室的液位所示与就地玻璃液位计的所示。观察高、低液位报警和变化。

（3）甲醇循环冷却和热再生（甲醇循环回路建立） 在甲醇循环系统灌装甲醇后，甲醇即可在系统里进行循环。打开去热再生塔顶冷却器冷却水。

为稳定甲醇循环操作，压力调节阀应设置为自控状态，一旦甲醇循环开始，就要用 N_2 代替原料气不断地对系统补入 N_2，使系统压力保持稳定，尽管 N_2 在甲醇中溶解度低，但仍不能忽视被吸收的 N_2 量使系统压力降低。

（4）甲醇水分离运行 在建立甲醇循环后，甲醇/水分馏塔必须投用。

（5）原料气导入低温甲醇洗装置

① 在原料气送入低温甲醇洗装置之前，为了避免气体系统的压力升高，对气体系统阀门作检查操作。

② 在气体管线准备好后，检察甲醇系统是否完全具备条件。

③ 确认以下工作都完成的情况下，按如下操作顺序接原料气进低温甲醇洗装置。

a. 将净化气去火炬的压力调节阀的压力设置为稍高于原料气的压力。

b. 原料气管线和其他部分停止用 N_2 充压，将 8 字盲板转至关闭位置。

c. 为平衡进装置阀门的压力，微开进装置原料气管线上阀门的旁路阀，然后再打开进装置原料气管线上的阀门。

d. 通过降低去火炬的净化气压力调节阀设置的压力，慢慢地增加原料气的负荷，原料气的负荷由上游工段调节。

e. 送液氨至原料气氨冷器，为避免原料气中的水结冰，在原料气氨冷器壳程氨的温度应避免降至 4℃ 以下。

f. 观察压力、温度和甲醇液位的变化。

g. 开始向 CO_2 解析塔气提段连接通 N_2。

h. 上面几项工作做好后，随后再开大原料气进口阀，为了使净化装置达到正常操作温度，适当地调节甲醇的流量比。

i. 将净化气管线上的在线分析仪投入使用，稳定装置操作，现场取样分析，检查在线分析仪和下游工段的气体以及放空气体。

④ 净化气、CO_2 气和富 H_2S 气体送出。

（二）正常停车

（1）联系调度及与岗位相联的岗位：合成、CO_2 压缩、变换、硫回收，做停车准备。

（2）逐渐减少相同负荷，直至到最低负荷。

（3）现场逐渐关闭系统净化气出口截止阀，同时根据压力缓慢打开净化气去火炬调节阀。

（4）现场缓慢打开进低温甲醇洗装置管线上的放空阀（如变换需要保压，打开此阀时要注意不能让压力下降过多，压力要满足变换的要求），并逐渐关闭进低温甲醇洗装置的截止阀。

（5）根据压力缓慢打开 CO_2 气去火炬调节阀，同时现场逐渐关小 CO_2 气去压缩截止阀，直至关闭。

（6）打开阀门，H_2S 富气去火炬，停止给硫回收送气。

（7）停喷淋甲醇，打开充 N_2 管线维持甲醇循环系统压力。

（8）保持甲醇循环回路、热再生塔和甲醇水分馏塔运行一段时间（3～4h），以正常的蒸汽量操作甲醇水分馏塔再沸器，并减少甲醇去热再生塔的流量，以致在热再生塔中维持甲醇更好地脱除 H_2S、CO_2 和 H_2O。

（9）对储存在地下甲醇槽中不纯甲醇补入系统进行再生。

（10）在甲醇循环期间，根据温度及氨冷器液位情况，提前关闭各氨冷器液位调节阀前截止阀，停止加氨。

（11）当甲醇再生彻底后，停系统充氮（可适当提前停气提氮，减少尾气带走的甲醇损失），停甲醇循环。

六、操作控制要点

正常运行时，装置的操作主要是围绕稳定工况，为液氮洗装置提供合格的净化气，向 CO_2 用户装置提供合格的 CO_2 产品气及提供合格酸性气体而进行。装置正常运行期间，对以下几个方面要予以重视。

1. 加减负荷

装置的加减负荷主要由前后装置的运行情况决定，加减负荷时要密切同前后装置联系，同时要注意以下几点：

① 加减负荷一定要慢，以保证各股甲醇流量能及时得到调整，满足要求；特别是在 80% 负荷后再加负荷，一定要慢，以保证冷区的冷量能及时送过来；

② 在加减负荷的同时，要及时调整热再生塔、甲醇水分离塔的操作工况，以保证甲醇的再生和甲醇水分离的效果；

③ 及时调整提浓 H_2S 酸性气体流量，保证出系统酸性气体满足要求；

④ 及时调整系统的冷量分配，保证系统的冷量平衡。

2．甲醇流量的调节

（1）循环甲醇流量的分配　正常操作过程中，循环甲醇流量的分配是通过三个比例控制回路自动进行控制的，进行手动调节时，可以根据下面的原则调节三股甲醇的流量：

① 在保证出吸收塔顶部净化气 CO_2 微量不超标 8×10^{-6} 的前提下，洗涤甲醇的流量尽可能地低；

② 吸收塔下塔液位可以按照正常的比例进行控制，以保证进入吸收塔上塔气体中的硫含量低于 0.1×10^{-6}；

③ 中段洗涤甲醇流量可以按照正常的比例进行控制，以保证出二氧化碳产品塔塔顶的 CO_2 产品气和出硫化氢浓缩塔塔顶的尾气中硫含量满足要求。

（2）喷淋甲醇流量　正常生产期间，喷淋甲醇流量一般维持一定值，不随负荷的变化而变化，当进装置原料气温度超过 $40℃$ 时，可以适当增加喷淋甲醇流量。

（3）甲醇水分离塔回流甲醇流量　正常生产期间，甲醇水分离塔回流甲醇流量一般维持一定值，不随负荷改变而改变，但循环甲醇中水含量超高时，可以适当增大此流量，增加送入甲醇水分离塔脱水的甲醇量。

3．气提氮气流量

气提氮气流量满负荷时，一般随负荷的增加而增大，以保持硫化氢浓缩塔底部甲醇溶液中的 CO_2 含量在 1.0% 左右为调节的依据，高于 1% 时增加气提氮量，低于 1% 时则减小气提氮量。但是要注意，在增加气提氮气流量时，应注意塔的压力和压差，以防压力突增，同时应注意防止出塔尾气中 H_2S 的含量不能超标。

4．提浓 H_2S 酸性气体流量

提浓 H_2S 酸性气体流量满负荷时，随装置负荷的降低而减小，负荷为 50% 时可以关闭阀门，亦可以维持最小流量，以保证出界区的酸性气体中 H_2S 含量满足用户要求。

5．蒸汽流量

（1）热再生塔再沸器蒸汽流量　热再生塔再沸器的蒸汽流量满负荷时，通常维持在这一水平，不随负荷的变化而改变，但应注意防止回流槽出口酸性气体的温度超过 $50℃$。亦可以根据取样分析出塔底的贫甲醇中的硫含量来控制，以保证硫含量低于 1×10^{-6}。

（2）甲醇水分离塔再沸器蒸汽流量　甲醇水分离塔再沸器的蒸汽流量正常情况下是由串级控制回路自动控制的，随负荷的变化而改变，它以保证塔底的废水中甲醇含量低于 50×10^{-6} 和出塔顶的甲醇蒸汽中水含量低于 0.3% 为标准；在塔底杂质太多、热负荷不足及塔底液位无法维持等情况下，可以利用直补蒸汽解决。

6．系统的冷量平衡

系统的冷量平衡是影响到装置是否能正常运行的一个关键因素，在冷量不足的情况下，可以作以下适当的调整：

① 适当提高氨冷器的液位，增加补充的冷量；

② 当降低 CO_2 产品塔、H_2S 浓缩塔的操作压力及适当增加气提氮流量，使 CO_2 尽可能地在冷区解吸出来，以回收更多的冷量；

③ 调整液氮洗装置的操作，增加返回甲醇洗装置的冷合成气的流量，提供更多的冷量；

④ 在保证出塔顶净化气中微量 CO_2、CH_3OH 不超标的前提下，适当降低循环甲醇流量。

七、安全生产要点

本工序生产介质有甲醇、二氧化碳、硫化氢、氨等。

1. 甲醇

甲醇蒸气与空气或氧气可形成爆炸性混合物；遇明火或高热易燃；与氧化剂发生强烈反应；对眼黏膜或皮肤有强烈刺激性，会造成严重灼伤；触及皮肤易经皮肤吸收；吸入或误食会造成中毒，对呼吸道及胃肠黏膜有刺激作用，对血管神经有毒作用，引起血管痉挛，形成瘀血或出血；对视神经和视网膜有特殊的选择作用，使视网膜因缺乏营养而坏死。

（1）急救措施　皮肤接触，脱去污染的衣着，立即用流动清水彻底冲洗。眼睛接触，立即提起眼睑，用流动清水或生理盐水冲洗至少 15min。

吸入后迅速脱离现场至空气新鲜处；保持呼吸道畅通；呼吸困难时给予吸氧；呼吸及心跳停止时，立即进行人工呼吸和心脏复苏。

误服者用清水或硫代硫酸钠溶液洗胃。

以上各类伤害，在现场处理的同时应立即通知急救人员或到医院就医。

（2）消防措施　尽可能切断泄漏源，使用泡沫、二氧化碳、干粉、砂土作灭火剂，可用水进行设备降温或稀释泄漏物，直接用水灭火无效。或者向内部通入惰性介质灭火。

灭火时，作业人员必须正确使用防护用品，防止发生中毒或烧伤，在安全距离外上风向灭火，火灾扑灭后，要控制火源，降低现场受限空间内甲醇蒸气浓度，防止发生爆炸。

（3）泄漏处理注意事项　①迅速撤离泄漏污染区人员至安全区。隔离泄漏污染区，限制人员出入。②应急处理人员必须正确使用各类相应的防护器材。③控制污染区及其周围火源，采取措施降低受限空间内蒸气浓度。④喷水雾以减少甲醇蒸发，用砂土或其他不燃性吸附剂混合吸收泄漏物；或者用大量清水冲洗稀释后排入废水系统。如大量泄漏应利用围堤收容，然后收集转移。

（4）防护措施　呼吸系统防护，根据浓度不同，采用过滤式防毒面具或自给式空气呼吸器。眼睛防护，戴化学护目镜或玻璃面罩。手防护，使用防化学品手套。

2. 硫化氢

与空气或氧气可形成爆炸性混合物；遇明火或高温易燃；人体通过呼吸系统吸入进入人体，然后造成人员中毒。

（1）急救措施　发生急性硫化氢中毒时，应立即将患者移至空气新鲜处，使其脱离中毒场所，松开衣领，保持呼吸道畅通，并注意保暖。对呼吸停止者应持续不断地进行人工呼吸，并进行加压输氧，积极预防肺水肿、脑水肿、肺炎的发生。轻度中毒至重度中毒或有眼刺激症状时，立即通知公司医务室现场急救，酌情送医院视病情进行治疗。

（2）消防措施　尽可能切断气源后使用干粉、消防水灭火。或者向内部通入惰性介质灭火。灭火时，作业人员必须正确使用防护用品，防止发生中毒或烧伤，在安全距离外上风向灭火，火灾扑灭后，要控制火源，降低现场受限空间内硫化氢浓度，防止发生爆炸。

（3）防护措施　加强个人防护，接触硫化氢的生产工人，操作岗位上配备过滤式防毒面具和空气呼吸器，检修时根据现场的具体情况选用长管式防毒面具和送风面具，特别是带压抽堵盲板和进行设备内作业，必须做好监护工作。

空气中硫化氢浓度小于 2%时，可以使用过滤式防毒面具，但应注意定期检测过滤罐的有效性，且禁止使用时间超过 1.5h；进入硫化氢浓度较高的环境内，必须使用隔离式防毒面具。

凡患有中枢神经系统器质性疾患，眼、上呼吸道的慢性疾患者，不宜从事接触硫化氢的工作，耳膜鼓穿孔者，不能进入高浓度的工作场所。

3. 氨

无色气体,有强烈刺激臭味。易溶于水,形成氨水,呈碱性。属低毒类,主要对上呼吸道有刺激和腐蚀作用,接触高浓度氨,皮肤、黏膜可发生腐蚀性损害及化学性炎症,引起充血、水肿、分泌物增多,还可以造成组织溶解性坏死,使较深组织受损。液氨或高浓度气氨可以与人体体表接触造成冻伤和严重灼伤。

(1)急救措施 使吸入患者迅速脱离现场至空气新鲜处,保持呼吸道通畅,并注意保暖。如呼吸困难,给输氧,必要时进行人工呼吸。皮肤被灼伤时,立即脱去或剪开或撕掉被污染衣物,用大量流动清水冲洗至少 15min,再用 2%硼酸洗涤或湿服患处。液氨或氨水溅入眼内,立即提起眼睑,用大量流动的清水彻底冲洗,至少 15min,然后用 3%硼酸水冲洗。中毒至重度中毒或有眼刺激症状时,立即通知公司医务室现场急救,酌情送医院视病情进行治疗。

冻伤。①脱掉使血液循环受阻的受冻躯体部位的衣物(及手套、鞋、袜子);②把受冻部位的躯体浸入 40~45℃的水中;③把伤员送到医院或医务所。

吸入低温空气后,①把伤员带到温暖房间(注意不要把伤员直接抬到热的大气环境中);②如果伤员出现眩晕,应将其送到医院或医务所(切记体温过低会引起死亡)。

(2)消防措施 灭火方法和灭火剂:尽可能切断泄漏源后使用干粉、消防水灭火;或者向内部通入惰性介质灭火。

全距离外上风向灭火,火灾扑灭后,要控制火源,降低现场受限空间内氨气浓度,防止发生空间爆炸。

(3)防护措施 加强生产、使用、贮存、运输的管理,注意容器管道的密闭,接触氨的人员注意个人防护,戴防护眼镜、口罩,避免皮肤接触。氨具有比空气轻、易溶于水的特点,因此一旦大量跑氨,在撤离现场时,可向低处躲避;在没有防毒面具的情况下,可使用湿毛巾、手套等掩鼻,可起到短时间的防护作用。

生产中呼吸系统防护:根据浓度不同,采用过滤式防毒面具或自给式空气呼吸器。眼睛防护:戴化学护目镜或玻璃面罩。手防护:使用防化学品手套。处理泄漏可能接触液氨时使用防化衣。

4. 二氧化碳

二氧化碳本身无毒但为窒息性气体,当大气中其浓度增加时,氧含量降低而造成缺氧,吸入 8%~10%的二氧化碳,除头昏、头痛、眼花、耳鸣外,还有气急、脉搏加快、无力、血压升高等状况,重症急性发作都在几秒钟内,表现为昏迷,反射消失,瞳孔扩大或者缩小,大小便失禁等。

(1)急救措施 使吸入患者迅速脱离现场至空气新鲜处,保持呼吸道通畅,并注意保暖。如呼吸困难,必要时进行人工呼吸或进行加压输氧。发生窒息时,除现场急救外应立即通知公司医务室现场急救,酌情送医院视病情进行治疗。

(2)防护措施 加强个人防护,接触二氧化碳的生产工人,操作岗位上配备空气呼吸器,检修时根据现场的具体情况选用长管式防毒面具和送风面具,特别是带压抽堵盲板和进行设备内作业,必须做好监护工作。

浓度较高的环境内,必须使用隔离式防毒面具。

第二节 聚乙二醇二甲醚法

采用聚乙二醇二甲醚做吸收剂的脱碳方法叫聚乙二醇二甲醚法,简称 NHD 法。聚乙二醇二甲醚溶剂是一种物理溶剂,称为 Selexol 溶剂,能选择性脱除原料气中的 CO_2 和 H_2S。

该溶剂本身无毒，对碳钢等金属无腐蚀性，并且不起泡，对 CO_2、H_2S、COS 等酸性气体的吸收能力强。美国于 20 世纪 80 年代初将此法用于以天然气为原料的大型合成氨厂，至今世界上已有许多厂采用。我国南京化学工业集团公司研究院对各种溶剂进行筛选，得出用于脱硫和脱碳的聚乙二醇二甲醚较佳组分，即 NHD 溶剂，并成功地用于以煤为原料制得的合成气的脱硫和脱碳的工业生产装置。NHD 溶剂吸收 CO_2 和 H_2S 的能力优于国外的聚乙二醇二甲醚溶剂，价格较为便宜。NHD 净化技术与设备已全部国产化，目前正在国内推广应用。

NHD 蒸气压低、挥发损失小，对 CO_2、H_2S 的吸收能力高、热稳定性好，不起泡、不降解、无副反应，对碳钢无腐蚀，对人及生物无毒。

一、基本原理

聚乙二醇二甲醚溶剂的分子结构式为：$CH_3-O-(C_2H_4)_n-CH_3$。该溶剂是 $n = 2 \sim 8$ 的混合物，相对分子质量 280～315。主要物理性质：凝固点-22～-29℃，闪点 151℃，蒸气压（25℃）0.0933254Pa，密度（25℃）1.031g/L，黏度（25℃）5.8×10^{-3}Pa·s。该溶剂能与水任何比例互溶，不起泡，也不会因原料中的杂质而引起降解，加上溶剂的蒸气压低，损失非常少。

聚乙二醇二甲醚法为纯物理吸收法。几种气体在聚乙二醇二甲醚溶剂中的溶解度如图 4-4 所示。H_2S、COS、CH_3SH 在聚乙二醇二甲醚中的溶解度高于 CO_2，所以用聚乙二醇二甲醚溶剂吸收 CO_2 时，可同时吸收原料气中的 H_2S、COS、CH_3SH。

聚乙二醇二甲醚溶剂被 CO_2 饱和后要进行再生，通常采用减压加热和气提的方法。不同温度下，二氧化碳在该溶剂中的溶解度如图 4-5 所示。

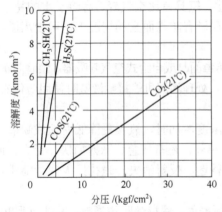

图 4-4　几种气体在聚乙二醇二甲醚中的溶解度

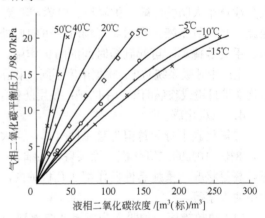

图 4-5　CO_2 在聚乙二醇二甲醚中的溶解度

二、工艺条件选择

1. 操作压力

以吸收温度为 5℃，变换气中 CO_2 含量为 28% 为例。在不同压力下，聚乙二醇二甲醚溶剂中 CO_2 平衡溶解度如表 4-3 所示。

表 4-3　不同压力下聚乙二醇二甲醚溶剂中 CO_2 平衡溶解度（温度为 5℃）

CO_2 分压/MPa	0.2	0.4	0.6	0.8	1.0
平衡溶解度	10.1	21.1	33.4	46.2	60.2

注：CO_2 平衡溶解度的单位为 m^3CO_2/m^3 溶剂。

由表可见，相同条件下，随着吸收压力升高，CO_2 在聚乙二醇二甲醚溶剂中的溶解量增大，溶剂吸收 CO_2 的能力提高。吸收压力升高，变换气中饱和水蒸气含量减少，变换气带入系统的水量减少，有利于 CO_2 的吸收，可以提高气体的净化度，因此选择较高压力对脱碳有利。但压力过高，设备投资、压缩机能耗都将增加。工业上一般选择的吸收压力为 1.6～7.0MPa。

脱碳后的富液采用分级减压再生。高压闪蒸压力控制在 0.8～1.0MPa，有利于氢氮气的回收。低压闪蒸压力控制在 0.03～0.05MPa，使解吸出的 CO_2 含量达 98%，作为尿素的原料。

2．操作温度

降低温度，CO_2 在聚乙二醇二甲醚中的溶解度增大。以 CO_2 分压为 0.5MPa 为例，不同温度下 CO_2 在聚乙二醇二甲醚溶剂中平衡溶解度如表 4-4 所示。

表 4-4　不同温度下 CO_2 在聚乙二醇二甲醚溶剂中平衡溶解度/（m^3CO_2/m^3溶剂）

温度/℃	-10	-5	5	20	40
平衡溶解度	37	28	21	16	10.5

由表可见，当 CO_2 分压一定时，随着吸收温度的降低，CO_2 在聚乙二醇二甲醚中的平衡溶解度增大；吸收温度降低，又可减少 H_2、N_2 等气体的溶解损失。反之，温度高，气体中饱和水蒸气多，带入脱碳系统的水分增加，溶剂脱碳能力和气体的净化度降低。所以降低温度对吸收操作有利。生产中变换气温度为 6～8℃，NHD 溶剂温度为-2～-5℃。

3．溶剂的饱和度

富液中 CO_2 的实际浓度 C° 与达到平衡时溶剂中 CO_2 的浓度 C^* 的比值称为饱和度 R。

$$R = C^\circ/C^* \leq 1$$

饱和度的大小对溶剂循环量和吸收塔高度都有较大的影响。对填料塔而言，增大气液两相的接触面积，可以提高吸收饱和度。要增大气液两相的接触面积，一方面可选用适当的填料，另一方面主要是通过增大填料体积，即提高塔的高度来实现，但塔高增大，投资增大，而且输送溶剂和气体的能耗增大。所以工业上吸收饱和度一般在 75%～85% 之间。

4．气液比

吸收的气液比是指单位时间内进吸收塔的原料体积（标态）与进塔溶剂体积之比。当处理一定量的原料气时，若气液比增大，所需的溶剂量减少，输送溶剂的能耗就会降低。对于一定的脱碳塔，吸收气液比增大后，净化气中 CO_2 的含量增大，净化气质量差。生产中应根据净化气质量要求调节适宜的吸收气液比。

气提的气液比是指气提单位溶剂所需惰性气体的体积。气提的气液比主要是控制溶剂的贫度。溶剂贫度是指 CO_2 在贫液中的含量。气提气液比愈大，即气提单位体积溶剂所用的惰性气体体积愈大，则溶剂的贫度值愈小，气体的净化度愈高。但气提气液比过大，风机电耗增大，随气提气带走的溶剂损失增大。因此一般气提气液比控制在 6～15 之间。NHD 脱碳工艺指标如表 4-5 所示。

表 4-5　NHD 脱碳工艺指标

操作压力/MPa		操作温度/℃		气 体 成 分	
脱碳塔进口	≤1.75	脱碳塔顶	0～-5	净化气中 CO_2 量	≤0.2%
脱碳塔出口	≤1.55	脱碳塔底	0～5	净化气中 O_2 量	<0.2%
高闪槽	0.44～0.55	气提塔底	0～5	净化气中 H_2S 量	<5mg/m^3
低闪槽	0.01～0.05	NHD 溶剂	-2～-5	CO_2 气纯度	>95.7%
鼓风机出口	≥0.01	变换气	6～8	CO_2 气中 O_2 含量	0.4%～0.6%
脱碳泵	2.50～3.00				
富液泵	0.60～1.00				

三、工艺流程

聚乙二醇二甲醚脱碳工艺流程如图 4-6 所示。

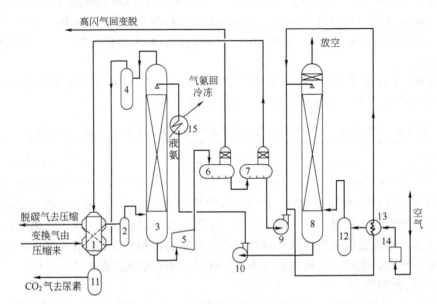

图 4-6　NHD 脱碳工艺流程

1—气-气换热器；2—气水分离器；3—脱碳塔；4—脱碳气液分离器；
5—水力透平；6—高压闪蒸槽；7—低压闪蒸槽；8—再生塔；9—富液泵；
10—贫液泵；11—CO₂气液分离器；12—空气水分离器；13—空气冷却器；
14—空气鼓风机；15—氨冷凝器

变换气经气-气换热器 1 冷却后进入脱碳塔 3，与从塔顶喷淋下来的 NHD 溶剂进行逆流接触，气体中的 CO_2 被溶剂吸收，净化气从脱碳塔顶引出经气液分离器 4 分离液体后经气-气换热器加热后送往后工序。

从脱碳塔底部排出的富液经水力透平 5 回收能量并减压至 0.8MPa 左右送往高压闪蒸槽 6，由于高压闪蒸气中含 H_2、N_2 较多，用循环压缩机加压后返回原料气总管。从高压闪蒸槽出来的溶剂经减压后送往低压闪蒸槽 7，闪蒸出高浓度的 CO_2（>98%）气体，经气-气换热器加热后经 CO_2 气液分离器 11 后送往尿素工序。从低压闪蒸槽出来的溶剂中由于还残留少量 CO_2，用富液泵 9 加压后送往再生塔用 N_2 或空气进行气提，气提后的贫液经贫液泵 10 加压、氨冷器 15 冷却后打入脱碳塔顶部。

第三节　变压吸附法

变压吸附（pressure swing absorption）法简称 PSA 法，是近 30 年发展起来的用于气体分离和提纯的一项新技术。美国联合碳化物公司首先将变压吸附技术工业化。

我国石化工业在 20 世纪 70 年代引进这一技术，从合成原料气中脱除 CO_2 以制造高纯度 H_2。运用 PSA 技术从变换气中脱除 CO_2 于 1991 年实现工业化，由于该技术比湿法脱碳优越，在全国得到推广。目前我国已有 60 多套 PSA 法脱碳装置投入运行。本装置适用于以煤气、天然气及液态烃转化气为气头的合成氨生产过程中变换气中二氧化破的脱除。变换气的典型组成见表 4-6。

表 4-6 变换气的组成

组分	H_2	$Ar+N_2$	CO	CO_2	$O_2 + CH_4$	H_2O	合计
含量/%	51.00	17.50	4.50	25.00	1.40	0.10	100%

对于不同的变换气，其含量稍有差异，但不影响本装置操作。变换气在经过本装置以后，CO_2、H_2O 组分将被除去。脱除了 CO_2、H_2O 等组分的气体称为净化气。净化气直接进入合成氨的碳化工序或压缩工序。

一、吸附剂

1. 吸附剂的种类

在变压吸附脱碳工艺中，要求吸附剂对 CO_2 有较强吸附能力，即优先吸附 CO_2，而对 H_2 和 N_2 难以吸附。工业上常用的吸附剂有：硅胶、氧化铝、活性炭、分子筛等，在变压吸附脱 CO_2 时，吸附剂为硅胶、活性炭和氧化铝。

（1）活性氧化铝 活性氧化铝是具有很多毛细孔道的球形颗粒，对水等分子极性较强的物质具有很强的亲和能力，是一种无毒、无腐蚀性的高效干燥剂，具有磨损低、不怕水、吸水能力强的特点。活性氧化铝不仅具有很大的表面积，还具有很高的机械强度、物化稳定性、耐高温及抗腐蚀性，但不宜在强酸强碱下使用。

主要技术参数为：规格 $\phi 3 \sim 5mm$，平均颗粒压碎强度 ≥ 150（N/颗），堆重比 $0.68 \sim 0.72$（g/cm³），吸水率 $\geq 45\%$。

（2）活性炭 活性炭是一种外观为暗黑色，具有多孔结构和大的内部比表面积的碳素材料。它主要由 80%～90%的碳组成，活性炭中的碳具有类似石墨的层状晶体结构，由于其微孔结构、高的吸附能力和很高的表面活性而成为独特的多功能吸附剂，部分可再生活化。活性炭分为颗粒状、粉末状、圆柱状等。

主要技术参数为：规格 $\phi 1 \sim 3mm$，强度 $\geq 95\%$，堆积密度 $\geq 600g/L$，灰分 $\leq 8\%$，含水量 $\leq 2\%$，二氧化碳吸附量 $\geq 35mL/g$（绝压，25℃），氮气吸附量 $\leq 5.5mL/g$（绝压，25℃）。

（3）硅胶 硅胶的结构像一个海绵体，由互相连接的小孔构成一个有巨大表面积的细孔吸附系统，可吸附和保存水汽。硅胶具有化学性质安全、无毒、无腐蚀性的特点。硅胶根据其孔径的大小可分为：粗孔硅胶、细孔硅胶等，粗孔硅胶在相对湿度高的情况下有较高的吸附量，细孔硅胶则在相对湿度较低的情况下吸附量高于粗孔硅胶。

变压吸附硅胶外观呈透明或半透明玻璃状球体，化学性质稳定，无毒无味。变压吸附硅胶主要具有吸附快、脱附快的特点。变压吸附脱碳采用专用细孔硅胶。

主要技术参数为：规格 $\phi 1 \sim 4mm$ 球形颗粒，粒度合格率 $\geq 94\%$，堆积密度 $\geq 750g/L$，球形颗粒合格率 $\geq 85\%$，二氧化碳吸附量 $\geq 18mL/g$［0.1MPa，25℃，解吸压力 -0.093MPa（表压）］，含水量 $\leq 2\%$。

2. 吸附剂的性能参数

选择吸附剂通常是看吸附剂的分离系数、吸附容量、解吸性能、抗冲刷性能、强度等技术指标。

（1）分离系数 分离系数是指用同一种吸附剂吸附不同的两种吸附质，其吸附容量的差异，如差异大则可以用该种吸附剂来区分混合这两种吸附质的混合气体。

（2）吸附容量 吸附容量是指吸附剂在常压下对吸附质的吸附量。

（3）静态吸附平衡 在密闭的容器内，吸附剂与吸附质充分接触，呈平衡时为静态吸附平衡。

（4）动态吸附平衡 含有一定量吸附质的惰性气流通过吸附剂，吸附质在流动状态下被吸附剂吸附，最后达到的平衡为动态平衡。动态吸附平衡时吸附剂吸附的气体量称为动态平衡吸附量。

（5）解吸性能 指吸附剂在吸附了吸附质后解吸时能够使多少吸附质从吸附剂上脱附出来，解吸性能的好坏决定了吸附剂是否能用于变压吸附装置中。

（6）抗冲刷性能 指在气体高速冲刷下吸附剂的损坏程度，如果抗冲刷性能不好，该种吸附剂也不适合在变压吸附装置中使用。

（7）强度 强度是一个综合指标，是指吸附剂是否耐压、是否容易粉化破碎、是否怕碰撞等情况下的综合指标。

除了要求吸附剂有良好的吸附性能外，吸附剂的再生程度、再生时间等决定着吸附剂的吸附能力和吸附剂的用量。常用的减压解吸法有降压、抽真空、冲洗、置换等，其目的都是为了降低吸附剂上被吸附组分的分压，使吸附剂得到再生。

二、工作原理

变压吸附技术是以吸附剂（多孔固体物质）内部表面对气体分子的物理吸附为基础，利用吸附剂在相同压力下易吸附高沸点组分、不易吸附低沸点组分和高压下被吸附组分吸附量增加、低压下吸附量减小的特性来实现杂质的分离。这种在加压下吸附杂质、减压下解吸杂质使吸附剂获得再生的循环便是变压吸附过程。因此变压吸附循环是吸附和再生的循环。采用多个吸附床，循环地变动所组合的各级吸附床压力，即可达到连续分离气体混合物的目的。

为了能达到要求的分离效果，实现经济有效运行，除要求吸附剂有良好的吸附性能外，吸附剂的再生方法也很关键。吸附剂的再生程度决定产品的纯度，并影响吸附剂的吸附能力。吸附剂的再生时间，决定吸附循环周期的长短，也决定吸附剂用量的多少。而在塔数、真空压力一定的条件下，吸附循环时间决定着处理气量的大小和气体回收率的高低。吸附循环时间越长，气体回收率越高。选择合适的再生方法，对吸附分离法工业化生产很重要。

在变压吸附过程中，吸附器内吸附剂解吸是依靠降低被吸附组分分压实现的，在工业装置中常用的减压解吸方法有降低吸附器压力、对吸附器抽真空、用产品组分冲洗或置换等方法。

三、工艺流程

变压吸附脱碳可分为两步法与一步法。

（1）两步法 两步法采用的是两段分离，第一段为提纯段或粗脱段，提纯吸附塔内装氧化铝和硅胶吸附剂；第二段为精化段或精脱段，净化吸附塔内装硅胶吸附剂。如某合成氨厂提纯段采用的是 15-3-10 均压工艺，即 15 个塔，其中 3 个塔同时吸附，10 次均压降流程。净化段采用 12-3-7 均压工艺，12 个塔，其中 3 个塔同时吸附，10 次均压降流程。

（2）一步法 由于一步法较两步法工艺简单，特别是程控阀减小近一半，程控阀损坏的可能性大大减少，投资比两步法减少约 20%～40%。

图 4-7 为两步法工艺方块示意图。

设置提纯系统的目的就是将变换气中的绝

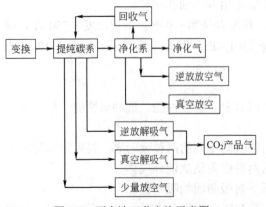

图 4-7 两步法工艺方块示意图

大部分二氧化碳吸附，形成浓度较高的产品二氧化碳气体。提纯系统包括气水分离器、焦炭过滤器、产品二氧化碳缓冲罐、产品二氧化碳中间气缓冲罐、吸附塔、真空泵等设备。提纯吸附塔一般由底部往上分层装填吸附剂，下层为活性氧化铝，中间为活性炭，上层为硅胶。

出提纯系统的中间气送至净化系统，净化系统将中间气中 CO_2 净化到 0.2%以内，以保证合成氨生产需要，它包括吸附塔、气体缓冲罐、真空泵等设备。净化吸附塔一般装填硅胶一种吸附剂。

1. 提纯系统

压力为 1.8MPa、温度小于 40℃的变换气由界外送入提纯系统，经焦炭过滤器、气水分离器除去油污、游离水后进入吸附塔组的三个并联塔中，由下而上通过正处于吸附步骤的吸附塔的床层，在此二氧化碳等杂质被吸附，氢气及氮气等通过吸附塔，从吸附塔出口得到以氢气及氮气为主的产品气，送入净化段。在任意时刻总有三个吸附塔处于吸附步骤，其他吸附塔处于再生的不同步骤。当被吸附的二氧化碳等杂质的浓度前沿接近床层出口时，关闭吸附塔的原料气阀和中间气阀，使其停止吸附，通过十次均压降步骤回收床层死空间的氢氮气。然后逆着吸附方向降压，压力较高的二氧化碳排放到二氧化碳产品气缓冲罐、中间二氧化碳产品气罐，吸附塔降至 $0.2kgf/cm^2$（19.6kPa）左右时，通过程控阀真空泵对其进行解吸，所解吸出的解吸气送至二氧化碳产品气缓冲罐作为二氧化碳产品气，吸附塔抽真空结束后，吸附剂得到再生。利用净化装置吸附塔均压降压完成后的逆放气体以及提纯系统均压气和产品气对床层逆向升压至接近吸附压力，吸附床便开始进入下一个吸附循环过程。

2. 净化系统

由提纯段来的中间气进入净化吸附塔组的三个塔中，由下而上通过床层，出塔净化气送入压缩机。当被吸附杂质的浓度前沿接近床层出口时，关闭吸附塔的原料气阀和产品气阀，使其停止吸附，通过六次均压降步骤回收床层死空间的产品气。然后打开程控阀，从吸附塔下端将气体排入缓冲罐加以回收，当塔内压力与缓冲罐的压力基本相等时，关闭程控阀，停止回收。然后，打开程控阀作逆吸附方向降压，易吸附组分被排放出来，吸附剂得到初步再生。再通过抽真空进一步解吸吸附剂上残留的吸附杂质，吸附剂得到完全再生。抽真空结束后，利用净化系统均压气和产品气对床层逆向升压至接近吸附压力，吸附床便开始进入下一个吸附循环过程。逆放气和抽真空解吸气排入大气。

四、工艺条件的选择

1. 吸附压力的选择

吸附压力的调节范围一般控制在 0.6～0.7MPa 之间，由于在较高的吸附压力下，吸附剂有较高的吸附容量，因而在保证吸附压力稳定的前提下应偏高限，如吸附压力太低，吸附性能达不到，原料气中的 CO_2 就不容易被吸附，造成出口气值高，气值高相应就会缩短吸附周期，增加放空次数，当放空时，就会随着放空耗费大量气体。

2. 产品气中 CO_2 含量

CO_2 含量通常根据甲醇生产需要控制，如果 CO_2 超标，将会影响后工序的正常生产，严重时会造成减量、切气，甚至停车。故要认真观察产品气中 CO_2 含量，当 CO_2 超标后，应立即将原料气量降低，缩短吸附周期，然后找出造成 CO_2 超标的原因。

3. 真空泵的真空度

吸附剂的解吸是利用抽真空的方法来达到的，故真空度的高低是至关重要的，真空度低于所要求值时，吸附剂的解吸不完全，会造成产品气中 CO_2 超标，通常要求真空度要达到 90%以上。

4．吸附周期的设定

原料气给定流量变化时，系统工作周期会自动相应调节，一般原料气量增大，工作周期缩短，反之，如果原料气量减小，则工作周期延长。如果原料气量不变，手动延长吸附周期，则产品气中 CO_2 浓度会升高，相应产品气中流量增大，氢氮气回收率提高。

5．终充压力的调节

终充压力应该使两塔切换吸附时，基本达到吸附压力，如果终充压力不够，两塔切换后在较短一段时间内处于吸附状态的吸附塔由于升压将消耗一部分气体，此时产品气流量降低并引起吸附压力波动。如果终充压力速度过快，由于终充气来自另外两个塔吸附阶段的产品气，在终充初期也会造成吸附压力波动，因而终充阀开启度及开关时间应耐心调节。

第四节　改良热钾碱法

工业上化学吸收法脱碳主要有热碳酸钾、有机胺和氨水等吸收法。热碳酸钾法根据向溶液中添加活化剂的不同，分为改良热钾碱法或称本菲尔特法、催化热钾碱法或称卡特卡朋法。

改良热钾碱法因具有吸收选择性好、净化度高、二氧化碳纯度和回收率高等特点，在以煤、天然气、油田气为原料的流程中广泛采用。

早在 20 世纪初就有人提出用碳酸钾溶液吸收二氧化碳。1950 年本森（H.E.Benson）和菲尔特（J.H.Field）成功地开发了热碳酸钾法，并用于工业生产。

一、基本原理

1．化学平衡

碳酸钾水溶液与二氧化碳的反应如下

$$CO_2（g）$$
$$\Updownarrow$$
$$CO_2（l）+ K_2CO_3 + H_2O \rightleftharpoons 2KHCO_3 \tag{4-1}$$

式（4-1）是一可逆反应。假定气相中的二氧化碳在溶液中的溶解度符合亨利定律，则由上述反应的化学平衡和气液平衡关系式可以得到

$$p_{CO_2} = \frac{c_{KHCO_3}^2}{c_{K_2CO_3}} \times \frac{\alpha^2}{K_W H \beta \gamma} \tag{4-2}$$

式中　　p_{CO_2}——气相中二氧化碳的平衡分压，MPa；

K_W——化学反应的平衡常数；

α、β、γ——分别为碳酸氢钾、碳酸钾、水的活度系数；

c_{KHCO_3}、$c_{K_2CO_3}$——分别为碳酸氢钾、碳酸钾的物质的量浓度，$kmol/m^3$；

H——溶解度系数，$kmol/（m^3·MPa）$。

以 x 表示溶液的转化度，并定义为溶液中转化为碳酸氢钾的碳酸钾的摩尔分数。以 N 表示溶液中碳酸钾的原始浓度（即 $x = 0$ 时溶液中碳酸钾的物质的量浓度），并令 $K = K_W H$，将各参数代入式（4-2）得

$$p_{CO_2} = \frac{4Nx^2}{K(1-x)} \times \frac{\alpha^2}{\beta \gamma} \tag{4-3}$$

式（4-3）表示某浓度碳酸钾水溶液上方的二氧化碳平衡分压与温度和转化度之间的关系。图4-8为改良热钾碱法脱碳溶液平衡数据的测定结果。由图可知，出塔溶液转化度越高，吸收的二氧化碳越多；若降低温度或增加二氧化碳分压，则出塔溶液的转化度增加；若降低温度或进塔溶液的转化度，出塔气体中二氧化碳的平衡分压降低，净化度高。

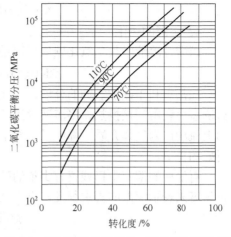

图 4-8　30%碳酸钾溶液的二氧化碳平衡分压

2．反应速率

常温下，纯碳酸钾水溶液与二氧化碳的反应速率较慢，提高反应温度可提高反应速率。但在较高的温度下，碳酸钾水溶液对碳钢设备有极强的腐蚀性。工业生产中，在碳酸钾水溶液中加入活化剂既可提高反应速率，又可减少对设备的腐蚀。

活化剂的加入改变了碳酸钾与二氧化碳的反应机理，从而提高了反应速率。改良热钾液法采用的活化剂为 DEA。其化学名称是 2，2-二羟基二乙胺，简写 R_2NH。其反应机理如下：

$$K_2CO_3 \Longrightarrow 2K^+ + CO_3^{2-}$$
$$R_2NH + CO_2 （1） \Longrightarrow R_2NCOOH$$
$$R_2NCOOH \Longrightarrow R_2NCOO^- + H^+ \tag{4-4}$$
$$R_2NCOO^- + H_2O \Longrightarrow R_2NH + HCO_3^-$$
$$H^+ + CO_3^- \Longrightarrow HCO_3^-$$
$$K^+ + HCO_3^- \Longrightarrow KHCO_3$$

以上各步反应以式（4-4）最慢，为整个过程的控制步骤。该步骤的反应速率为

$$r = kC_{R_2NH}C_{CO_2} \tag{4-5}$$

式中　k——反应速率常数，L/（mol·s）；

C_{R_2NH}——液相中游离胺浓度，mol/L。

实验表明，在 $T = 298K$ 时，k 值约为 1×10^4，总胺含量为 0.1mol/L 时，溶液中游离胺含量为 0.01mol/L，代入式（4-5）得到反应速率为

$$r = 100C_{CO_2} \tag{4-6}$$

此数值相当于为纯碳酸钾水溶液吸收二氧化碳速率的 10～1000 倍。为提高活化剂对反应过程的促进作用，目前国内正在开展对空间位阻胺活化剂的研究。所谓空间位阻胺，就是在氨基氮的邻碳位上接入一个较大的取代基团。由于空间位阻胺不会形成氨基甲酸盐，因而所有的胺都能发挥作用。

3．碳酸钾溶液对其他组分的吸收

碳酸钾溶液在吸收二氧化碳的同时，还能吸收硫化氢、硫醇和氰化氢，并且能将硫氧化碳和二硫化碳转化为硫化氢，然后被吸收。硫氧化碳在纯水中很难进行上述反应，但在碳酸钾水溶液中却可以进行得很完全，其反应速率随温度升高而加快。反应如下：

$$COS + H_2O \Longrightarrow CO_2 + H_2S \tag{4-7}$$
$$CS_2 + H_2O \Longrightarrow CO_2 + H_2S \tag{4-8}$$

$$K_2CO_3 + R-SH \Longleftrightarrow KHCO_3 + KHS \tag{4-9}$$

$$K_2CO_3 + HCN \Longleftrightarrow KCN + KHCO_3 \tag{4-10}$$

4．溶液的再生

碳酸钾溶液吸收二氧化碳后，应进行再生以使溶液循环使用。再生反应为

$$2KHCO_3 \Longleftrightarrow K_2CO_3 + H_2O + CO_2\uparrow \tag{4-11}$$

加热有利于碳酸氢钾的分解，因此，溶液的再生是在带有再沸器的再生塔中进行的。在再沸器内利用间接换热，将溶液煮沸促使大量的水蒸气从溶液中蒸发出来，水蒸气沿再生塔向上流动作为气体介质，降低了气相中二氧化碳的分压，提高了解吸的推动力，使溶液得到更好的再生。

再生后的溶液中仍残留有少量的碳酸氢钾，通常用转化度 x 表示。工业上也常用溶液的再生度来表示溶液的再生程度，再生度的定义为

$$f_c = \frac{\text{溶液中总二氧化碳物质的量}}{\text{溶液中总氧化钾物质的量}}$$

并且有

$$f_c = 1 + x$$

二、工艺条件选择

1．溶液的组成

脱碳溶液中，吸收组分为碳酸钾。提高碳酸钾的含量可增加溶液对二氧化碳的吸收能力，加快吸收二氧化碳的反应速率。但其浓度越高，对设备的腐蚀越严重。溶液浓度还受到结晶溶解度的限制。若碳酸钾浓度太高，如操作不慎，特别是开停车时，容易生成结晶，造成操作困难和对设备的摩擦腐蚀。因此，通常碳酸钾浓度维持在 27%~30%（质量分数）为宜，最高达 40%。

溶液中除碳酸钾之外，还有一定量的活化剂 DEA 以提高反应速率，一般含量约为 2.5%~5%（质量分数），用量过高对吸收速率增加并不明显。

为减轻碳酸钾溶液对设备的腐蚀，大多以偏钒酸盐作为缓蚀剂。在系统开车时，为使设备表面生成牢固的钝化膜，溶液中总钒浓度应控制在 0.7%~0.8% 以上（以 KVO_3 计，质量分数）；而在正常操作中，溶液中的钒主要用于维持和"修补"已生成的钝化膜，溶液总钒含量保持在 0.5% 左右即可。其中五价钒的含量在 10% 以上。

2．吸收压力

提高吸收压力，可以增加吸收推动力，减少吸收设备的体积，提高气体净化度。但对化学吸收而言，溶液的最大吸收能力受到吸收剂化学计量的限制，压力提高到一定程度，对吸收的影响将不明显。具体采用多大的压力，主要由原料气组成、气体净化度以及合成氨厂总体设计决定。如以天然气为原料的合成氨流程中，吸收压力多为 2.74~2.8MPa，以煤炭为原料的合成流程中，吸收压力多为 1.8~2.0MPa。

3．吸收温度

提高吸收温度可以使吸收速率系数加大，但却使吸收推动力降低。通常在保持足够推动力的前提下，尽量将吸收温度提高到和再生温度相同或接近的程度，以降低再生的能耗。二段吸收二段再生流程中，半贫液的温度约为 110~115℃，而贫液的温度通常为 70~80℃。

4．溶液的转化度

再生后贫液、半贫液的转化度大小是再生好坏的标志。从吸收角度而言，要求溶液的转化度越小越好。转化度越小，吸收速率越快，气体净化度越高。然而再生时，为了达到较低

的转化度就要消耗更多的能量，再生塔和再沸器的尺寸要相应加大。

在两段吸收两段再生的本菲尔特法中，贫液的转化度约为 0.15～0.25，半贫液的转化度约为 0.35～0.45。

5．再生温度和再生压力

在再生过程中，提高溶液的温度可以加快碳酸氢钾的分解速率，这对再生是有利的。但生产上再生是在沸点下操作的，当溶液的组成一定时，再生温度仅与操作压力有关。为了提高溶液的温度而去提高操作压力显然不经济，因为操作压力略微提高，将使解吸推动力明显下降，再生的能耗及溶液对设备的腐蚀明显加大，同时要求再沸器有更大的传热面积。所以生产上都尽量降低再生塔的操作压力，减少再生塔的阻力。由于再生出来的二氧化碳要送到下一个工序继续加工使用，通常再生压力略高于大气压力，一般控制在 0.12～0.14MPa。

三、工艺流程

图 4-9 为以天然气为原料的改良热钾碱法脱碳的工艺流程。含二氧化碳 18%左右的低变气于 2.7MPa、127℃下从吸收塔 1 底部进入。在塔内分别用 110℃的半贫液和 70℃左右的贫液进行洗涤。出塔净化气的温度约 70℃，二氧化碳低于 0.1%，经分离器 13 分离掉气体夹带的液滴后进入甲烷化工序。

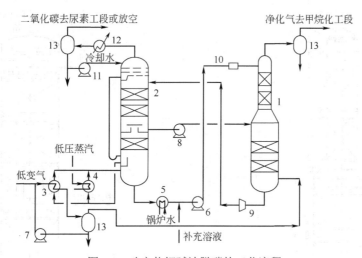

图 4-9　改良热钾碱法脱碳的工艺流程

1—吸收塔；2—再生塔；3—低变气再沸器；4—蒸汽再沸器；5—锅炉给水预热器；6—贫液泵；
7—淬冷水泵；8—半贫液泵；9—水力透平；10—机械过滤器；11—冷凝液泵；
12—二氧化碳冷却器；13—分离器

富液由吸收塔底引出。为了回收能量，富液进入再生塔 2 前先经过水力透平 9 减压膨胀，然后借助自身的残余压力流到再生塔顶部。在再生塔顶部，溶液闪蒸出部分水蒸气和二氧化碳后沿塔流下，与由低变再沸器 3 加热产生的蒸汽逆流接触，被蒸汽加热到沸点并放出二氧化碳。由塔中部引出的半贫液，温度约为 112℃，经半贫液泵 8 加压进入吸收塔中部，再生塔底部贫液约为 120℃，经锅炉给水预热器 5 冷却到 70℃左右由贫液泵 6 加压进入吸收塔顶部。

再沸器 3 所需热量主要来自低变气。由低变气回收的热量基本可满足溶液再生需要的热能。若热能不足而影响再生时，可使用与之并联的蒸汽再沸器 4，以保证贫液达到要求的转化度。

再生塔顶排出温度为 100～105℃的再生气。其中主要成分是蒸汽与二氧化碳，且蒸汽与二氧化碳的摩尔比是 1.8～2.0。再生气经二氧化碳冷却器 12 冷却至 40℃左右，在经分离冷凝水后，几乎纯净的二氧化碳被送往尿素工序。

四、主要设备

脱碳工序的主要设备是吸收塔和再生塔，可分为填料塔和筛板塔。由于填料塔操作稳定可靠，大多数工厂的吸收塔和再生塔都用填料塔，而筛板塔少用。常用的填料有不锈钢、碳钢、聚丙烯制作的鲍尔环和瓷制的马鞍形填料。

1. 吸收塔

采用两段吸收，进入上塔的溶液量为总溶液量的 1/4 左右，同时气体中大部分 CO_2 都在塔下部吸收，所以全塔直径上小下大。上塔内径约为 2.5m，下塔内径约为 3.5m，塔高约 42m。上下塔内都装有填料。为了使溶液能均匀地润湿填料表面，除了在填料层上部装有液体分布器外，上下塔的填料又分为两层，两层中间设有液体再分布器。其结构如图 4-10 所示。

2. 再生塔

分为上下两段，上下塔内径为 4.27m，塔高 49m 左右。上塔装聚丙烯制作的鲍尔环填料，下塔装用碳钢制作的鲍尔环填料。其结构如图 4-11 所示。

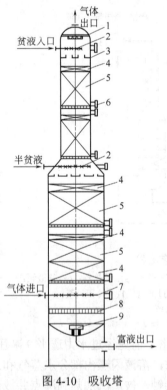

图 4-10 吸收塔

1—除沫器；2—液体分布管；3—液体分布器；
4—不锈钢填料；5—碳钢填料；6—填料卸出口；
7—气体分布器；8—消泡器；9—防涡流挡板

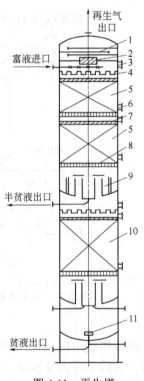

图 4-11 再生塔

1—洗涤段；2—除沫器；3—人孔；4—液体分布器；
5—聚丙烯填料；6—支承板；7—压紧箅子板；8—支承板；
9—导液盘；10—碳钢填料；11—防涡流挡板

第五节　MDEA 法

MDEA（methyl-di-ethanol-amine）即 N-甲基二乙醇胺（R_2CH_3N），其结构简式为

$HOCH_2CH_2NCH_3CH_2CH_2OH$。

甲基二乙醇胺法是德国 BASF 公司 20 世纪 80 年代开发的一种低能耗脱碳工艺。该法吸收效果好，能使净化气中 CO_2 含量降至 $100mL/m^3$ 以下；溶液稳定性好，不降解，挥发性小，对碳钢设备腐蚀性小。

吸收剂为 45%～50% 的 MDEA 水溶液，添加少量活化剂哌嗪以增加吸收速率。MDEA 是一种叔胺，在水溶液中呈弱碱性，能与 H^+ 结合生成 $R_2CH_3NH^+$。因此，被吸收的二氧化碳易于再生，可以采用减压闪蒸的方法再生，而节省大量的热能。MDEA 性能稳定，对碳钢设备基本不腐蚀。MDEA 蒸气分压较低，因此，净化气及再生气的夹带损失较少，即整个工艺过程的溶剂损失较小。

一、基本原理

MDEA 吸收二氧化碳的反应如下

$$R_2CH_3N+CO_2+H_2O \Longleftrightarrow R_2CH_3NH^+ + HCO_3^- \tag{4-12}$$

MDEA 吸收二氧化碳速率较慢，一般在溶液中添加 1%～3% 的活化剂 $R_2'NH$，改变了 MDEA 溶液吸收二氧化碳的历程。活化剂在溶液表面吸收二氧化碳后，向液相传递，而本身被再生，起到了传递二氧化碳的作用，加快了吸收反应的速率，其反应如下：

$$R_2'NH+CO_2 \Longleftrightarrow R_2'NCOOH \tag{4-13}$$

$$R_2'NCOOH +R_2CH_3N+H_2O \Longleftrightarrow R_2'NH+R_2CH_3NH^+ + HCO_3^- \tag{4-14}$$

二、工艺条件选择

1. 溶剂的组成

溶液中除 MDEA 外还加入 1～2 种活化剂，以加快反应速率。常用的活化剂有二乙醇胺、甲基-乙醇胺、哌嗪等。不同的 MDEA 溶液浓度与 CO_2 溶解度的关系如表 4-7 所示。

表 4-7　不同的 MDEA 溶液浓度与 CO_2 溶解度的关系[70℃、0.5MPa（绝）]

MDEA 浓度/%	CO_2 溶解度/(m^3/m^3)	MDEA 浓度/%	CO_2 溶解度/(m^3/m^3)
20	30.4	50	57.0
30	40.4	60	62.8
40	49.2		

由表可知，MDEA 溶液浓度升高，CO_2 溶解度增大，但溶液浓度过高，其黏度上升过快。所以一般选用 MDEA 浓度为 50%，活化剂浓度为 3% 左右。

2. 吸收压力

MDEA 法适应于较广压力范围内 CO_2 的脱除。当 CO_2 分压高时，溶液吸收能力大，尤其物理吸收 CO_2 部分比例大，化学吸收 CO_2 部分比例小，热量消耗就小。所以此法适用于 CO_2 分压高时的脱碳。对合成氨变换气中 CO_2 为 26%～28% 时，适用 MDEA 的适合压力应大于 1.8MPa（绝）。

3. 吸收温度

进吸收塔贫液温度低，有利于提高 CO_2 的净化度，但会增加能耗。对净化气中 CO_2 要求降至 0.01% 时，贫液温度一般为 50～55℃。半贫液温度由闪蒸后溶液温度决定，一般为 75～78℃。

4. 贫液与半贫液比例

二者的比例受原料气中 CO_2 分压、溶液吸收能力及填料高度等影响，可在 1：3 和 1：6

范围内选用。

5．闪蒸压力

当吸收压力≥1.8MPa时，需要加一闪蒸罐，闪蒸压力一般为0.4～0.6MPa。

三、工艺流程

MDEA法脱碳的工艺流程如图4-12所示。压力为2.8MPa的低变气从底部进入吸收塔1，与吸收剂逆流接触，下段用降压闪蒸后的半贫液进行洗涤，为了提高气体的净化度，上段再经过蒸汽加热再生的贫液进行洗涤。从吸收塔出来的富液依次通过两个闪蒸槽3、4而降低压力。溶液第一次降压的能量由水力透平2回收，用于驱动半贫液泵5。富液在高压闪蒸槽3释放出的闪蒸气含有较多的氢气和氮气，可以回收。

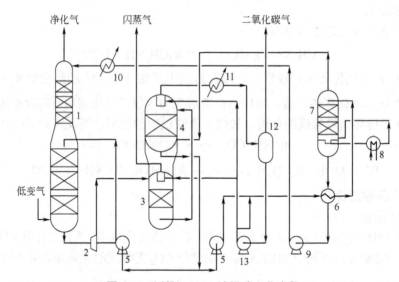

图4-12 活性MDEA法脱碳工艺流程

1—吸收塔；2—水力透平；3—高压闪蒸槽；4—低压闪蒸槽；5—半贫液泵；6—换热器；
7—再生塔；8—低压蒸汽再沸器；9—贫液泵；10，11—冷却器；12—分离器；13—回收液泵

高压闪蒸槽3出口溶液经降压后，进入低压闪蒸槽4，解吸出绝大部分二氧化碳，半贫液从闪蒸槽底部离开，大部分经半贫液泵5加压送入吸收塔下段，少部分经换热器6预热后送到蒸汽加热的再生塔7再生，从塔底出来的贫液与进塔的半贫液换热后，经贫液泵9加压，再经冷却器10送入吸收塔上段。

由再生塔出来的气体进入低压闪蒸槽作为气体介质与热源，低压闪蒸槽出来的气体经冷却器11后进入分离器12，经分离后含二氧化碳99.0%左右的气体作为生产尿素的原料。

MDEA法脱碳可使净化气中二氧化碳含量体积分数小于100×10^{-6}，所耗热能为4.3×10^4kJ/kmolCO$_2$，较蒸汽喷射的低能耗本菲尔特法降低42%左右，故人们称之为现代低能耗的脱碳工艺。

四、开停车

1．原始开车

（1）开车前的准备工作 系统安装好后按要求进行检查验收、清理、单体试车、系统吹除、气密试验，并装填好催化剂。

（2）系统的清洗及除锈 目的是除去系统内的固体杂质、油污、铁锈及能使热钾碱溶液起泡的物质，防止开车后堵塞设备和引起溶液发泡。设备清洗先水洗再碱洗。水洗的目的是

除去固体杂质。先用冷的软水在系统内循环，清洗时不断排出污水，并补充新鲜水。冷水洗合格后，用再沸器将冷水加热到 90～98℃，用热水对系统进行循环洗涤直到清净为合格。

水洗合格后进行碱洗，碱洗的目的是除去油污。用 3%～4% 的氢氧化钠溶液循环洗涤 48h，洗液温度保持在 85～95℃。碱洗后再用清水洗 8～12h，取洗水进行泡沫试验至符合要求，然后对设备内表面进行钝化。

（3）设备内表面的钝化　设备投入使用之前，用脱盐水配制的含 29% 的碳酸钾溶液和含 0.7%～0.9% 偏钒酸钾的碳酸钾溶液，预先在设备和管道内壁形成一层钝化膜，从而防止或减缓在生产中热钾碱溶液对设备的腐蚀。

钝化前，先用氮气或变换气置换系统，使系统内气体中的氧含量小于 0.5%。将钝化液用泵打入再生塔底，充满再沸器，把溶液加热到 100～105℃，静止钝化 36h。然后用氮气向吸收塔充压至 2MPa，使吸收塔和再生塔建立正常液位。启动贫液泵和半贫液泵，使溶液在系统内按正常生产流程循环，进行循环钝化，并定期分析溶液成分，钒含量减少时应及时补充。当溶液中钒含量不再下降，铁含量不再增加时，钝化即告结束，一般需 4～5d。

（4）正常开车　钝化结束后，向溶液中添加二乙醇胺，将溶液各组分浓度调整至符合正常操作指标后，将脱碳液引入系统，在吸收塔和再生塔内建立起正常液位后，将气体导入吸收塔充压 1～1.3MPa 时，开钾碱泵进行溶液循环，进行正常开车操作，并逐渐加量至正常负荷。

2．停车

系统正常停车时，切气后钾碱液再循环适当时间（一般为 10～30min）后停泵。吸收塔内溶液可压入再生塔，若停车时间长，需排入溶液槽。若系统需要检修，这时需要卸压、排液等，进行置换合格后方可检修。若系统发生突然断水、断电、断气、着火、爆炸和二氧化碳严重超标无法控制时，应做紧急停车处理。

五、操作控制要点

1．溶液温度

溶液的温度包括吸收塔溶液的温度和再生塔溶液的温度。吸收塔溶液温度主要依靠改变贫液和半贫液的量和温度来调节。若吸收塔溶液温度太高，对二氧化碳吸收不利，降低了气体的净化度。若溶液温度低，虽对脱碳有利，但增加了再生时的蒸汽消耗。因此，应将溶液温度控制在规定的指标内。再生塔底溶液温度，就是塔底压力下溶液沸点温度，取决于再生压力和溶液组成，一般为 110℃左右。

2．压差

当溶液循环量和入塔气量增加时，溶液严重发泡和填料（或筛板孔眼）被堵均会引起塔阻力上升，使压差增大。当吸收塔压差有上升趋势或突然上升时，应迅速采取措施，如减少溶液循环量，降低气体负荷，直到停车检修以防事故扩大。

3．溶液循环量

溶液循环量的大小要根据气体负荷、溶液浓度、原料气中二氧化碳含量等因素来调节。当溶液循环量增加时，气体的净化度提高。但溶液循环量过大，可能造成液泛，且增加动力消耗，又使溶液在再生塔内的停留时间缩短，造成溶液再生不良。溶液循环量太小，将导致出口气体二氧化碳含量超标。生产中应在保证气体净化度的前提下，尽量减少溶液循环量。

4．溶液浓度

当溶液浓度过高时，会析出碳酸氢钾结晶；当浓度过低，则吸收能力下降，气体的净化度降低。溶液的浓度由系统的水平衡来调节。若带入系统的水量大于带出系统的水量，溶液将变得越来越稀，此时应加大再生气冷凝液的排放量；反之，溶液将变得越来越浓，此时应减少冷凝液的排放量，甚至向溶液中加入脱盐水。操作中应该保持浓度稳定。

5. 液位

当吸收塔液位过低时，塔内高压气体容易窜入再生系统，引起设备超压；液位过高时，容易引起气体带液事故。吸收塔的液位主要由溶液出口自动调节阀调节。当溶液出口阀或溶液泵发生故障，以及吸收塔的压力、进气量和进液量有变化时，均会引起吸收塔液位有较大的波动，所以在操作中必须严加注意并及时调节。

再生塔液位太高时，容易发生带液事故；液位太低时，不仅再沸器不能充分发挥作用，同样的溶液循环量会使溶液再生不好，而且一旦液位有波动，就有因溶液泵抽空造成停车的危险。再生塔液位维持在液位计高度的60%～70%为宜。

6. 防止溶液起泡

溶液起泡的原因是脱碳液中含有灰尘、油污、铁锈等杂质或者压力、流量波动过大。溶液起泡能使塔内阻力增大，气体带液过多，气体净化度降低，严重时发生拦液现象，使泵吸不进溶液。在生产中对设备应彻底清洗、除锈和钝化，对填料要进行脱脂，并防止灰尘、油污等杂质进入脱碳液。另外在脱碳液中添加消泡剂防止溶液起泡。

基本训练题

1. 原料气中的二氧化碳为什么要脱除？常用的脱碳方法有哪些？各有何特点？
2. NHD法脱碳的基本原理是什么？
3. 温度、压力对NHD脱碳有何影响？
4. 画出NHD脱碳的工艺流程，并指出各个设备的名称。
5. 简述本菲尔特脱碳的基本原理。
6. 什么是转化度和再生度？转化度如何影响溶液的吸收和再生？
7. 本菲尔特脱碳时，活化剂二乙醇胺的浓度如何选择？
8. 本菲尔特脱碳时，为何要加入消泡剂？防止溶液起泡的措施有哪些？
9. 简述MDEA法脱碳的基本原理。
10. MDEA溶液成分对脱碳有何影响？
11. MDEA法脱碳时，脱碳塔为什么分为上、下两段？
12. 变压吸附法脱碳的基本原理是什么？
13. 简述变压吸附脱碳吸附剂的组成及性质。
14. 以某一个吸附塔为例，简述变压吸附脱碳的基本工艺过程。
15. 如何正确选择脱碳的方法？
16. 结合下厂参观，说明当地合成氨厂脱碳工序生产技术特点，画出该厂脱碳工序的工艺流程方块图。

能力训练题

任务一 根据工艺要求和二氧化碳需求情况选择合适脱碳工艺路线。
任务二 各种脱碳方法综合分析。
任务三 分析化学法脱碳的正常操作要点。
任务四 分析二氧化碳的应用及发展方向。

第五章　原料气的精制

能力与素质目标

1. 能综合考虑各种因素，选择适宜的精制工艺；
2. 能初步编制液氮洗开停车方案；
3. 能对精制工艺进行工艺操作和生产指标的优化；
4. 具有安全生产、节能减排的意识。

知识目标

1. 掌握液氮洗工艺的原理、流程及工艺条件；
2. 掌握甲烷化工艺的原理、工艺条件及催化剂的基本知识；
3. 熟悉双甲、醇烃化工艺的原理及工艺流程；
4. 熟悉各精制工艺的特点及选择原则；
5. 熟悉液氮洗等工艺的基本生产操作；
6. 了解原料气精制的新工艺、新技术及发展趋势。

第一节　概　述

一、精制的任务

经一氧化碳变换和二氧化碳脱除后的原料气中尚含有少量的一氧化碳和二氧化碳，它们均为氨合成催化剂的毒物，原料气在送往合成工序以前，还需要进一步净化，此过程称为原料气的精制。原料气的精制可通过化学法或物理法，精制后气体中一氧化碳和二氧化碳体积分数之和，大型氨厂控制在小于 10×10^{-6}，中小型氨厂控制在小于 30×10^{-6}。

二、精制工艺简介

在合成氨生产过程中，原料气精制是非常重要的。气体净化不彻底，极易导致合成催化剂永久性中毒，丧失活性，合成塔温度波动，造成减机减量，影响正常生产。传统精制方法有醋酸铜氨液精制方法（简称"铜洗"法）、深度变换串甲烷化法、低温甲醇洗串液氮洗涤净化精制法。随着科技的不断发展，合成氨原料气精制工艺也在不断地改进和提高，其中双甲工艺和醇烃化工艺（也称新双甲工艺）取代传统的精制工艺并得到了广泛的应用和发展。

"铜洗法"利用醋酸铜氨液来脱除原料气中体积分数约 3%～5%的（CO＋CO₂）杂质气体，以达到精制原料气的目的，是小氮肥行业最常用的原料气净化精制方法。随着联醇技术的应用，又采用了甲醇串铜洗的方法，原料气先进行甲醇合成，然后再进铜洗工段进一步净化，这样既增加了变换岗位的操作弹性，又降低了铜洗工段的物耗，而且还得到化工原料甲醇。随着节能及环保要求的提高，铜洗精制法存在控制指标过多、操作不稳定、检修频繁；铜氨液吸收和再生过程中，既要冷源又要热源，造成运行费用高；废旧铜液还会对环境造成污染等缺点，因此，逐步被其他方法取代。

深度低变串甲烷化法是先对气体进行深度变换，将 CO 降至 0.3%，再进行甲烷化除去二氧化碳和残余的一氧化碳。

低温甲醇洗串液氮洗涤工艺可以得到按需要比例的 H_2、N_2 进入氨合成工段，氨合成的放空量非常少，氨合成回路的循环量显著降低，合成反应器的反应效率显著提高。但这种工艺需要较多的冷源，只有在采用富氧或纯氧制气的工艺流程中才合适。液氮洗涤早在 20 世纪 20 年代即应用于焦炉气的分离及重油部分氧化。以煤为原料仅适应于富氧气化而不宜用于固定床间歇气化的氮肥厂。低温液氮洗涤技术具有资源广泛、能耗低、流程短、规模大型化、操作简单、污染少等综合优势。

双甲工艺是合成氨原料气甲醇化甲烷化精制工艺，简称"双甲"工艺或"醇烷化"工艺。采用甲醇化后串上甲烷化的气体净化工艺，使生产产品、净化、精制于一体，创造了一种高效、节能、环保的净化精制新工艺。

醇烃化工艺是将需要净化的（$CO + CO_2$）转化为甲醇、烃类等物质而去除的工艺，是将原双甲工艺中 CH_4 等气态物质改为液态的副产物，即常温下能方便冷凝的醇类及烃类物质。原双甲工艺中甲醇化后，气体中（$CO + CO_2$）气体几乎全部要与原料气中的有效成分 H_2 进行反应而生成 CH_4，CH_4 气体在合成工段是一种无用的气体，生成得愈多，愈要增加循环机功耗和合成系统放空量，使有效气体损失增大。醇烃化工艺与双甲工艺比较，达到同样产量和同样的入工段气体成分条件下，精制原料气的 H_2 消耗下降近 30%，合成工段的放空量下降 80%。

目前，净化工艺的种类比较多，选择净化工艺需要考虑制气原料和方法、工艺要求及技术经济指标等因素，在满足氨合成对原料气要求（合成催化剂毒物小于 10～20mg/kg）的同时，使整个净化过程操作可靠、经济合理。

第二节　液氮洗涤工艺

工业上液氮洗涤装置常与低温甲醇脱除二氧化碳联用。该工艺是一种物理吸收法，洗涤液仅为液体氮，溶液组分单纯，洗涤吸收、分离的影响因素少，而且氮气也是氨合成的有效成分，故工艺流程简单，工艺过程容易控制。此法不仅能脱除 CO 和 CO_2 等有害杂质，而且能脱除 CH_4、Ar 等惰性气体且干燥无水，得到只含惰性气体 100×10^{-6} 以下的氢氮混合气体，产品合成气的纯度很高，使氢、氮气在合成氨时的消耗量接近理论值，并且大大延长了催化剂的寿命。

液氮洗涤工艺通常与设有空气分离装置的重油部分气化、烟煤加压气化制备合成气的工艺技术结合使用，以获得充足的液体氮来源。与低温甲醇洗涤等冷法脱除 CO_2 技术结合使用，可以减少工艺流程中热冷变化的弊端，充分提高能量的利用率。由于低温会使 H_2O 和 CO_2 凝结成固体，影响传热及堵塞管道和设备，因此进入液氮洗涤系统的原料气体必须预先完全脱除 H_2O 和 CO_2。由于在低温下操作，耐低温的材料价格昂贵，设备投资有所增加。

在天然气为原料合成氨工业中，为适应天然气制氨降低能耗的要求，深冷脱除过量氮的方法已被采用。该工艺在二段转化炉中加入过量空气，在甲烷化以后，再采用深冷净化方法将过量氮加以分离，从而得到纯净的氢、氮气。

一、基本原理

液氮洗涤工艺是基于混合气体中各组分在不同的气体分压下冷凝的温度不同，各组分在相同的溶液中溶解度不同，使混合气体中需分离的某种气体冷凝和溶解在所选择的溶液中，从而达到分离的目的。CO 具有比氮的沸点高以及易溶解在液体氮中的特性，氮是合成氨原料之一，于是工业生产中用液体氮作洗涤剂来脱除少量 CO。用液氮洗涤时，原料气中的 CO 就冷凝液化，而一部分液氮蒸发到气相中，如果进入氮洗系统的气体中含有少量 O_2、CH_4 和

Ar，由于它们的沸点都比 CO 高，在脱除 CO 的同时也可将这些组分除去。表 5-1 为液氮洗工序中涉及的气体有关物性参数。

表 5-1　气体的有关物性参数

气 体 名 称	大气压下沸点/℃	大气压气化热/（kJ/kg）	临界温度/℃	临界压力/MPa
CH_4	−161.45	509.74	−82.45	4.579
Ar	−185.86	164.09	−122.45	4.798
CO	−191.50	215.83	−140.20	3.452
N_2	−195.80	199.25	−147.10	3.350
H_2	−252.77	446.65	−240.20	1.276

从上表可以看出，各组分的临界温度都比较低，氮的临界温度为−147.1℃，从而决定了液氮洗涤必须在低温下进行。从各组分的沸点数据可以看出，H_2 的沸点远远低于 N_2 及其他组分，也就是说，在低温液氮洗涤过程中，CH_4、Ar、CO 容易溶解于液氮中，而原料气体中的氢气则不易溶解于液氮中，从而达到了液氮洗涤净化原料气体中 CH_4、Ar 和 CO 的目的。

液氮洗涤 CO 为物理过程，这个过程是在液氮洗涤塔中进行的，洗涤用的纯液体氮由顶部加入。原料气经洗涤后成为纯氢氮混合气，吸收 CO 后的液体从底部排出。

二、工艺流程

液氮洗工艺可分为原料气净化、原料气冷却、氮洗等工艺流程。

由于低温容易使水和 CO_2 凝结成固体，影响传热及堵塞管路与设备，因此进入氮洗系统的原料气必须完全不含水蒸气和 CO_2，这样就需先将原料气进行预处理。

焦炉气以及合成气常常含有微量氮氧化合物和不饱和烃，在低温下和不饱和烃一起沉积的树脂状的氮氧化物很容易自燃引爆。因此，除了设有脱除气体中水和 CO_2 的设备外，还要有一个装有活性炭等固体的吸附器以最终脱除微量杂质，以便确保安全生产。

原料气在进入氮洗塔以前，需要进行冷却，同时也是为了回收从系统中出来的气体带的冷量。液氮洗涤工艺流程如图 5-1 所示。

液氮洗净化工艺主要可以分为净化气流程、高压氮气流程、燃料气流程、循环氢气流程、补充液氮流程等工艺流程。

1. 净化气流程

来自低温甲醇洗工序的净化气，首先进入装有分子筛的吸附器，将净化气中微量的 CO_2、CH_3OH 脱除干净，出吸附器的净化气中，CO_2、CH_3OH 的体积分数均在 10^{-6} 以下；然后，净化气进入冷箱，在工艺气氮气预冷器及气体冷却器中与返流的合成气、燃料气和循环氢气进行换热，使出原料气体冷却器后的原料气温度降至−188～−190℃，进入氮洗塔的下部。在氮洗塔中，上升的原料气与塔顶来的液氮成逆流接触，并进行传质、传热。CO、CH_4、Ar 等杂质从气相冷凝溶解于液氮中，从塔顶排出的氮洗气中的 H_2 与大约 10%的蒸发液氮混合，返回冷却器进行冷量回收，出冷却器后，将高压氮气配入氮洗气中，使 H_2/N_2 达到 3:1（体积比），配氮后的氮洗气称为粗合成气。在工艺气氮气预冷器内，合成气与净化气、高压氮等物流换热后，出工艺气氮气预冷器后温度达−67.3℃，分为两股，一股进入高压氮气冷却器，与燃料气、循环氢气一起冷却高压氮气，出高压氮气冷却器后，粗合成气、燃料气、循环氢等均被复热至常温；另一股送低温甲醇洗工序补偿由净化气体自低温甲醇洗工序带来的冷量，返回后与高压氮气冷却器出口的粗合成气汇合，再经精调，最后把 H_2/N_2 为 3:1（体积比）的合成气送入氨合成工序。

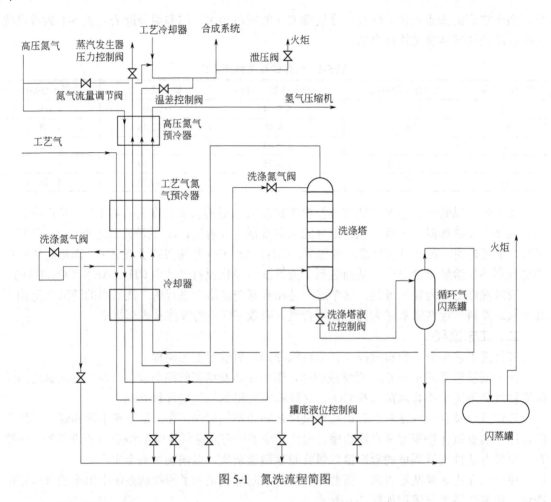

图 5-1　氮洗流程简图

2. 高压氮气流程

进入液氮洗工序的氮气，压力为 5.9MPa，温度为 42℃，O_2 含量小于 10^{-5}。进入冷箱后，在高压氮气冷却器内，被部分粗合成气、燃料气和循环氢气冷却后，温度降到-63.6℃，然后进入工艺气氮气预冷器，被合成气、燃料气和循环氢气进一步冷却，出工艺气氮气预冷器后，高压氮气被冷却到-127.2℃。一股继续在冷却器中被合成气、燃料气和循环氢气再进一步冷却至-188.2℃而成为液态氮，进入氮洗塔的上部而作为洗涤液；另一股经节流后进入气体混合器，与氮洗塔塔顶来的氮洗气混合，成为 H_2/N_2 为 3:1 的合成气。

3. 燃料气流程

从氮洗塔塔底排出的温度为-193℃的馏分，经减压至 1.8MPa 后进入氢气分离器中进行气液分离。由氢气分离器底部排出的液体即为燃料气，又经进一步减压至 0.18MPa，分别进入冷却器、工艺气氮气预冷器和高压氮气冷却器中进行复热，回收冷量。出高压氮气冷却器后的燃料气压力为 0.08MPa，温度为 30℃，在装置开车期间送往火炬焚烧，正常生产时送往燃料气系统。

4. 循环氢气流程

由氢气分离器顶部排出的气体，压力为 1.8MPa，进入冷却器、工艺气氮气预冷器和高压氮气冷却器中进行复热。出高压氮气冷却器后的压力为 1.75MPa，温度为 30℃，送往低温甲醇洗工序的循环气压缩机回收利用，提高原料气体中有效组分的利用率，开车时送往火炬。

5. 空分来的补充液氮流程

正常操作时，液氮洗工序不需要补充冷量，开车或工况不稳定时，则需由液氮来补充冷量。

从空分装置引入的压力为 0.45MPa 的液氮，经减压至 0.18MPa，并在冷却器前进入燃料气管线，汇入燃料气中。它经冷却器、工艺气氮气预冷器和高压氮气冷却器复热，向液氮洗工序提供补充冷量。

6. 分子筛吸附器再生流程

一般分子筛吸附器有两台，切换使用，即一台运行，另一台再生，切换周期为 24h，自动切换，属程序控制。再生用 0.45MPa 的低压氮气，由空分装置提供；再生氮气的加热由高压蒸汽管网提供的 3.62MPa 的高压蒸汽加热的再生气体加热器完成。再生氮气的冷却系统通过来自循环水系统管网的冷却水在再生气体冷却器实现。出再生气体冷却器的再生氮气送低温甲醇洗工序的气提塔，作为气提氮气使用。

三、工艺条件

1. 液氮洗冷量

流程中除考虑回收冷量外，由于开车初期需冷却设备、补充正常操作时从大气漏入的热量以及各种换热器热段温差引起的冷量损失，为此必须补充冷源。提供所需冷量的方法通常有以下几种：

① 利用焦耳-汤姆逊效应，将用作洗涤剂的氮气压缩到足够高的压力（例如 20MPa），再经冷却将其减压到氮洗的操作压力以获得冷量。

② 利用等熵膨胀，把一部分冷却后的高压氮通过膨胀机或膨胀透平使压力降低而制冷。

③ 与氮洗装置联合的空分装置直接将液态氮送入氮洗塔以提供所需的冷量。

冷量平衡主要考虑两个方面：与甲醇洗系统间的冷量平衡、液氮洗装置自身的冷量平衡。

（1）与甲醇洗系统间的冷量平衡　甲醇洗系统和液氮洗系统是相互耦合的，低温甲醇洗工序的净化气是低温气体，相当于先给液氮洗系统提供了一部分冷量，为维持系统冷量的平衡，应注意液氮洗系统中返还给甲醇洗系统的合成气所提供的冷量要与来自低温甲醇洗工序的净化气提供的冷量相等。

（2）液氮洗装置自身的冷量平衡　液氮洗系统主要是通过流体节流产生的焦耳-汤姆逊效应来提供冷量，液氮洗系统冷量的大小主要取决于高压氮气压力的大小。如果选用的高压氮气压力偏小，虽然系统能耗会降低，但流体节流产出的冷量会偏少，系统冷量会不足，进而导致系统无法正常运行。如果选用的高压氮气压力大，则节流产出的冷量多，但压力偏高则造成能耗的增加，因此选取合适的高压氮气压力是十分必要的。

2. 氢、氮比值

H_2、N_2 比是液氮洗工序重要指标。正常情况下，氮洗塔出塔气中 H_2/N_2 应达到一定的水平，然后再经冷配氮后基本达到工艺要求，热配氮只作微调。H_2/N_2 失调主要表现为 H_2/N_2 高，而且氮气消耗大。氮洗塔塔顶温度决定出塔气中 N_2 含量，系统冷量充足时，容易出现塔顶温度偏低，甚至低于 $-197℃$，大量液氮进入塔底尾气馏分中，而蒸发进入气相的氮气减少，造成 H_2/N_2 失调。此时配氮量增大，甚至会超过设计用量。

冷配氮增加影响系统冷量分配，会进一步降低入塔气温度，引起塔顶温度下降。因此，如果 H_2/N_2 失调是由温度低引起的，那么过度调整冷配氮是不合理的，应改变冷量分配，适当提高氮塔温度，使塔顶温度达到设计指标范围。

四、操作及安全生产要点

1. 开车前期工作

（1）开车前的准备工作　检修时新增的盲板已拆除，拆掉的盲板已复位，确认其位置正确无误；吸附器分子筛装填合格，具备投运条件；空分运行正常，有足够的氮气送出；仪表根部阀保持开启，其他所有阀门均关闭。

（2）系统氮气置换干燥　将冷箱复热氮管线上的盲板打开；开尾气通火炬切断阀，设定值调至 0.2MPa 投自动；将循环氢、合成气排火炬管线打开；全开进冷箱前过滤器前后切断阀；将净化气排火炬管线阀门打开；开复热氮前后切断阀，调节阀门开度，使指示为 0.3MPa；在干燥过程中打开所有导淋阀、分析取样点、仪表导压管及安全阀旁路；各分析取样点取样，露点合格（露点≤-65℃、O_2≤0.2%），表明置换干燥合格。

（3）系统裸冷　液氮洗岗位安装完毕，空分送出合格的 N_2，冷箱没有装填珠光砂前做裸冷试验；关闭冷箱复热氮气管线；关闭置换、干燥时各排放管线；将进液氮洗岗位中压氮进口阀旁路打开，短排过滤器后排放阀；开过滤器后切断阀；关液氮洗岗位中压氮进口阀旁路，打开进口阀；调整氮洗塔充压至 0.5～1MPa；N_2 引入冷箱的同时，分别打开合成气排火炬阀、合成气冷排放阀、冷箱前过滤器后净化气冷排放阀、循环氢排火炬阀、尾气排火炬阀。通过调整以上各排放阀的开度，控制冷却速度≤20℃/h，氮的分配使装置各部分均匀冷却，控制换热器端面温差≤60℃；当原料气出工艺气氮气预冷器温度、原料气进氮洗塔温度、循环气体出氢气分离器温度指示为-50～-60℃时，表明裸冷结束，关闭进工段中压氮切断阀。

（4）系统解冻　打开冷箱各处人孔进行自然升温解冻，同时观察冷箱内结霜情况；当冷箱内恢复至常温后，可进入检查并紧固螺栓，若有螺栓松动，先行拧紧。应注意在进人之前，必须分析其中的氧含量在 20%以上，以免造成窒息。

（5）气密试验　用 N_2 充至操作压力查漏。

（6）珠光砂装填　装填完毕，人孔封好，投用冷箱干燥氮。

（7）吸附器再生　通过置换、加热、预冷等操作使两台吸附器再生。

2. 开车步骤

（1）冷却积液　关闭冷箱复热氮管线；关闭各排放管线、导淋、分析取样点；确认相关阀门关闭。

将进液氮洗工段中压氮进口阀旁路打开，将中压氮引至粗配氮流量调节阀、洗涤液氮流量调节阀阀前，均压完毕，关旁路，打开进口大阀。

洗涤液氮流量调节阀复位，调整开度给氮洗塔充压至 0.5～1MPa；分别给粗配氮流量调节阀、氮洗塔液位调节阀、进氮洗塔工艺气温度调节阀复位，全开氮洗塔液位调节阀、进氮洗塔工艺气温度调节阀。

N_2 引入冷箱的同时，分别打开以下各阀：合成气排火炬阀、合成气冷排放阀、冷箱前过滤器后净化气冷排放阀、循环氢排火炬阀、尾气排火炬阀。

通过调整以上各排放阀的开度及粗配氮流量调节阀、洗涤液氮流量调节阀开度，使冷却速度≤20℃/h，氮的分配使装置各部分均匀冷却，控制换热器端面温差≤60℃。

为了加快冷却速度，当冷却器冷端温度达-160℃时，可补液氮。在补液氮之前，先对液氮管线进行排放冷却，确保液氮管线冷却合格。

随着温度的降低，氮气开始液化，液体在氮洗塔、氢气分离器内积累，当液位均达到 90%以上时，冷却积液完成。

（2）吸附器的冷却　液氮洗装置冷却积液的同时，其中一台吸附器必须用来自低温甲醇洗岗位的合格工艺气进行充压，并慢慢冷却到操作温度；确认合成气出界区压力在设定压力下投自动。

气体取样分析 $CO_2 \leqslant 10 \times 10^{-6}$、$CH_3OH \leqslant 10 \times 10^{-6}$ 或 $CO_2 + CH_3OH \leqslant 20 \times 10^{-6}$。

确认分子筛吸附器各程控阀均关闭；确认工艺气进冷箱切断阀及其旁路阀关闭。

打开吸附器出口阀、进口阀；打开分子筛前净化气大阀均压阀进行均压，使分子筛出口压力现场压力表指示操作压力，控制充压速度 $0.1 \sim 0.2$ MPa/min。

吸附器内压力充至平衡压力后，全开分子筛前净化气大阀，关其旁路；开分子筛后冷排放管线，调节其前后切断阀控制冷却速率 $\leqslant 20$℃/h；当温度指示原料气体进分子筛吸附器温度与原料气体出分子筛吸附温度基本相同时，表明冷却结束。

吸附器冷至-50℃，调整分子筛冷排放截止阀使分子筛维持在低温状态。净化气进冷箱后，关闭分子筛冷排放阀。

（3）导气 导气前确认氮洗塔、氢气分离器内液位在90%以上，液氮管线处于备用状态。

关闭冷排放管线上的截止阀，停止冷却积液：TDV1116前合成气排火炬阀、合成气去低温甲醇洗切断阀与其后截止阀之间的合成气冷排放阀、冷箱前过滤器后净化气冷排放阀、循环氢排火炬阀、尾气排火炬阀。

在关闭冷排放阀同时关闭中压氮粗配氮流量调节阀、洗涤液氮流量调节阀进氮阀；用工艺气充压：打开工艺气进冷箱切断阀旁路均压，压差 $\leqslant 0.005$ MPa时开工艺气进冷箱切断阀；打开合成气去低温甲醇洗切断阀；缓慢关闭分子筛后冷排放阀。

调整洗济氮量、配氮量使出口成分合格，S1104取样分析 $CO \leqslant 5 \times 10^{-6}$、$H_2 = 75\%$；调整氢气分离器压力，控制出口压力 1.85MPa，根据压缩机的情况切换气体的去向；根据氨合成工段的需要送气，在此过程中要密切关注合成气压力放空调节阀压力的变化。

（4）投联锁 导气和送气完毕后，待系统稳定后投用净化气低联锁。

3．正常开车

在停车时，其中一台或两台吸附器处于冷态，当氮洗塔顶分析净化气合格后，上述吸附器可以恢复到停车前的阀门位置进行充压后继续冷却。其余步骤与原始开车相同。

如果停车时间短，不超过半天，冷箱可不排液直接导气，但要注意：冷量不上移，换热器端面温差不超过60℃。

4．紧急停车

仪表空气故障、吸附器故障、净化气故障或其他引起液氮洗装置紧急停车的故障。

（1）净化气故障 如果来自低温甲醇洗工段的净化气发生故障，启动主联锁冷箱停车。停车后的处理根据具体情况按"短期停车"或"长期停车"处理。

（2）中压氮 来自空分的中压氮压力低，联锁启动停车；如果由于中压氮里氧含量高或其他原因使中压氮不合格，按紧急停车按钮使液氮洗装置停车。

（3）低压氮故障 如果低压氮故障不能按时完成再生循环，按紧急停车按钮使液氮洗装置停车。

（4）合成气压缩机故障 合成气压缩机故障，所有合成气通过合成气压力放空调节阀放入火炬，如果合成气压缩机故障不能很快排除，装置可减负荷运行。

（5）蒸汽故障 如果吸附器正处于加热循环阶段，吸附器再生中断，液氮洗停车处理。

第三节　甲烷化工艺

甲烷化法是在一定温度和镍催化剂的作用下将一氧化碳、二氧化碳加氢生成甲烷而达到气体精制的方法。通过甲烷化反应，将气体中少量的一氧化碳、二氧化碳转化为甲烷，使 $(CO+CO_2)$ 降到 10×10^{-6} 左右，为后面氨合成提供合格的原料气。由于甲烷化过程消耗氢气而生成氨合成过程的惰性气体甲烷，因此，要求进入甲烷化炉的气体中一氧化碳、二氧化碳含量低于 0.7%。

一、基本原理

1. 化学平衡

在有催化剂存在的条件下，一氧化碳和二氧化碳加氢在一定温度和压力下可以生成甲烷，反应如下：

$$CO + 3H_2 \Longrightarrow CH_4 + H_2O \qquad \Delta H^{\ominus}_{298} = -206.16\text{kJ/mol} \qquad (5\text{-}1)$$

$$CO_2 + 4H_2 \Longrightarrow CH_4 + 2H_2O \qquad \Delta H^{\ominus}_{298} = -165.08\text{kJ/mol} \qquad (5\text{-}2)$$

当原料气中有氧存在时，还可以发生 H_2 和 O_2 的反应：

$$2H_2 + O_2 \Longrightarrow 2H_2O \qquad \Delta H^{\ominus}_{298} = -484\text{kJ/mol} \qquad (5\text{-}3)$$

在 200℃ 左右，还会有以下副反应发生：

$$2CO \Longrightarrow C + CO_2 \qquad (5\text{-}4)$$

$$Ni + 4CO \Longrightarrow Ni(CO)_4 \qquad (5\text{-}5)$$

从原料气精制角度，希望按式（5-1）、式（5-2）反应进行，抑制式（5-4）、式（5-5）的反应，因此在选择操作条件时，应力求有利于甲烷化反应的进行。甲烷化反应是一强放热反应，催化剂层会产生显著的绝热温升。一般情况下，每 1% 的一氧化碳甲烷化温升为 72℃，每 1% 二氧化碳温升为 60℃。

在甲烷化塔中，催化剂层的总温升为：

$$\Delta T = 72[CO]_\lambda + 60[CO_2]_\lambda$$

式中　　　　　　　ΔT——催化剂床层总温升，℃；

$[CO]_\lambda$、$[CO_2]_\lambda$——进口原料气中 CO、CO_2 含量，%。

如果原料气中有氧的存在，其温升要比一氧化碳、二氧化碳高得多。每 1% 的氧气，甲烷化的温升值为 165℃。所以在原料气中应严格控制氧气的含量，否则催化剂因严重超温而失活。

通常甲烷化反应的平衡常数随温度升高而降低，在生产上控制的反应温度范围 280~420℃，在该温度范围内，平衡常数值很大，有利于一氧化碳、二氧化碳转化为甲烷，如果温度高于 600~800℃ 时反应会向左进行，即发生甲烷化蒸汽转化反应。甲烷化反应在不同温度下的平衡常数和热效应见表 5-2。由表可知，平衡常数随温度升高而下降，热效应随温度升高而增加。

表 5-2　甲烷化反应在不同温度下的平衡常数和热效应

温度/K	CO + 3H₂ → CH₄ + H₂O		CO₂ + 4H₂ → CH₄ + 2H₂O	
	热效应	平衡常数	热效应	平衡常数
	$-\Delta H^0_R/(\text{kJ/mol})$	$K_p = p_{CH_4}p_{H_2O}/p_{CO}p^3_{H_2}$	$-\Delta H^0_R/(\text{kJ/mol})$	$K_p = p_{CH_4}p^2_{H_2O}/p_{CO_2}p^4_{H_2}$
500	214.71	1.56×10^{11}	174.85	8.47×10^9
600	217.97	1.93×10^8	179.06	7.12×10^6
700	220.65	3.62×10^5	182.76	4.02×10^5
800	222.80	3.13×10^3	185.94	7.73×10^2
900	224.45	7.47×10^1	188.65	3.42×10^1
1000	225.68	3.68	190.88	2.67

甲烷化反应为一个体积缩小的反应，提高压力使甲烷化平衡向右移动，由于甲烷化原料气中一氧化碳、二氧化碳分压低，H_2 过量很多，即使压力很高，甲烷化后一氧化碳、二氧化碳平衡含量仍很低。在生产条件下一氧化碳、二氧化碳平衡含量都在 0.0001×10^{-6} 以下，所以工业上要求甲烷化炉出口气体（$CO + CO_2$）$\leqslant 10 \times 10^{-6}$ 是可行的。

2．反应速率

甲烷化反应的机理和动力学比较复杂。研究认为，甲烷化反应速率很慢，但在镍催化剂存在的条件下，反应速率很快，且对于一氧化碳和二氧化碳，甲烷化可按一级反应处理。甲烷化反应速率随温度升高和压力增加而加快。

当混合气体中同时含有一氧化碳和二氧化碳时，研究表明，二氧化碳对一氧化碳的甲烷化反应速率没有影响，而一氧化碳对二氧化碳的甲烷化反应速率有抑制作用，这说明二氧化碳比一氧化碳的甲烷化反应困难。

一般情况下，一氧化碳含量在 0.25% 以上时，反应属内扩散控制；一氧化碳含量在 0.25% 以下时，属外扩散控制。因此在实际应用时，减小催化剂粒径，提高床层气流的空速都有利于提高甲烷化速率。

3．副反应

一氧化碳分解析炭是有害的副反应，会影响催化剂的活性。如图 5-2 所示为发生析炭的条件。由于进甲烷化炉原料气中 H_2/CO 比值很高，所以析炭反应不会发生。

羰基镍 $Ni(CO)_4$ 为剧毒物质，中毒症状为头痛、昏迷、恶心呕吐、呼吸困难，而且会造成催化剂活性组分镍的损失，严重损害催化剂的活性，使催化剂性能恶化，无法操作。工厂中 $Ni(CO)_4$ 的允许浓度控制在 $0.001mg/m^3$。

理论上生成羰基镍的温度上限为 121℃，由于正常的甲烷化操作反应温度都在 300℃ 以上，所以生成

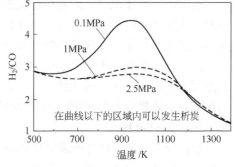

图 5-2　发生析炭的条件

羰基镍的可能性很小。只有当发生事故停车时，甲烷化温度可能低于 200℃。在开车时，用工艺气体升温时，应控制尽可能低的一氧化碳，在较低压力下快速升温到 200℃ 以上，使生成 $Ni(CO)_4$ 的可能性减到最低。

二、甲烷化催化剂

甲烷化是甲烷转化的逆反应，因此，甲烷化催化剂和甲烷转化催化剂都以镍作为活性组分，但两种催化剂也有区别。

① 甲烷化炉出口气体中的碳氧化物允许含量是极小的，这就要求甲烷化催化剂有很高的活性，而且能在较低的温度下使用。

② 碳氧化物与氢的反应是强烈的放热反应，要求催化剂能承受很大的温升。

为满足生产要求，甲烷化催化剂的镍含量比甲烷转化高，其质量分数为 15%～35%（以镍计），有时还加入稀土元素作为促进剂。为提高催化剂的耐热性，通常以耐火材料为载体。催化剂可压片或做成球形，粒度在 4～6mm 之间。国产甲烷化催化剂的化学组成与物理性能见表 5-3。

生产上，对甲烷化催化剂的选择，一是要有很高的活性，而且能在较低的温度下进行；二是能承受很大的温升。

表 5-3　甲烷化催化剂的化学组成与物理性能

型　　号		J101	J103H	J105
化学组成	Ni	≥21.0	≥12	≥21.0
	Al$_2$O$_3$	42.0~46.0	余量	24.0~30.5
	MgO			10.5~14.5
	Re$_2$O$_3$			7.5~10.0
外观		灰黑色圆柱体	黑色条	黑色圆柱体
尺寸/mm		ϕ5×(5±0.5)	ϕ0.5×(5~6)	ϕ5×(4.5~5)
堆密度/(kg/L)		0.9~1.2	0.8~0.9	1.0~1.2
比表面积/(m^2/g)		~250	130~170	~100
孔容积/(mL/g)			0.24~0.30	0.31

通常甲烷化催化剂中的镍都以 NiO 形式存在,使用前先以氢气或脱碳后的原料气将其还原为活性组分 Ni。

$$NiO + H_2 \rightleftharpoons Ni + H_2O \qquad \Delta H_{298}^{\ominus} = -1.26kJ/mol \qquad (5\text{-}6)$$

$$NiO + CO \rightleftharpoons Ni + CO_2 \qquad \Delta H_{298}^{\ominus} = -38.5kJ/mol \qquad (5\text{-}7)$$

在用原料气还原时,为避免催化剂层温升过大,要尽量控制碳氧化物的含量在 1%以下。还原后的镍催化剂易自燃,务必防止同氧化性的气体接触,而且不能用含有一氧化碳的气体升温,防止在低温时生成毒性物质羰基镍。

硫、砷、卤素是镍催化剂的毒物。在合成氨系统中最常见的毒物是硫,硫对甲烷化催化剂的毒害程度与其含量成正比。当催化剂吸附 0.1%~0.2%的硫(以催化剂质量计),其活性明显衰退,若吸附 0.5%的硫,催化剂的活性完全丧失。

三、工艺流程

根据计算,当原料气中碳氧化物含量大于 0.5%时,甲烷化反应放出的热量就可将进口气体预热到所需的温度。因此,流程中只要有甲烷化炉、进口气体换热器和水冷却器即可。但考虑到催化剂升温还原以及碳氧化物含量的波动,尚需其他热源补充。也可以全部利用外加热源预热原料气,出口气体的余热则用来预热锅炉给水。如图 5-3 所示。

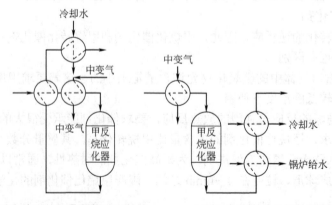

(a) 用反应放出的热量预热进口气体　　　(b) 全部利用外加热源预热原料气

图 5-3　甲烷化工艺流程示意图

方案（a）基本上用甲烷化后的气体来预热甲烷化炉进口气体，热能不足部分由中变气提供。本方案热利用构成闭合回路。但缺点是在开工时，进出口气体换热器不能发挥作用，而中变换热器又太小，升温比较困难。方案（b）则全部利用外加热源预热原料气，出口气体的余热则用来预热锅炉给水。

方案（b）的工业生产流程如图 5-4 所示。从二氧化碳吸收塔气体分离器来的气体，温度为 71℃，进入合成气压缩机段间冷却器 1 预热到 113℃，然后进入中变换热器 2，加热到反应所需的温度（设计值 316℃）进入甲烷化炉 3。反应后的气体温度升高至 363℃，首先送入锅炉给水预热器 4 冷却至 149℃，然后进入水冷却器 5 冷却到 38℃，经分离器 6 分离水后送往合成压缩机。

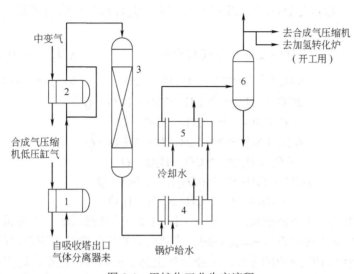

图 5-4　甲烷化工业生产流程

四、工艺条件

1. 温度

一般情况下，温度低对甲烷化平衡有利，但温度过低 CO 会和 Ni 合成羰基镍，而且反应速率慢。实际生产中温度低限应高于产生羰基镍的温度，高限温度受甲烷化炉材质的限制，操作温度一般控制在 280～420℃。

2. 压力

甲烷化反应是体积缩小的反应，提高压力有利于化学平衡，反应速率加快，从而提高设备和催化剂的生产能力，在实际生产中甲烷化操作压力由合成氨总流程确定，通常随中低变和脱碳的压力而定。

3. 原料气组成

甲烷化反应为强放热反应，若原料气中 CO、CO_2 含量高，易造成催化剂超温，同时使进入合成系统的甲烷量增加，所以要求原料气（$CO + CO_2$）≤0.7%。另外原料气水蒸气含量增加可使甲烷化反应逆向进行，并影响催化剂活性，所以原料气中水蒸气含量越低越好。

4. 空速

如果正常操作大于设计空速会加快催化剂衰退。实际生产中依据催化剂性能参数来确定合理的操作空速。如果出口气超标，又不能更换催化剂，可采用降低空速的办法来维持生产。

第四节 双甲工艺

双甲精制工艺即甲醇串甲烷化工艺,是近年来开发的新工艺,该法是以精制原料气为目的,达到联产甲醇和精制气体的双重作用。它采用原料气先甲醇化,后甲烷化的方法,清除其中少量的一氧化碳和二氧化碳,并副产甲醇。由于取消铜洗,减少了金属铜等消耗,避免了铜液对环境的污染,因联产甲醇,经济效益显著。

一、基本原理

1. 甲醇化反应

原料气中 CO、CO_2 与 H_2 在催化剂的作用下和一定温度下生成粗甲醇,主要反应方程式为:

主反应 $CO + 2H_2 \Longrightarrow CH_3OH$ $\Delta H_{298}^{\ominus} = -90.84\,kJ/mol$

$CO_2 + 3H_2 \Longrightarrow CH_3OH + H_2O$ $\Delta H_{298}^{\ominus} = -49.57kJ/mol$

副反应 $2CO + 4H_2 \Longrightarrow CH_3OCH_3 + H_2O + Q$

$CO + 3H_2 \Longrightarrow CH_4 + H_2O + Q$

$4CO + 8H_2 \Longrightarrow C_4H_9OH + 3H_2O + Q$

$CO_2 + H_2 \Longrightarrow CO + H_2O - Q$

$nCO + 2nH_2 \Longrightarrow (CH_2)_n + nH_2O + Q$

$2CH_3OH \Longrightarrow CH_3OCH_3 + H_2O$

一氧化碳与氢气合成甲醇的反应,是一个体积缩小的放热反应。提高压力、降低温度可以使化学平衡向生成甲醇的方向移动。同时,从副反应的热效应及反应前后的体积变化来看,降低温度也有利于抑制副反应的进行。工业生产上为了提高反应速率,选用选择性好、活性高的催化剂,以使甲醇合成反应在较低的温度与压力下具有较高的反应速率。

目前应用于甲醇合成催化剂有两大系列:一种是以氧化铝为主体的锌基催化剂,另一种是氧化铜为主体的铜基催化剂。锌基催化剂一般只适用于高温(380℃)和高压(32MPa)下作为合成甲醇的催化剂,而铜基催化剂则在 5MPa 压力和低温(240℃)下就有较高的反应活性。

2. 甲烷化反应

$$CO + 3H_2 \Longrightarrow CH_4 + H_2O + Q$$
$$CO_2 + 4H_2 \Longrightarrow CH_4 + 2H_2O + Q$$

经甲醇化工序后的合成气,含 $CO + CO_2$ 为 0.1%~0.3%,经换热后温度达到 280℃,进入甲烷化工序,净化气中 CO、CO_2 在催化剂的作用下,与 H_2 生成甲烷。

甲烷化反应同样以 CO、CO_2 与 H_2 作为原料生成 CH_4。但反应主要目的是精制合成氨原料气,将甲醇化后的只有很少量的($CO + CO_2$)进行脱除。为了减少合成系统的放空量,应尽量减少进入甲烷化气体中的($CO + CO_2$),这样可使甲烷化反应少生成无用的惰性气体,少耗用 H_2,进而使合成工段的放空量不增加很多。

二、工艺流程

1. 双甲精制工艺的类型

该工艺如果按各工序所处的压力级命名,可分为低压法(10.0~15.0MPa)、高压法(31.4MPa);按双甲工序所处的压力等级是否相同可分为等压法、非等压法、等高压法等;

按工艺不同，又分一级醇化＋甲烷化的"双甲"工艺、两级醇化＋甲烷化的"新双甲"工艺。

（1）中压甲醇甲烷化工艺　（$CO+CO_2$）≤2.5%的脱碳气压缩到 10～13MPa 后进入甲醇合成塔，在催化剂层反应生成甲醇，空间速率为 6000/h 左右，在温度为 250℃进行甲醇合成反应，出塔气含（$CO+CO_2$）≤0.5%，气体经冷却分离甲醇后进入甲烷化炉反应，出口（$CO+CO_2$）≤10×10^{-6} 的精制气送到氨合成工序。在 12MPa 左右中压下甲醇合成，在同样压力下进行甲烷化反应的工艺，比低压甲烷化、铜洗、中压联醇串铜洗等工艺更加稳定可靠，节能降耗，经济效益显著。

中压甲醇甲烷化只在甲醇产量要求不高的情况下可满足要求，在甲醇化和甲烷化联合进行时，其工艺要求不仅要副产甲醇，而且要保证进甲烷化炉气体中（$CO+CO_2$）≤0.7%，出口气中（$CO+CO_2$）≤10×10^{-6}。此法不能按现有的中压联醇串铜洗的工艺来操作，必须降低甲醇合成塔进口气空间速度及（$CO+CO_2$）含量。

（2）等高压甲醇甲烷化工艺　等高压型甲醇和氨的联合生产装置，即将原料气直接加压到氨合成压力，甲醇化和甲烷化都在高压下反应，提高压力后使甲醇合成的 CO 转化率达到 95%以上。这样的结果，既增加了甲醇产量又降低了醇后气中（$CO+CO_2$）含量，减轻了甲烷化炉的负荷和甲烷生成量，满足了甲烷化的要求，降低了合成氨原料气的消耗量。等高压甲醇甲烷化工艺，不用气体循环流程，进塔一氧化碳含量可达到 5%～8%，醇氨比 0.25～0.4，催化剂生产强度 20～35t/（d·m³），为中压双甲的 4～6 倍。

另一种方法为低压下甲醇化后，再进入以上系统，使气体在高压下第二次合成甲醇。经降温并分离副产的甲醇后，进入甲烷化系统，使 CO、CO_2 与氢气反应生成甲烷，出醇烷化系统的气体中（$CO+CO_2$）≤10×10^{-6}，净化后的气体去氨合成系统生产氨。

2．甲醇化基本工艺步骤

（1）气体的除油和原料气的净化　气体在加压过程中，压缩机内的部分润滑油被带出，进入甲醇合成塔不仅会使催化剂中毒，还会附着在热交换器管壁上，降低传热效率，因此须进一步将油污分离干净。同时气体中还含有少量的硫化氢、氨及其他有害杂质，必须彻底清除否则将导致催化剂失去活性。

（2）气体的预热和合成　催化剂有一定的活性温度，原料气需加热到催化剂的起始活性温度，才能送入催化剂层进行甲醇合成反应。正常操作情况下主要利用反应热作为热源。即反应后的高温气体在换热器中预热反应前温度较低的原料气，在开车或不能维持塔内自热平衡时，可开启塔内电加热器。换热过程一部分在甲醇合成塔中通过换热装置进行，另一部分在塔外的换热设备中进行。因此，在流程中设置热交换器和甲醇合成塔。

（3）甲醇的分离　从合成塔出来的混合气体中的气态醇，须经过冷凝变成液态醇再经气液分离设备才能从混合气中分离出来。

目前，工业上冷凝甲醇主要用水作冷却剂。因此，在流程中设置水冷器和醇分离器，将甲醇冷凝并分离出来。液态粗醇经减压后送至中间贮槽，再送往精馏岗位进一步加工。在冷凝过程中少量的氢气、氮气和其他气体溶解于粗醇中，在中间贮槽内减压后，溶解于其中的气体组分大部分解吸出来。

（4）未反应物的循环利用　从合成塔出来的混合气体，经冷凝分离甲醇后，剩余气体中含有大量未反应的一氧化碳、二氧化碳和氢气，为了回收这部分气体，提高醇的产率，工业上常采用循环法合成甲醇。即未反应的气体，经循环机加压后，与新鲜气汇合，重新进入甲醇合成塔进行反应。一般采用部分循环，即一部分反应后的气体到甲烷化，另一部分经循环压缩机补充能量再回到系统。

（5）反应热的回收　目前回收热能的方法有两种：一是预热反应前的入塔气体，使其达到反应温度；另一种是预热锅炉给水，产生低压蒸汽，供其他岗位使用。

（6）气态醇的回收　合成塔出来的混合气体经冷凝分离后，往往不可能较干净地将甲醇化后的气体中的甲醇蒸气、二甲醚蒸气分离下来，仍含有约 0.3% 的气态醇。若不加以回收利用必将造成甲醇流失，降低甲醇产量。同时甲醇带入甲烷化后，对甲烷化催化剂是不利的，工艺上也设置了一个净醇岗位。

目前回收醇的方法是在甲醇的系统出口处设置醇回收塔。用高压泵抽取脱盐水由塔顶淋下，气体由下部进入，吸收气态醇制成稀醇，送往精馏岗位进行加工，这样气态醇既得到了回收利用，增加了产量，又保证了甲烷化气体质量。

3. 双甲工艺流程

双甲工艺的流程图如图 5-5 所示。

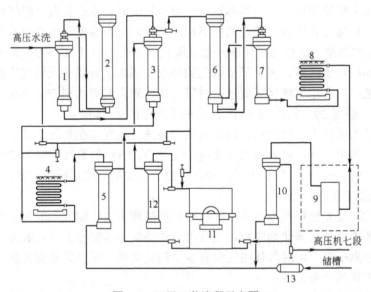

图 5-5　双甲工艺流程示意图

1, 3, 7—换热器；2—甲醇化塔；4, 8—水冷器；5, 10—醇醚分离器；6—甲烷化塔；
9—氨冷器；11—循环机；12—油分离器；13—粗醇槽

来自压缩工序原料气（压力 13MPa）分离掉油、水等杂质，与从循环机 11 来的循环气体混合进入循环加热器 1，在循环加热器中与经甲醇化塔 2 反应后的气体进行冷热交换后，从主线或副线进入甲醇化塔，在合成塔内一氧化碳、二氧化碳和氢气反应合成粗甲醇，出甲醇塔的高温气体经循环加热器降温后，再经换热器 3、水冷器 4 进一步降温，使气体中的甲醇及副产物冷凝，进入醇醚分离器 5 分离掉液态粗甲醇，粗甲醇排至粗醇槽 13。

醇醚分离器分离后的醇后气中 CO + CO_2 含量 0.1%～0.3%，一部分返回循环机，另一部分经换热器加热后，首先进入甲烷化塔 6 外筒和内筒的环隙，在经过底部换热器加热后进入换热器 7 与甲烷化后的反应器换热，气体经过加热后二次由底部进入甲烷化塔，甲烷化后的反应气出塔经换热器、水冷器 8、氨冷器 9 进一步降温至 5～10℃，进入醇醚分离器 10，分离后的气体部分去高压机七段，另一部分气体经循环机 11、油分离器 12 后返回系统重新利用。

甲醇化系统流程分为串联流程和并联流程，又根据气体是否循环分为不带循环气流程和循环流程。所谓不带循环气，即指气体一次性通过，出该系统的气体经压缩后进甲烷化系统。循环流程是指出醇分离器的气体一部分进循环机，另一部分经压缩后进烷化系统。

如果甲醇化两个子系统并联且需要同时循环时，进甲醇化系统的循环气和新鲜气同时进入两个子系统，出子系统的气体都被分为两股，一股入循环机打循环，另一股经压缩加压进入甲烷化系统。串联流程为循环气进入其中一个甲醇化子系统后，再串联进入另一子系统。

对双甲工艺，甲烷的生成增加氨合成的放空量，每生成 1%的甲烷，相当于同样多的原料气减少 5.8%的氨产量，因此要尽量减少进口 CO、CO_2 的含量，但甲醇反应受化学平衡限制，同时由于催化剂不能长久稳定地保持高活性和高转化率，随着催化剂使用时间增加，醇后气 CO、CO_2 含量仍然很高。

4．"新双甲"工艺简介

"新双甲"工艺是两级醇化＋甲烷化的，在两级醇化中，第一级也可称为联醇，第二级是以净化为主。第一级以联产甲醇为主，两级可串联或并联，也可单塔运行，两级也可随催化剂使用周期前后互换。

对"新双甲"工艺，一般来说，将双甲工艺按醇产量的大小配置成一个塔产醇、另一个塔净化的方式，产醇塔尽量低压法生产，将一级醇化由压缩低压段来加压进行生产，当产醇量较小或以净化为目的时，将其第一级和第二级甲醇化设置在一个压力级，有利于醇化塔的互换和管理。这就有醇化系统的"非等压"和"等压"之分。同时，一般甲烷化的配置是紧接在二级甲醇之后，和二级甲醇化等压配置。

三、工艺条件

1．双甲工艺压力的选择

（1）甲醇合成的压力选择

甲醇化反应是体积缩小的反应，合成压力应考虑以下因素：一是压缩能耗，选择压力越高，压缩气体能耗越高，因此应尽量选择低压合成；二是转化率，CO 与氢反应转化为甲醇，压力高，转化率高，温度 250℃、压力 5.0MPa 以上时，甲醇化平衡转化率已逐渐平衡，再提高压力对提高转化率已不十分明显；三是催化剂，铜锌铝催化剂在中低压力和 200～280℃低温范围内合成甲醇的转化率很高，特别是铜含量高的铜锌铝催化剂，在 5.0 MPa 下活性很高，完全满足工业化生产。所以目前低压甲醇就指 5.0～7.0 MPa 压力范围的合成。

（2）甲烷合成压力的选择

甲烷化在较低的压力下（CO＋CO_2）微量即可达到 $10×10^{-6}$，鉴于此，双甲精制工艺的压力选择范围较大，具体选择可根据合成氨流程、压缩机段数、节能、投资及产品调整综合分析确定。现已投入运行的多在 12.5MPa 和 32.0MPa，双甲在同一压力级或分设在中、高压力级的均存在，运行效果亦均为良好。

甲烷化反应前（CO＋CO_2）已经微量，升压对增加压缩功作用很小，但升高压力可以加快甲烷化反应速率，利于（CO＋CO_2）含量的降低。若将压力提至合成氨同级压力，合成系统的废旧设备可以有效利用，并借助合成余热使甲烷化反应达到"自热"，运行效益将更好。

2．原料气中的一氧化碳含量与醇氨比

原料气中的一氧化碳含量由醇氨比决定，根据市场情况，甲醇需求量大，醇氨比相应提高，进醇化塔的 CO 含量要求提高；反之，CO 含量要降低。生产实践证明，醇氨比一般控制在 1∶9 左右。

3．醇后气中一氧化碳和二氧化碳的控制

醇后气中（CO＋CO_2）越高，说明甲醇合成净化度越低，（CO＋CO_2）产醇利用率越低，甲烷化耗氢越多，甲烷含量高则氨合成放空量越多，带走的氢气多，即使有氢气回收系统，也会导致系统压力等级降低，动能消耗增加。醇后气中 CO 由 0.12%增加至 0.591%，吨氨新鲜气消耗由 2858.87m³（标）增加至 2969.05m³（标）。常用的控制方法，一种是降低进甲醇合成塔的负荷，提高（CO + CO₂）转化率；另一种是增加醇后气的循环量，使出口气再回到反应区域进行反应，降低（CO + CO₂）的含量。

4．原料气中硫含量与氨含量的影响

硫是甲醇化、甲烷化催化剂的永久性毒物。铜基催化剂总硫含量积附达 0.2% 即失活，工艺中运行时的原料气总硫要控制在 1×10^{-5} 以下。

第五节　醇烃化工艺

甲烷气体在合成工段是一种无效的气体，只能增加循环机功耗和合成系统放空量，造成有效气体损失增大。减少消耗量的方法是降低进入甲烷化工段气体中的 CO、CO₂ 含量，但也带来了甲醇化反应器、甲烷化反应器的热平衡等一系列工艺问题，工程上也需增加投资，流程也复杂化。

20 世纪 90 年代末，中国安淳公司通过催化剂研发，成功地将"双甲工艺"提升为"醇烃化工艺"。将醇烃化催化剂置于甲醇化后，取代甲烷化催化剂，其产物又不生成或少生成 CH₄，使得精制副产品变为有用的可回收的产品，而且这些副产品是以液态方式输出系统，也便于回收和输送。这样可得到由原来的气态副产物 CH₄ 的气体变成液态的副产物醇烃类物质，也不增加合成系统的 CH₄ 含量，合成的放空量将不会因精制而消耗 H₂ 气过多，收到了进一步降低原料气消耗的效果，相同的原料气量比"双甲工艺"增产合成氨 2%～3%，工艺更简单，操作更稳定。

一、基本原理

合成氨原料气醇烃化精制新工艺的基本原理是利用醇醚化、烃化两个反应过程将合成气中的 CO、CO₂ 清除到 1×10^{-6} 以下，其化学反应方程式如下。

醇醚化反应：

$$CO + 2H_2 \Longleftrightarrow CH_3OH$$
$$CO_2 + 3H_2 \Longleftrightarrow CH_3OH + H_2O$$
$$4CO + 8H_2 \Longleftrightarrow C_4H_9OH + 3H_2O$$
$$2CO + 4H_2 \Longleftrightarrow (CH_3)_2O + H_2O$$
$$2CH_3OH \Longleftrightarrow (CH_3)_2O + H_2O$$

烃化反应：

$$CO + 3H_2 \Longleftrightarrow CH_4 + H_2O$$
$$CO_2 + 4H_2 \Longleftrightarrow CH_4 + 2H_2O$$
$$(2n+1)H_2 + nCO \Longleftrightarrow C_nH_{(2n+2)} + nH_2O$$
$$2nH_2 + nCO \Longleftrightarrow C_nH_{2n} + nH_2O$$
$$2nH_2 + nCO \Longleftrightarrow C_nH_{2n}O + (n-1)H_2O$$
$$(3n+1)H_2 + nCO_2 \Longleftrightarrow C_nH_{(2n+2)} + 2nH_2O$$

二、工艺流程

1．醇化工艺流程

醇化工艺流程见图 5-6。由压缩工序送来的 13.5MPa 脱碳后的原料气，进入油分离器 1 分离油污，一部分从醇化塔 3 下部进入塔内外筒环隙，回收内件散热，并在塔内件顶部进入催化剂层；另一部分原料气进入醇化预热器 2 管间，回收出塔气余热后，再从醇化塔下部进入塔底换热器管内，与管间的出塔气体换热，温度升高后经中心管进入催化剂层。两股气体汇合后温度为 190～200℃，由下而上通过醇化塔催化剂层，进入塔底换热器管间，换热后从内件环隙出塔，出塔气体进入废热锅炉 4 产生水蒸气，再进入醇化预热器管内（上进下出），温度降低后进入醇化水冷器 5，温度降至 35℃以下，进入醇分离器 6，分离粗甲醇后的醇后气被送入下一工序或进入循环机进行循环。醇后气中 $CH_3OH \leqslant 0.1mg/m^3$，$(CO + CO_2) \leqslant 0.5\%$，分离出的粗甲醇去粗醇贮槽。

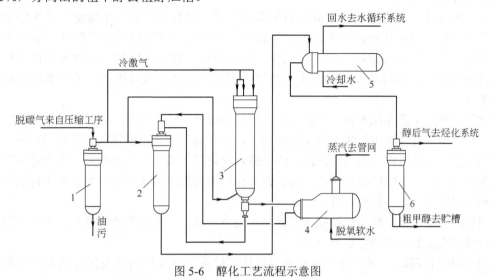

图 5-6 醇化工艺流程示意图

1—油分离器；2—醇化预热器；3—醇化塔；4—废热锅炉；5—醇化水冷器；6—醇分离器

2. 烃化工艺流程

烃化工艺流程见图 5-7。压力为 12MPa 的醇后气从烃化塔 1 底部进入内外筒环隙间，自下而上出塔，再从上部进入烃化预热器 2 管间，从下部出，被加热后再从烃化塔下部进入塔底换热器管间，被出塔反应器进一步加热，经中心管进入烃化塔内件顶部，由上而下通过催化剂层，进入塔底换热器管内，加热进塔气后离开烃化塔。出塔气体从上部进入烃化预热器管内，从下部出预热器，温度降至 60～80℃，进入水冷器 3，温度降至 35℃以下进入烃化物分离器 4，分离烃化产物。分离产物后的气体再进入烃水氨冷器 5 进一步降温，使烃与水冷凝，经烃水分离器 6 分离烃水后，$(CO + CO_2) \leqslant 15 \times 10^{-6}$ 的合格烃后气体去压缩。烃化塔是烃化反应的场所，其结构与氨合成塔相似。

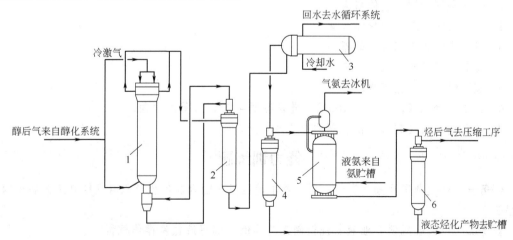

图 5-7 烃化工艺流程示意图

1—烃化塔；2—烃化预热器；3—烃化水冷器；4—烃化物分离器；5—烃水氨冷器；6—烃水分离器

　　研究表明，由于醇烃化反应有生成醇类物质的反应功能，因此，甲醇化工序来的微量的甲醇和二甲醚对醇烃化催化剂的活性没有影响，流程设置也可以去掉"双甲"工艺中必须设置的"净醇"岗位。

　　3．工艺特点

　　（1）醇烃化精制可以省去甲醇化后的净醇工序　甲醇蒸气和二甲醚蒸气进入甲烷化催化剂时，对甲烷化催化剂的反应活性影响较大，以往的工艺方法是在甲醇化后加一个"净醇"岗位，采用软水喷淋吸收甲醇化岗位未分离掉的甲醇和二甲醚，稀醇水将作为甲醇精馏工段的萃取水。这样就要增加一个"净醇"岗位，增加了投资也增加了甲醇精馏岗位的蒸汽消耗。

　　由于醇烃化工艺催化剂有产醇的功能，可以不设"净醇"岗位。并且醇烃化工艺生成的液态副产物是以醇烃和少量烃类为主体的物质，完全可以混入粗醇进入甲醇精馏岗位，回收其中的甲醇，残液可作为燃料。因此，由于醇烃化可回收较多有用的甲醇，同样进入醇烃化的气体中的 CO、CO_2 可相对调高一些，也不会增加消耗，而这样更有利于减少外供热量，提高操作简便性，节约能源消耗。

　　当然，甲醇及二甲醚蒸气对氨合成催化剂也有影响，可按处理新鲜补充气中的微量水和油的处理方式在氨合成岗位进行处理。

　　（2）醇烃化精制有利于热平衡和反应转化率提高　一般甲烷化反应催化剂活性温度为 240～340℃，醇烃化催化剂活性温度在 200～250℃。由于醇烃化催化剂的反应温度较甲烷化催化剂反应温度低，从热力学原理上，低反应温度有利于反应效率的提高，换言之，同样条件下，醇烃化出口的精制气微量较之甲烷化精制的出口气微量将要低，热平衡的要求也低一些，外供热量也相对少一些，同理也有利于外供热源的配备。

　　（3）醇烃化工艺利于安全和环保　甲烷化工艺在对系统进行检修停车之前，对甲烷化反应器进行降温，在 100～150℃条件下易生成羰基镍。羰基镍是一种剧毒物质，其蒸气为神经类毒素，对人体有很强的毒害作用。而醇烃化反应无镍元素存在，不会有羰基镍生成，相对安全环保。同时，由于醇烃化催化剂中无贵重的镍金属，生产成本相对较低。

基本训练题

1．叙述不同精制工艺的特点。
2．叙述液氮洗工艺的操作步骤。
3．叙述甲烷化工艺流程的条件。
4．绘制双甲工艺流程示意图。
5．叙述醇烃化工艺流程。
6．某甲醇合成塔出口温度 160℃，进口温度 42℃，计算醇净值。
7．试叙述不同精制工艺催化剂的组成及使用。

能力训练题

　　任务一　通过调研及查阅资料，写一篇本地区及我国合成氨生产原料气精制工艺展望的综述报告。

　　任务二　以某合成氨企业液氮洗精制工艺为例，编写液氮洗操作规程。

第六章 气体的压缩

能力与素质目标

1. 能编制活塞式压缩机开停车方案;
2. 能对工艺流程进行选择和分析;
3. 能对离心式压缩机的喘振进行预防和处理;
4. 具备查阅文献资料的能力;
5. 具有节能减排、降低能耗的意识;
6. 具有安全生产的意识;
7. 具有环境保护意识。

知识目标

1. 掌握活塞式压缩机与离心式压缩机工作的基本原理、工艺条件的选择及工艺流程;
2. 了解活塞式压缩机与离心式压缩机的基本构造。

在合成氨生产过程中,原料气的净化和氨的合成都要在一定的压力下进行,所以需用压缩机将原料气逐级加压到相应的压力,以满足工艺要求。

在整个合成氨生产过程中,压缩岗位占有极其重要的地位,压缩机是否正常运转,不仅直接影响其操作条件的稳定,而且影响到全厂的动力消耗和经济指标。

第一节 压缩机的分类及选用

一、压缩机的分类

压缩机的种类很多,按其工作原理可分为两大类:容积式和速度式。见图 6-1。容积式压缩机是指气体受到压缩,气体容积缩小、压力提高的机器。一般这类压缩机具有容纳气体的汽缸以及压缩气体的活塞等。按照容积变化方式的不同,主要有往复式和回转式两种。

速度式压缩机是利用高速旋转的转子将机械能传给气体,并使压力提高的机器。主要有离心式和轴流式两种。

二、压缩机的选用

在选用压缩机时,首先应满足以下要求:

① 介质对压缩机的要求,如是否允许介质有少量泄漏、介质能否允许被润滑剂污染以及压缩后排气温度的限制;

② 压缩机的排气量;

③ 气体压缩后最终的排气压力、最初的吸入压力等。

通常情况下,各类压缩机的应用范围见图 6-2。

如图 6-2 所示,活塞式压缩机适用于中小输气量,排气压力可由低压至超高压;离心式压缩机和轴流式压缩机适用于大输气量、中低压情况;回转式压缩机适用于中小输气量、中低压情况。一般说来,对于大型合成氨厂,为了合理地利用能量,应尽量选用汽轮机带动的离心式压缩机。当流量较小，中、高压力时，可选用活塞式或螺杆式压缩机。

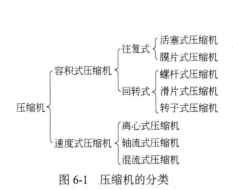

图 6-1　压缩机的分类

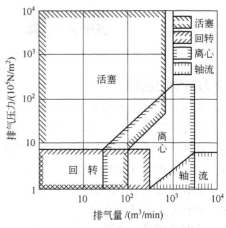

图 6-2　各类压缩机的应用范围

第二节　气体的压缩功

一、能量守恒与转化定律

能量守恒与转化定律是自然界的客观规律，它是人类通过长期实践得出的科学总结，可表述为：自然界一切物体都具有能量，能量有各种不同形式，它能从一种形式转化为另一种形式，从一个物体传递给另一个物体，在转化和传递过程中能量的总和不变。这个定律也称为热力学第一定律。

对于封闭体系，即系统和环境之间只有能量交换，没有物质交换，热力学第一定律的表达式为：

$$\Delta U = U_2 - U_1 = Q - W \qquad (6\text{-}1)$$

式中　U_1、U_2——分别代表系统始、终态的总能量；

　　　　ΔU——系统总能量的变化值；

　　　　Q——系统与环境之间的热量交换；

　　　　W——系统对环境（或环境对系统）所做的功。

而工业生产上经常遇到的大多数是敞开体系，且流体在敞开体系作稳定流动。敞开体系的特点是体系与环境之间，不仅有能量交换，还有物质交换。对于稳定流动系统，系统中各点的参数不随时间的变化而变化，系统中不会出现物质和能量的积累。

如图 6-3 所示的稳定流动体系，压力为 p_1 的流体，经换热器 I 吸收热量后，流体推动透平机 II 转动而向外做功。

以进出口截面为边界研究系统的能量变化。根据能量守恒定律得到如下表达式，即稳流物系热力学第一定律：

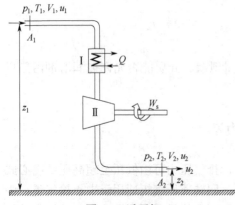

图 6-3　透平机

$$\Delta H + g(z_2 - z_1) + 1/2(u_2{}^2 - u_1{}^2) = Q - W_s \qquad (6\text{-}2)$$

式中 ΔH ——出口和进口流体之间的焓差；

　　z_2、z_1 ——流体流经系统的位高；

　　u_2、u_1 ——出口和进口流体的流速；

　　Q ——系统和环境之间交换的热量；

　　W_s ——系统对环境（或环境对系统）所做的轴功，也称气体的压缩功。

对于敞开体系流体的压缩（或膨胀）过程，流体在过程前后的动能变化、位能变化通常可以忽略而不影响工程计算的结果，上式可以简化为：

$$\Delta H = Q - W_s \qquad (6\text{-}3)$$

上式可表述为体系的焓变是体系与环境进行热、功交换的结果。根据体系的焓变可以方便地计算出稳流过程中体系与环境交换的热量和轴功。

二、气体的压缩功

在化工生产中，气体压缩功是通过机械轴的转动实现体系和环境之间的轴功交换。

可逆过程的轴功可用下式计算

$$W_s = -\int_{p_1}^{p_2} V \mathrm{d}p \qquad (6\text{-}4)$$

p_2/p_1 通常称为气体的压缩比。

由此可见，气体压缩功的大小与气体压力和体积有密切的关系。能使体积增加的因素都能导致压缩功的增加，如温度提高，气体的体积随之增大，压缩功随之增大；被压缩气体的压力提高，压缩比增加，压缩功增大。

气体的压缩过程通常有三种情况：等温压缩、绝热压缩和多变压缩，三种情况的气体压缩功各不相同。

1．等温压缩

等温压缩是指在压缩过程中气体的温度保持不变，T=常数。

对于 $n$mol 理想气体，由式（6-4）推导，其等温压缩的理论压缩功为

$$W_s = -nR \ln \frac{p_2}{p_1} \qquad (6\text{-}5)$$

在实际情况下，完全的等温压缩是不能做到的，但是作为比较的标准，可用来比较实际过程的经济性，越接近于理论值，压缩的经济性越好。

【例 6-1】 将初态压力为 0.09807MPa、温度为 30℃的 1kg 质量的空气，可逆等温压缩到原来容积的 1/5，若热容为定值，求终态压力 p_2，所需轴功 W_s，压缩过程中放出的热量 Q 以及空气的焓变 ΔH。

解：因等温压缩过程，则

$$T_1 = T_2 = 273 + 30 = 303 \text{（K）}$$

$$p_2 = \frac{p_1 V_1}{V_2} = \frac{0.09807 \times 5}{1} = 0.4904 \text{（MPa）}$$

$$W_s = -nRT \ln \frac{p_2}{p_1} = -\frac{8.314}{29} \times 303 \times \ln \frac{0.4904}{0.09807} = -139.8 \text{(kJ/kg)}$$

$$Q = W_s = -139.8 \text{(kJ/kg)}$$

$$\Delta H = 0$$

计算结果分析：轴功为负值，说明压缩时环境对体系做功；热量为负值，说明体系向环境放出热量；焓变为零是理想气体等温压缩过程的特点。

2．绝热压缩

绝热过程是指体系与环境之间没有热交换的过程。若体系完全绝热，则压缩过程产生的热量全部用来升高气体的温度，工业上的压缩过程比较接近于绝热压缩，但总有热量的损失。

对于 n mol 理想气体，其绝热压缩理论压缩功为

$$W_s = \frac{k}{k-1} nR(T_1 - T_2) \qquad (6\text{-}6)$$

绝热指数 k 与气体的性质有关，严格说与温度也有关系，在粗略计算中，理想气体的 k 值可取：

单原子气体 $k = 1.667$

双原子气体 $k = 1.40$

三原子气体 $k = 1.333$

【例 6-2】 若将例题 6-1 改为绝热压缩，试重新计算各项结果。

解：空气可按双原子分子处理，绝热指数 $k = 1.40$，于是

$$p_2 = p_1 \left(\frac{V_1}{V_2} \right)^k = 0.09807 \times 5^{1.4} = 0.9335 \text{（MPa）}$$

$$T_2 = T_1 \left(\frac{V_1}{V_2} \right)^{k-1} = 303 \times 5^{0.4} = 576 \text{（K）}$$

$$W_s = \frac{k}{k-1} nR(T_1 - T_2) = \frac{1.4}{1.4-1} \times \frac{8.314}{29} \times (303 - 576) = -273.9 \text{（kJ/kg）}$$

$$Q = 0$$

$$\Delta H = 273.9 \text{ kJ/kg}$$

计算结果分析：绝热压缩轴功全部转化为气体的能量而储藏，空气的焓值明显增加，终态温度和压力也明显增加。

3．多变压缩

气体在实际的压缩中，通常都是介于绝热与等温之间的多变过程。在多变过程中，气体的 $p\text{-}V\text{-}T$ 关系和压缩功的计算与绝热过程相似，只不过是将公式中的 k 用多变指数 m 代替。

多变压缩 n mol 理想气体的理论功耗为

$$W_s = \frac{m}{m-1} nR(T_1 - T_2) \qquad (6\text{-}7)$$

对于有水夹套的往复式压缩机 $1 < m < k$，如空气压缩机 $k = 1.40$，$m = 1.25$。对于离心压缩机一般无水夹套，由于克服流动阻力所消耗的功会全部转变为热，使温度较绝热过程还要高，此时 $m > k$。

【例 6-3】 若将例题 6-1 改为多变压缩，并已知 $m = 1.5$，试重新计算各项结果。

解：$$p_2 = p_1 \left(\frac{V_1}{V_2} \right)^m = 0.09807 \times 5^{1.5} = 1.097 \text{(MPa)}$$

$$T_2 = T_1 \left(\frac{V_1}{V_2} \right)^{m-1} = 303 \times 5^{0.5} = 677.5 \text{(K)}$$

$$W_s = \frac{m}{m-1} nR(T_1 - T_2) = \frac{1.5}{1.5-1} \times \frac{8.314}{29} \times (303 - 677.5) = -322 \text{（kJ/kg）}$$

$Q=0$

$\Delta H=322kJ/kg$

计算结果分析：由此可见，气体的多变压缩过程功耗最多，绝热压缩过程次之，等温压缩过程功耗最小。所以，在工程上为实现节能，应在可能条件下使实际压缩过程尽量接近等温压缩。

三、气体压缩的实际功耗

实际上，由于各种不可逆因素存在，实际压缩功耗远远大于理论压缩功耗。

合成氨生产中，无论是工艺空气的压缩，还是合成气等气体的压缩，终压与初压之比都相当高。在这样高的压缩比之下，不仅使压缩功耗急剧增大，而且压缩后气体的温度急剧升高，将给生产安全带来严重的影响。

改善压缩过程的有效途径：一是在压缩过程中不断使气体冷却，使压缩过程接近等温压缩，而要连续冷却而维持等温压缩是很难实现的，因此工业上一般都采用分段压缩、中间冷却的办法来改善压缩过程。二是气体实行多段式压缩，使每段的压缩比大大降低。各段压缩比的确定存在一个最佳中间压力选择的问题。从节能考虑，理论上最佳的压力分配是各段压缩比相等。但由于实际生产工艺的具体情况不一，压缩比的分配还是应当权衡节能和工艺后作出正确的选择。工程上压缩比一般选择在2~4左右。

从节能角度讲，段数愈多，压缩过程愈接近于等温，功耗也就愈省。但随之而来的是设备增加，投资上升，且超过一定的段数后，节能有限，而操作与管理的复杂程度将急剧增加，因此工程上一般不超过七段压缩。

第三节　活塞式压缩机

一、活塞式压缩机的分类

1．按排气压力

（1）低压压缩机　$0.2\ MPa<p\leqslant1\ MPa$

（2）中压压缩机　$1\ MPa<p\leqslant10MPa$

（3）高压压缩机　$10MPa<p\leqslant100MPa$

（4）超高压压缩机　$p>100MPa$

2．按汽缸中心线相对位置分

（1）立式　汽缸中心线与地面垂直。

（2）卧式　汽缸中心线与地面平行。

（3）角度式　汽缸中心线彼此成为一定角度。

（4）对置式　它是卧式压缩机的发展。汽缸分布在曲轴的两侧。

二、活塞式压缩机的基本构造与工作原理

如图6-4所示为活塞式压缩机。它主要由运动机构（曲轴、连杆等）和工作机构（活塞、汽缸、进排气阀等）组成。运动机构为曲轴连杆机构，它使曲轴的旋转运动变为十字头的往复运动。工作机构是实现压缩机工作循环的主要部件，汽缸两端都装有若干吸气阀与排气阀，活塞在汽缸中作往复运动。

活塞式压缩机是通过电机的旋转运动转化为活塞的往复运动，依靠活塞在汽缸内的往复运动来压缩气体的。活塞在汽缸内一次往复的全过程分为膨胀、吸气、压缩和排气四个过程，合称为一个工作过程。

（1）膨胀过程　为了防止活塞运动到起止点处时与汽缸盖相撞击，在设计制造时活塞与汽缸处总留有一定的间隙，所以气体不可能被全部排尽。当活塞向下移动时，具有压力的残留气体将随之发生膨胀。

（2）吸气过程　活塞向下移动时，汽缸的容积增大，压力下降，当压力降到稍低于进汽管中压力时，管内气体便顶开吸气阀门进入汽缸，并随着活塞的向下移动继续进入汽缸，直到活塞移至下末端为止。

（3）压缩过程　活塞向上移动时，汽缸容积开始缩小，气体被压缩，压力随之升高，由于进气阀门的止逆作用，使汽缸内气体不能倒流回进气管中，同时因排气管内气体压力又高于缸内气体压力，气体无法从排气阀流出汽缸外，排气管中气体也因排气阀的止逆作用而不能流回汽缸，所以这时汽缸内形成一个密封容积，当活塞继续向上移动，缸内容积缩小，气体体积也随之缩小，压力不断提高。

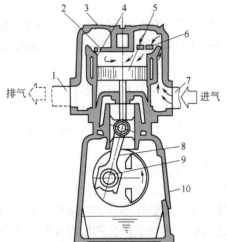

图 6-4　活塞式压缩机

1—排气管；2—排气阀；3—汽缸盖；4—汽缸；5—活塞；6—吸气阀；7—进气管；8—连杆；9—曲轴；10—机身

（4）排气过程　随着活塞的不断上移，缸内气体压力继续升高，当压力稍高于排气管中气体压力时，缸内气体便顶开排气阀而排入排气管中，到活塞移至上末端为止。然后活塞向下移动，重复上述的吸气、压缩、排气这三个连续的工作过程。

由于活塞在汽缸内不断地往复运动，汽缸便循环地膨胀、吸气、压缩、排气。活塞的每一次往复成为一个工作循环，即一个工作过程，活塞每往复一次所经过的距离称为行程。

活塞式压缩机型号及全称示例如下：

4M12-45/210 型压缩机　4 列、M 型，活塞推力 $12×10^4$N，额定排气量 45m³/min，额定排气压力 $210×10^5$Pa。

三、典型工艺流程

以 H22-3-153/320 型压缩机为例，如图 6-5 所示。

由脱硫工段来的半水煤气压力≤50kPa、温度≤40℃，沿气体总管进入压缩工段。经一段入口水分离器，进入压缩机一段汽缸进行压缩，压缩后的气体压力≤0.34MPa、温度≤160℃，经一出缓冲器、一段冷排冷却、降温，气体的温度≤40℃，由一段油水分离器分离出所夹带的油水，经二入缓冲器进入压缩机二段汽缸进行压缩，压缩后的气体压力≤0.9MPa、温度≤150℃时，经二出缓冲器、二段冷排冷却降温，由二段油水分离器分离出所夹带的油水后，气体送到变换工段。

来自变换工段的原料气压力≤0.78MPa、温度≤40℃，经三入水分离器，除去水后，经三入缓冲器到压缩机三段汽缸进行压缩，压缩后的气体压力≤1.65MPa、温度≤115℃，经三出缓冲器、三段冷排冷却、降温，气体的温度≤40℃，经三段油水分离器分离出所夹带的油水，经四入缓冲器，到压缩机四段汽缸进行压缩，压缩后的气体压力≤3.0MPa、温度≤115℃，经四出缓冲器、四段冷排冷却降温，经四段油水分离器分离出所夹带的油水气体送到脱碳工段。

来自脱碳工段的原料气，压力≤2.9MPa、温度≤40℃，经五入水分离器除去水后，经五入进口缓冲器到压缩机五段汽缸进行压缩，压缩后的气体压力≤7.0MPa、温度≤125℃，经五出缓冲器、五段冷排冷却降温，气体的温度≤40℃，由五段油水分离器分离出所夹带的油水，经六入缓冲器到压缩机六段汽缸进行压缩，压缩后的气体压力≤14MPa、温度≤125℃，经六出缓冲器、六段冷排冷却降温，由六段油水分离器分离出所夹带的油水后，气体送至甲醇工段及甲烷化装置。

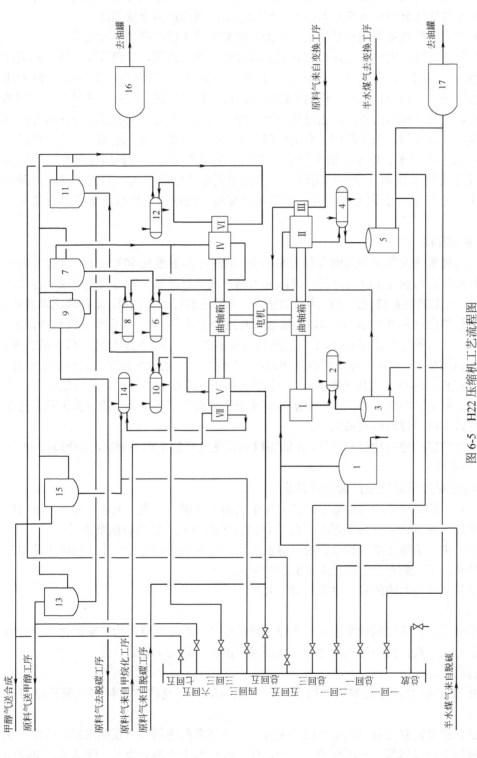

图 6-5　H22 压缩机工艺流程图

1—一段入口分离器；2—一段出口冷却器；3—一段出口油水分离器；4—二段出口冷却器；5—二段出口油水分离器；6—三段出口冷却器；7—三段出口油水分离器；8—四段出口冷却器；9—四段出口油水分离器；10—五段出口冷却器；11—五段出口油水分离器；12—六段出口冷却器；13—六段出口油水分离器；14—七段出口冷却器；15—七段出口油水分离器；16—高压集油槽；17—低压集油槽

由甲烷化工段来的原料气压力≤12.5MP、温度≤30℃，经七入缓冲器进入压缩机七段汽缸进行压缩，压缩后的气体压力≤31.4MPa、温度≤130℃，经七出缓冲器、七段冷排冷却降温，由七段油水分离器分离出所夹带的油水，气体经七出阀门送至合成工段。

本机在六段、七段汽缸之间有平衡室，平衡室泄漏的气体回压缩机三段入口。

气体循环流程：压缩机每段气体出口管道上都设有气体回路阀，以调节输气量，本机回路阀为，总回一、一回一、二回一、三回三、四回三、五回五、六回五、七回五、七回七阀门。另外有四回一、六回一、七回一作为各段气体卸压和排气、置换使用。这三个回一阀都接入放空总管，通过总放阀门放空，也可从总回一到一段进口总管。在各段出口油水分离器上装有安全阀，二出阀门、四出阀门、六出阀门、七出阀门后都装有止逆阀。二段、四段、六段都有直通阀，在开车、停车、试车及生产系统发生故障时切断与外岗位联系，气体通过压缩机系统本身的设备和管道进行循环。二三直通阀由二出到三入、四五直通阀由四出到五入、六七直通阀由六出到七入、各直通都有检漏阀。通过压缩机系统本身的设备和管道进行循环。

四、循环油流程

供压缩机运转部件润滑用的油储存在稀油站中，润滑油的温度在30℃左右，电机驱动齿轮油泵，在稀油站底部通过180目过滤网进油输入网片式油过滤器，输油管道中油压保持在0.25~0.4MPa，多余的油通过近路阀回到稀油站内，油过滤器可切换使用，定期清洗堵塞物。过滤后的油通过阀门进入冷却器，冷却后的油进入总通道上（注：有一条近路不经过冷却器，作冷却器出现事故时的应急通道）。为了保证油泵突发事故时，压缩机的运转部件不被损坏，管道上装有联锁跳车。润滑油在曲轴箱内分两道，一路到主轴瓦通过曲轴颈进入连杆大头瓦，从连杆中心油道进入连杆小头瓦（铜套），从十字头销子处流出到曲轴箱。另一道分上、下两路进入中体，从上下滑道中心流出，润滑滑道和十字头滑板，到中体后流入曲轴箱，进入回油总管，经过100目过滤网到稀油站。

润滑油使用要定期检查油位和更换，如油黏度超过规定值的10%~15%，水分超过1%~3%时，就应当更换。

五、影响活塞式压缩机生产能力的因素

单位时间内压缩机压缩的气体数量，称为压缩机的生产能力，生产上也可称为压缩机的打气量，其单位为m^3/min。压缩机的生产能力是衡量压缩机工作好坏的重要依据。

在实际生产中，希望压缩过程尽量接近等温过程，使其消耗的能量最小；同时也希望在消耗能量小的情况下，能充分发挥压缩机的生产能力。

影响压缩机生产能力的因素，主要有以下几种：

1. 余隙容积

气缸的余隙愈大，其容积效率愈小。余隙内的高压气体在吸气时产生膨胀而占去部分容积，因此余隙愈大，吸入的新鲜气量愈少，使压缩机的生产能力降低。

2. 泄漏损失

压缩机的生产能力，与活塞环、吸入活门、压出活门以及汽缸填料的气密程度有很大关系。

活塞环的作用是密封活塞与汽缸之间的空隙，以防活塞两边的气体互相泄漏，单作用式汽缸则只有被压缩的气体漏到不压缩的一边去，使压缩机的生产能力降低。因活塞环磨损而漏气，造成产量损失的现象，是时常碰到的。

活门的损坏也会使压缩机的生产能力降低。

在压缩机的运转过程中，由于汽缸填料经常与活塞杆摩擦，或在安装时装得不够严密，也会形成漏气现象。此处漏气，不但使压缩机的生产能力降低，而且漏出来的气体还会毒化空气，影响安全。

3. 吸入活门的阻力

压缩机吸入活门具有一定的阻力，按理想情况，当汽缸内的压力稍低于进口管中的压力时，活门就应开启，但吸入活门阻力较大时，开启时间滞后，进入汽缸的气量也就减少，压缩机的生产能力也会因此而降低。

4. 吸入气体的温度

压缩机汽缸的容积恒定不变，如吸入的气体温度升高，则吸入汽缸内的气体质量减少，压缩机的生产能力也会因此降低。另外，气体温度愈高，饱和的水蒸气量愈多，使压缩机吸入的有效气体量减少。

5. 压缩比

压缩机的余隙容积一定时，其容积效率随着压缩比的增大而减小。压缩比过大使排气温度过高，因此，过高的压力比是不利的。通常每级的压力比不超过4。

六、开停车

1. 正常开车

开车前和调度联系经调度同意后，对所开压缩机的设备、管道、阀门、冷却水、油位作一次全面检查和调整，并开启盘车系统，盘车运行不低于10min。

调整阀门位置使气体走循环流程，并且不超压处于空载状态，检查各段水分离器有无积水，一切正常后用信号联系有关岗位，回信后启动循环油泵、注油器，油压保持工艺指标之内，注油器确保注油正常，检查一切正常，联系电工启动主机。

运转正常关各段放空，开各段入口阀，开三入、五入、七入阀门，关一回一、二回一，待二出压力达工艺指标，开二出阀门，送变换，关三回三、四回三，待四出压力达工艺指标，开四出阀门送脱碳，关五回五、六回五，待六段压力达5MPa时，开六放阀门置换，10MPa时开六放阀门置换，六段压力达工艺指标，开六出阀门送甲醇。关七回七，待七段压力达10MPa时开七放阀门置换，压力达20MPa时开七放阀门置换，压力达工艺指标后，开七出阀门送合成。

正常开车注意事项：

① 调节好压缩机各阀门的开关，使之符合开车要求。

② 开启压缩机汽缸冷却夹套、油冷却器及各段冷却器的冷却水阀，保证冷却水的冷却效果。

③ 排放压缩机进口水分离器的积水，严防将水带入压缩机。

④ 严格按开车规程操作，主电机启动前，应保证循环油泵、注油器、主电机风机运转正常，盘车系统与主机脱离，按规程开车。

⑤ 压缩机运转正常后，再逐渐加压。与有关岗位联系后才能向其岗位送气。

2. 停车

接到停车指令或本机出现不正常现象需停车。压缩机的停车操作虽比较简单但也不可麻痹大意，步骤是：关七段出口，开七回七，关六段出口阀，开六回五，关四段出口阀，开四回三，关二段出口阀，开二回一，关各段进口阀，开各段放空阀，卸压同时把各段回路全部打开，压力卸完后停主机、循环油泵、注油器、电机风机。如果停机时间长，30min后可关各冷却水，在冬季停车或停车时间较长时，必须把压缩系统所有冷却水全部放尽。

停车注意事项：

① 与有关工段联系，做好停车准备。

② 压缩机停止运转 30min 以后关闭供水阀，如果是长期停车，还应打开导淋阀，将各部分积水放净。在寒冷季节短期停车，供水阀应适当开启，以免产生冻结而损坏机器设备。

③ 开关阀门时应注意各段压力变化，严防超压。卸压从高压段进行，不得过快，开启阀门要缓慢。

3. 调机操作

在正常生产中由于生产情况的变化，往往会碰到压缩机的调机操作，为使调机时气量和压力稳定，不影响有关岗位的操作，一般采用两机配合起来同时进行操作，即边开边停，按正常开停车步骤同时进行，也可以先停后开或先开后停，生产中采取何种调车方法可视具体情况而定。

七、安全生产要点

前面的章节对安全操作规程、安全生产责任制、安全生产的预防和急救、安全生产动火制度进行了介绍，此处不再赘述。鉴于压缩机岗位的特殊性，应注意以下几点：

① 压缩机岗位高温、高压，设备高速运转，气体易燃、易爆、易中毒。一氧化碳、硫化氢、二氧化碳和氢气等有毒易燃物质均要经过本岗位，且设备管道紧凑密集，危险等级最高。因此，相比其他工段，安全生产的任务更为艰巨。

② 车间应经常对全体职工进行安全教育，贯彻安全生产方针，使全体职工精心操作，杜绝各类事故的发生。

③ 严格控制工艺指标，严禁超压、超温等危险操作。

④ 对厂房内有毒气、可燃体要定期分析，以防止超过安全数值。如超指标，应及时由安环处、车间研究处理。事故状态下，应随时分析。

第四节　离心式压缩机

一、离心式压缩机的构造与工作原理

如图 6-6 所示为 DA120-61 离心式压缩机纵剖面构造，压缩机由转子（主轴、叶轮、平衡盘、推力盘、联轴器等组成）、定子（机壳、扩压器、弯道、会流器、蜗壳等组成）、轴承等组成，定子又叫固定元件。为达到较高的压力，压缩机由多级压缩构成，每级由一个转子和一个定子构成。

离心压缩机工作的基本原理是利用高速旋转的叶轮带动气体一起旋转而产生离心力，从而将能量传递给气体，使气体压力升高，速度增大，气体获得了压力能和动能。在叶轮后部设置有通流截面逐渐扩大的扩压元件（扩压器），从叶轮流出的高速气体在扩压器内进行降速增压，使气体的部分动能转变为压力能。可见，离心压缩机的压缩过程主要在叶轮和扩压器内完成。

国产离心式压缩机的型号及全称示例如下：

DA 120-62（DA 代表离心式压缩机，D 代表单吸式离心式鼓风机，S 代表双吸式离心式鼓风机）；120 设计排气量（换算到吸气状态下的体积流量120m³/min）；6 级数（6 级）；2 设计序号，第二次设计。

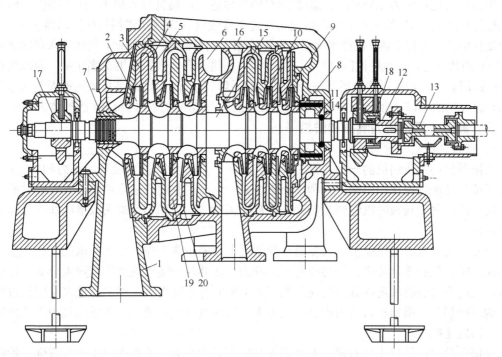

图 6-6　DA 120-61 离心式压缩机纵剖面构造

1—吸气室；2—叶轮；3—扩压器；4—弯道；5—回流器；6—蜗室；7、8—轴端密封；9—隔板密封；
10—轮盖密封；11—平衡盘；12—推力盘；13—联轴器；14—卡环；15—主轴；16—机壳；17—支持轴承；
18—止推轴承；19—隔板；20—回流器导流叶片

二、工艺流程

以年产 30 万吨大型合成氨厂压缩工艺为例，见图 6-7。

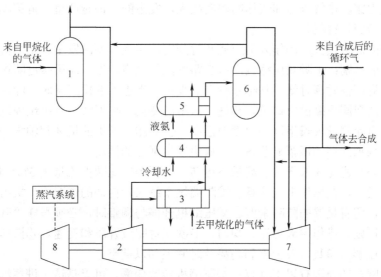

图 6-7　大型合成氨厂离心式压缩机合成压缩工艺流程图

1—合成气压缩机吸入罐；2—合成气压缩机低压缸；3—气体冷却器；4—水冷器；
5—氨冷器；6—段间分离器；7—合成气压缩机高压缸；8—蒸汽透平

来自甲烷化后压力 2.35MPa、温度 38℃的气体进入压缩机吸入罐 1，在压缩机的低压缸 2 压缩到 6.4MPa，171℃左右的低压缸出口气进入合成气/甲烷化炉进料气体冷却器 3 的管侧，与甲烷化炉进气进行换热，再经水冷器 4 和氨冷器 5 的管侧进一步冷却，气体进入段间分离器 6 将冷凝液体排走，干气经过除沫层后，在 8℃左右进入合成气压缩机 7 高压缸。合成气在压缩机的高压缸进一步被压缩以后又与合成塔来的循环气会合，后者从高压缸的侧面进入最后一个循环级叶轮的入口，会合后的气体从高压缸排出的气体压力为 14.96MPa 的气体去合成。

三、离心式压缩机的喘振和防控

1. 喘振的产生及危害

喘振是离心式压缩机的一种非常工况，它是在一定的操作条件(流量、压力和转速) 下，由被压缩气体的气流扰动引起的一种不正常现象。这一现象的产生是由离心式压缩机的结构特点决定的，发生喘振时机组剧烈振动，流量大幅度波动，如不及时采取措施加以处理很可能造成重大事故。

一般而言，离心式压缩机必须在最小流量之上才能正常工作。当压缩机的工作流量小于最小流量时，气流在叶片进口处与叶片发生冲击，使叶片一侧气流边界层严重分离，出现旋涡区，从而形成旋转脱离或旋转失速现象，压缩机叶片不能提供足够的能量来克服通过压缩机时的压能损失，机器出口压力比进口压力大，造成气体反向流动，在压缩机中形成严重脉动，从而发生喘振。

喘振现象对压缩机十分有害，主要表现在以下几个方面：①喘振时由于气流强烈的脉动和周期性振荡，会使供气参数（压力、流量等）大幅度地波动，破坏了工艺系统的稳定性。②会使叶片强烈振动，叶轮应力大大增加，噪声加剧。③引起动静部件的摩擦与碰撞，使压缩机的轴产生弯曲变形，严重时会产生轴向窜动，碰坏叶轮。④加剧轴承、轴颈的磨损，破坏润滑油膜的稳定性，使轴承合金产生疲劳裂纹，甚至烧毁。⑤损坏压缩机的级间密封及轴封，使压缩机效率降低，甚至造成爆炸、火灾等事故。⑥影响与压缩机相连的其他设备的正常运转，干扰操作人员的正常工作，使一些测量仪表仪器准确性降低，甚至失灵。一般机组的排气量、压力比、排气压力和气体的密度越大，发生的喘振越严重，危害越大。

2. 喘振的判断及控制

由于喘振的危害较大，操作人员应能及时判别，避免喘振的发生。压缩机的喘振一般可从以下几个方面判别：①听测压缩机出口管路气流的噪声。当压缩机接近喘振工况时，排气管道中会发生周期性时高时低"呼哧呼哧"的噪声。当进入喘振工况时，噪声立即大增，甚至出现爆音。②观测压缩机出口压力和进口流量的变化。喘振时，会出现周期性的、大幅度的脉动，从而引起测量仪表指针大幅度地摆动。③观测压缩机的机体和轴承的振动情况。喘振时，机体、轴承的振动振幅显著增大，机组发生强烈的振动。

在操作中必须避免在低于喘振流量下运转，并至少应比喘振流量大 5%～10%以保安全。为了防止喘振发生，在操作中应注意：①防喘振系统未投自动的情况下，机组的操作状态必须远离喘振区，留有足够的防喘余度。②压缩机开停与调整时，必须严守"升压先升速，降速先降压"的原则。操作中应缓慢、均匀，多次交替完成升压和变速。③操作中必须密切观察主蒸汽和背压蒸汽参数，发现不利趋势及时联系加以调整。

可能产生喘振的原因有以下几点：①压缩机转数变慢。可能是透平进蒸汽量不足，或蒸汽压力或温度有所下降。②进气温度升高。例如，大气温度升高，或出口气体打回流而中间冷却效果不好。③气体分子量变小。例如，合成气压缩机气体的氢氮比失调而氢气过剩。④进气压力降低。例如，进气过滤器堵塞。⑤气体出口压力升高。例如，出口堵塞。⑥开停车操作不当。升压与升速要同时进行，且升压速度（关出口放空阀或进出口旁路阀）要慢于加转速度（开大透平进汽阀），停车时降压先于减转。

为了防止喘振，设法在管网流量减少过多时增加压缩机本身的流量，始终保持压缩机在大于喘振流量下工作。实际生产中，当管网需要的流量减小到压缩机喘振流量时，打开压缩机旁通阀，让一部分气体回流到入口，使实际压缩流量大于发生喘振的最小流量。

基本训练题

1. 往复式压缩机开停车的主要步骤是什么？需要注意的问题是什么？
2. 如何提高往复式压缩机的打气量？
3. 往复式循环机的一个行程由几个步骤组成？各步骤的基本工作原理是什么？
4. 汽缸的余隙容积过大或过小会造成怎样的后果？
5. 离心式压缩机的工作点如何确定？
6. 什么是离心式压缩机的喘振？如何预防与处理？
7. 如何正确选择压缩机？
8. 设空气的始态 p_1=1.033Pa，温度为 15.6℃，今将 1kg 空气压缩至 p_2=17.6 Pa 的绝对压力。试比较等温、绝热和多变压缩过程（m=1.25）的终点温度和功耗。

能力训练题

任务一 通过查阅资料与调研，写一篇如何降低合成氨生产中往复式压缩机能耗的综述。

任务二 编写离心式压缩机防止喘振的操作方案。

第七章　氨 的 合 成

能力与素质目标

1. 能编制氨合成催化剂升温还原方案；
2. 能制订氨合成过程的工艺条件，分析与处理氨合成工序常见事故；
3. 具备对氨合成工艺进行技术改造的初步能力；
4. 具有实施安全生产的能力；
5. 具备查阅文献资料的能力；
6. 具有节能减排、环境保护和技术经济的理念。

知识目标

1. 掌握氨合成反应的基本原理，氨合成工艺条件的选择及工艺流程分析，氨合成过程的余热回收，氨合成系统基本的物料衡算和热量衡算；
2. 熟悉氨合成塔的结构特点，典型冷管式氨合成塔的基本结构及床层温度分析，新型氨合成塔的特点，氨合成催化剂的组成、还原及使用；
3. 了解氨合成反应的机理及动力学方程，排放气回收方法。

　　氨合成工序的任务是将精制的氢氮气合成氨，提供液氨产品，它是整个合成氨生产的核心部分。氨合成是放热和摩尔数减小的可逆反应，在较高温度和压力及催化剂存在的条件下进行。受化学平衡的限制，只有一部分氮气和氢气合成为氨，反应后气体中的氨含量一般在10%～20%，必须将气体中的氨分离出来，含氢、氮、惰性气体和少量氨的混合气体返回系统继续使用。

　　氨合成工艺通常采用循环流程，由氨的合成、氨的冷冻分离、循环气的压缩、氨合成反应热回收、放空气和驰放气中氢气及氨回收等过程组成循环回路。氨合成工序的生产状况直接影响生产成本，是合成氨装置高产低耗的关键工序。

第一节　氨合成反应的基本原理

一、氨合成反应的热效应和化学平衡

1. 氨合成反应的热效应

氨合成反应为

$$\frac{1}{2}N_2 + \frac{3}{2}H_2 \Longleftrightarrow NH_3(g) \qquad \Delta H_{298}^{\ominus} = -46.22\text{kJ/mol} \qquad (7\text{-}1)$$

氨合成反应的热效应不仅取决于温度，而且还和压力及组成有关。

不同温度、压力下，纯氢氮混合气完全转化为氨的反应热可由下式计算：

$$-\Delta H_F = 38338.9 + \left[22.5304 + \frac{34734.4}{T} + \frac{1.89963 \times 10^{10}}{T^3}\right]p + $$

$$22.3864T + 10.5717 \times 10^{-4}T^2 - 7.08281 \times 10^{-6}T^3 \qquad (7\text{-}2)$$

式中　　ΔH_F——纯氢氮混合气完全转化为氨的反应热，kJ/mol；

p——压力，MPa；

T——温度，K。

在工业生产中，反应物为氢、氮、氨及惰性气体的混合物。由于高压下的气体为非理想气体，气体混合时吸热，实际热效应比按式（7-2）计算值小。总反应热效应（ΔH_R）应为反应热（ΔH_F）与混合热（ΔH_M）之和。即

$$\Delta H_R = \Delta H_F + \Delta H_M \tag{7-3}$$

表 7-1 给出了氨含量为 17.6%时系统的 ΔH_F、ΔH_M、ΔH_R。

当气体中氨含量为 y_{NH_3} 时，混合热可由内差法近似求得

$$\Delta H_M = \Delta H_M^0 \times y_{NH_3}/17.6\% \tag{7-4}$$

式中　ΔH_M^0——氨含量为 17.6%时的混合热，kJ/mol。

表 7-1　由纯 $3H_2/N_2$ 生成 17.6%NH_3 系统的 ΔH_F、ΔH_M、ΔH_R /（kJ/kmol）

温度/℃		压力/MPa				
		0.1013	10.13	20.27	30.40	40.53
200	ΔH_F	−49764	−52963	−57338	−61098	−62647
	ΔH_M	0	1453	5996	9826	11016
	ΔH_R	−49764	−51510	−51342	−51272	−51631
300	ΔH_F	−51129	−53026	−55337	−57518	−59511
	ΔH_M	0	419	2470	5091	7398
	ΔH_R	−51129	−52607	−52867	−52427	−52113
400	ΔH_F	−52670	−53800	−55316	−56773	−58283
	ΔH_M	0	251	1193	2742	4647
	ΔH_R	−52670	−53549	−54123	−54031	−53591
500	ΔH_F	−53989	−54722	−55546	−56497	−57560
	ΔH_M	0	126	356	1193	3098
	ΔH_R	−53989	−54596	−55150	−55304	−54462

【例 7-1】　求 p=30.40MPa，T=450℃，H_2/N_2=3，y_{NH_3}=12%时的 ΔH_M、ΔH_R。

解：由表 7-1 查得 30.40MPa、450℃时

$$\Delta H_M^0 = \frac{2742+1193}{2} = 1967.5 \text{（kJ/kmol）}$$

$$\Delta H_F = \frac{56773+56497}{2} = -56635 \text{（kJ/kmol）}$$

$$\Delta H_M = \Delta H_M^0 \times y_{NH_3}/17.6\% = 1967.5 \times 12\%/17.6\% = 1341.5 \text{（kJ/kmol）}$$

$$\Delta H_R = \Delta H_F + \Delta H_M = -56635 + 1341.5 = -55293.5 \text{（kJ/kmol）}$$

2. 氨合成反应的化学平衡

式（7-1）氨合成反应的化学平衡常数 K_p 可表示为：

$$K_p = \frac{p_{NH_3}^*}{p_{N_2}^{*1/2} p_{H_2}^{*3/2}} = \frac{1}{p} \times \frac{y_{NH_3}^*}{y_{N_2}^{*1/2} y_{H_2}^{*3/2}} \tag{7-5}$$

式中　p，p_i^*——分别为总压和 i 组分平衡分压，MPa；

y_i^*——i 组分的平衡组成（摩尔分数）。

压力较低时，化学平衡常数可用下式计算：

$$\lg K_p = \frac{2001.6}{T} - 2.6911 \lg T - 5.5193 \times 10^{-5} T + 1.8489 \times 10^{-7} T^2 + 3.6842 \qquad (7\text{-}6)$$

加压下的化学平衡常数不仅与温度有关，而且与压力和气体组成有关。不同温度、压力下，$H_2/N_2=3$ 纯氢氮混合气体反应的 K_p 值见表 7-2。

表 7-2 不同温度、压力下 $H_2/N_2=3$ 纯氢氮混合气体反应的 K_p 值

温度/℃	压力/MPa					
	0.1013	10.13	15.20	20.27	30.40	40.53
350	2.5961×10^{-1}	2.9796×10^{-1}	3.2933×10^{-1}	3.5270×10^{-1}	4.2436×10^{-1}	5.1357×10^{-1}
400	1.2450×10^{-1}	1.3842×10^{-1}	1.4742×10^{-1}	1.5759×10^{-1}	1.8175×10^{-1}	2.1146×10^{-1}
450	6.4086×10^{-2}	7.1310×10^{-2}	7.4939×10^{-2}	8.8350×10^{-2}	8.8350×10^{-2}	9.9615×10^{-2}
500	3.6555×10^{-25}	3.9882×10^{-2}	4.1570×10^{-2}	4.7461×10^{-2}	4.7461×10^{-2}	5.2259×10^{-2}
550	2.1320×10^{-2}	2.3870×10^{-2}	2.4707×10^{-2}	2.7618×10^{-2}	2.7618×10^{-2}	2.9883×10^{-2}

二、平衡氨含量及影响因素

若原始氢氮比为 r，总压为 p，反应平衡时氨、惰性气体的平衡含量分别为 $y^*_{NH_3}$ 和 y^*_I，则氨、氢、氮等组分的平衡分压分别为

$$p^*_{NH_3} = p y^*_{NH_3}$$

$$p^*_{H_2} = p \times \frac{r}{1+r} (1 - y^*_{NH_3} - y^*_I)$$

$$p^*_{N_2} = p \times \frac{1}{1+r} (1 - y^*_{NH_3} - y^*_I)$$

将各平衡分压代入式（7-5）得

$$\frac{y^*_{NH_3}}{(1 - y^*_{NH_3} - y^*_I)^2} = K_p p \times \frac{r^{1.5}}{(1+r)^2} \qquad (7\text{-}7)$$

由上式看出，平衡氨含量是温度、压力、氢氮比和惰性气体含量的函数。

1. 温度和压力的影响

当 $r=3$、$y^*_I=0$ 时，式（7-7）可简化为

$$\frac{y^*_{NH_3}}{(1 - y^*_{NH_3})^2} = 0.325 K_p p \qquad (7\text{-}8)$$

由上式可知，提高压力，降低温度，$K_p p$ 数值增大，$y^*_{NH_3}$ 随之增大。不同温度、压力下的 $y^*_{NH_3}$ 值见表 7-3。

表 7-3 纯 $3H_2/N_2$ 混合气体的平衡氨含量 $y^*_{NH_3}$

温度/℃	压力/MPa					
	0.1013	10.13	15.20	20.27	30.40	40.53
360	0.0072	0.3510	0.4335	0.4962	0.5891	0.6572
380	0.0054	0.2995	0.3789	0.4408	0.5350	0.6059
400	0.0041	0.2537	0.3283	0.3882	0.4818	0.5539
420	0.0031	0.2136	0.2825	0.3393	0.4304	0.5025
440	0.0024	0.1792	0.2417	0.2946	0.3818	0.4526
460	0.0019	0.1500	0.2060	0.2545	0.3366	0.4049
480	0.0015	0.1255	0.1751	0.2191	0.2952	0.3603

2．氢氮比的影响

图 7-1 给出了 500℃时平衡氨含量与氢氮比的关系。由图可见，r 对平衡氨含量有显著影响，如不考虑组成对化学平衡的影响，$r=3$ 时平衡氨含量具有最大值。考虑组成对平衡常数的影响，具有最大 $y_{NH_3}^*$ 的氢氮比约在 2.68～2.90 之间。

3．惰性气体的影响

当氢氮混合气中含有惰性气体时，就会使平衡氨含量降低。

氨合成反应过程中，混合气体的物质的量随反应进行而逐渐减少，起始惰性气体含量不等于平衡时惰性气体含量，惰性气体的含量随反应进行而逐渐升高。为便于计算，令 $y_{I,0}$ 为氨分解基惰性气体含量，即氨全部分解为氢氮气以后的含量，其值不随反应的进行而改变。

由氨合成反应可知，混合气体瞬时摩尔流量 N 与无氨基气体瞬时摩尔流量 N_0 的关系为

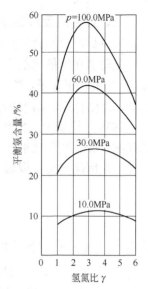

图 7-1　500℃时平衡氨含量与氢氮比的关系

$$N_0 = N + N y_{NH_3} = N(1 + y_{NH_3})$$

由惰性气体平衡得 $\qquad N y_I = N_0 y_{I,0}$

联立上述两方程得 $\qquad y_I = y_{I,0}(1 + y_{NH_3})$ （7-9）

或 $\qquad y_I^* = y_{I,0}(1 + y_{NH_3}^*)$

将上式代入式（7-7）

$$\frac{y_{NH_3}^*}{\left[1 - y_{NH_3}^* - y_{I,0}\left(1 + y_{NH_3}^*\right)\right]^2} = \frac{r^{1.5}}{(1+r)^2} \times K_p p \qquad (7\text{-}10)$$

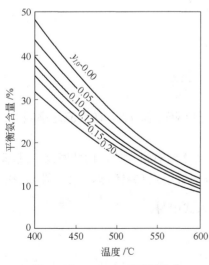

图 7-2　30.40MPa 时不同温度下平衡氨含量（$H_2/N_2=3$）

图 7-2 给出了压力为 30.40MPa 时不同温度和惰性气体含量时的平衡氨含量。由图可见，随惰性气体含量提高，平衡氨含量降低。

计算表明，当 $y_{I,0}<20\%$ 时，不含惰性气体的平衡氨含量 $y_{NH_3}^0$ 与相同温度、压力条件下，含有惰性气体的平衡氨含量 $y_{NH_3}^*$ 有如下近似关系式

$$y_{NH_3}^* = \frac{1 - y_{I,0}}{1 + y_{I,0}} \times y_{NH_3}^0 \qquad (7\text{-}11)$$

综上所述，提高压力，降低温度和惰性气体含量，平衡氨含量随之增加。由表 7-3 可知，若使平衡氨含量达到 35%，温度为 450℃时，压力应为 30.40MPa；如果温度降低到 360℃，达到上述平衡含量，压力须降至 10.13MPa。由此可见，寻求低温下具有良好活性的催化剂，是降低氨合成操作压力的关键。

三、氨合成反应速率

1. 机理与动力学方程

氮与氢在铁催化剂上的反应机理，存在着不同的假设。一般认为，氮在催化剂上被活性吸附，离解为氮原子，然后逐步加氢，连续生成 NH、NH_2 和 NH_3，即 $N_2 \longrightarrow 2N \xrightarrow{+H_2} 2NH \xrightarrow{+H_2} 2NH_2 \xrightarrow{+H_2} 2NH_3$。

1939 年捷姆金和佩热夫根据上述机理，提出以下几点假设：①氮的活性吸附是反应速率的控制步骤；②催化剂表面很不均匀；③吸附态主要是氮，吸附遮盖度中等；④气体为理想气体，反应距平衡不很远。推导出本征动力学方程式如下：

$$\gamma_{NH_3} = k_1 p_{N_2} \left[\frac{p_{H_2}^3}{p_{NH_3}^2} \right]^{\alpha} - k_2 \left[\frac{p_{NH_3}^2}{p_{H_2}^3} \right]^{1-\alpha} \tag{7-12}$$

式中　　γ_{NH_3}——过程的瞬时速率；

$\quad\quad k_1, k_2$——正、逆反应的速率常数；

$\quad\quad \alpha$——常数，视催化剂性质及反应条件而异。

对工业铁催化剂，α 可取 0.5，则上式可变为

$$\gamma_{NH_3} = k_1 p_{N_2} \times \frac{p_{H_2}^{1.5}}{p_{NH_3}} - k_2 \times \frac{p_{NH_3}}{p_{H_2}^{1.5}} \tag{7-13}$$

k_1, k_2 与平衡常数 K_p 的关系为

$$k_1 / k_2 = K_p^2 \tag{7-14}$$

式（7-12）适用于理想气体，在加压下有一定偏差，k_1、k_2 随压力增大而减小。当反应距离平衡甚远时，式（7-12）不再适用，特别是当 $p_{NH_3} = 0$ 时，$\gamma_{NH_3} = \infty$，这显然是不合理的。因此，捷姆金提出了远离平衡的本征反应动力学方程式

$$\gamma_{NH_3} = k' p_{N_2}^{0.5} p_{H_2}^{0.5} \tag{7-15}$$

1963 年，捷姆金等人推导出新的普遍性的动力学方程式。

2. 影响反应速率的因素

（1）压力的影响　若以 $p_i = p y_i$ 代入式（7-13）得

$$\gamma_{NH_3} = k_1 p^{1.5} \times \frac{y_{N_2} y_{H_2}^{1.5}}{y_{NH_3}} - k_2 p^{-0.5} \times \frac{y_{NH_3}}{y_{H_2}^{1.5}}$$

由上式可见，当温度和气体组成一定时，提高压力，正反应速率增大，逆反应速率减小。所以，提高压力，净反应速率提高。

（2）氢氮比的影响　由前所述，平衡氨含量在氢氮比为 3 时有最大值，而此时反应速率并不是最快。在反应初期，系统离平衡甚远，本征动力学方程可用式（7-15）来表示。设 $y_I = 0$，将 $p_{H_2} = p \times \dfrac{r}{1+r} \times (1 - y_{NH_3})$，$p_{N_2} = p \times \dfrac{1}{1+r} \times (1 - y_{NH_3})$ 代入式中得

$$\gamma_{NH_3} = k' p \times \frac{r^{0.5}}{1+r} \times (1 - y_{NH_3})$$

当其他条件一定，由上式求得 $r = 1$ 时，γ_{NH_3} 最大，即反应初期的最佳氢氮比为 1。随着反应的进行，氨含量不断增加，欲使 γ_{NH_3} 保持最大值，最佳氢氮比也应随之增大，当反应趋

于平衡时，氢氮比接近于 3。

（3）惰性气体的影响　由式（7-12）及式（7-15）均可推出，在其他条件一定的情况下，随着惰性气体含量的增加，反应速率下降。因此，降低惰性气体含量，反应速率加快。

（4）温度的影响　氨合成反应是可逆放热反应，存在最适宜温度，具体值由气体组成、压力和催化剂的性质而定。图 7-3 为 A106 型催化剂的平衡温度曲线和最适宜温度曲线。在一定压力下，氨含量提高，相应的平衡温度和最适宜温度下降；压力提高，平衡温度与最适宜温度也相应提高。

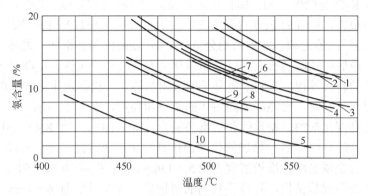

图 7-3　$H_2/N_2=3$ 的条件下平衡温度与最适宜温度

1～5—分别为（30.4MPa，$y_{I,0}=12\%$）、（30.4MPa，$y_{I,0}=15\%$）、（20.27MPa，$y_{I,0}=15\%$）、（20.27MPa，$y_{I,0}=18\%$）、（15.20MPa，$y_{I,0}=13\%$）的平衡温度曲线；6～10—分别为（30.34MPa，$y_{I,0}=12\%$）、（30.4MPa，$y_{I,0}=15\%$）、（20.27MPa，$y_{I,0}=15\%$）、（15.2MPa，$y_{I,0}=18\%$）、（15.20MPa，$y_{I,0}=13\%$）的最适宜温度

（5）内扩散的影响　本征反应动力学方程式未考虑外扩散、内扩散的影响。实际生产中，由于气体流量大，气流与催化剂颗粒外表面传递速率足够快，外扩散影响可忽略不计，但内扩散阻力却不容忽略，内扩散速率影响氨合成反应的速率。

图 7-4 为压力 30.4MPa，空速 $30000h^{-1}$ 下，对不同温度及粒度催化剂所测得的出口氨含量。由图可见，温度低于 380℃，出口氨含量受粒度影响较小。当温度超过 380℃时，在催化剂的活性范围内，温度越高，粒度对出口氨含量影响越显著。这是因为反应速率加快，微孔内的氨不易扩散出来，使内扩散的阻滞作用增大。

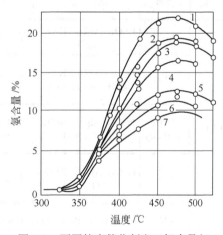

图 7-4　不同粒度催化剂出口氨含量与温度的关系（30.4MPa，$30000/h^{-1}$）

1—0.6mm；2—2.5mm；3—3.75mm；
4—6.24mm；5—8.03mm；
6—10.2mm；7—16.25mm

由图也可看出，采用小颗粒催化剂可提高出口氨含量。但颗粒过小。系统压降增大，且小颗粒催化剂易中毒而失活。因此，要根据实际情况，在兼顾其他工艺参数的前提下，综合考虑催化剂的粒度。

第二节　氨合成催化剂

长期以来，人们对氨合成催化剂做了大量的研究工作，发现对氨合成有活性的金属有 Os、U、Fe、Mo、Mn、W 等。其中以铁为主体并添加促进剂的铁系催化剂价廉易得，活性良好，使用寿命长，从而获得广泛的应用。

一、催化剂的组成和作用

大多数铁催化剂都是经过精选的天然磁铁矿采用熔融法制备的，其活性组分为金属铁，另外添加 Al_2O_3、K_2O 等助催化剂。催化剂未还原前为 FeO 和 Fe_2O_3，Fe^{2+} 和 Fe^{3+} 的比例对催化剂的活性影响很大，适宜的 FeO 含量为 24%～38%（质量分数），Fe^{2+}/Fe^{3+} 约为 0.5。

Al_2O_3 是结构型助催化剂，它均匀地分散在 α-Fe 晶格内和晶格间，能增加催化剂的比表面积，并防止还原后的铁微晶长大，以提高催化剂的活性和稳定性。K_2O 是电子型的助催化剂，能促进电子的转移过程，有利于氮分子的吸附和活化，也促进生成物氨的脱附。CaO 也属于电子型促进剂，同时，它能降低固熔体的熔点和黏度，有利于 Al_2O_3 和 Fe_3O_4 固熔体的形成，还可以提高催化剂的热稳定性和抗毒害能力。SiO_2 的加入使 K_2O、Al_2O_3 助催化剂作用降低，但能够稳定 α-Fe 晶粒，增加催化剂的抗毒性和热稳定性。通常制得的催化剂为黑色不规则的颗粒，有金属光泽，堆积密度为 2.5～3.0kg/L，孔隙率 40%～50%。还原后的铁催化剂一般为多孔的海绵状结构，孔呈不规则的树枝状，内表面积为 4～16m^2/g。国内外主要型号的氨合成催化剂的组成和性能见表 7-4。

表 7-4　国内外氨合成催化剂的组成和主要性能

国别	型号	组　成	外型	还原前堆密度/（kg/L）	推荐使用温度/℃	主 要 性 能
中国	A106	Fe_3O_4、Al_2O_3、K_2O、CaO	不规则颗粒	2.9	400～520	380℃还原已很明显，550℃耐热 20h，活性不变
	A109	Fe_3O_4、Al_2O_3、K_2O、CaO、MgO、SiO_2	不规则颗粒	2.7～2.8	380～500 活性优于 A106	还原温度比 A106 低 20～30℃，525℃耐热 20h，活性不变
	A110 A110-5Q	Fe_3O_4、Al_2O_3、K_2O、CaO、MgO、BaO、SiO_2	不规则颗粒球形	2.7～2.8	380～490 低温活性优于 A109	还原温度比 A106 低 20～30℃，500℃耐热 20h，活性不变，抗毒能力强
	A201	Fe_3O_4、Al_2O_3、Co_3O_4、K_2O、CaO	不规则颗粒	2.6～2.9	360～490	易还原，低温活性高，比 A110 活性提高 10%，短期 500℃活性不变
	A301	FeO、Al_2O_3、K_2O、CaO	不规则颗粒	3.0～3.3	320～500	低温、低压、高活性，还原温度 280～300℃，极易还原
丹麦	KM I	Fe_3O_4、Al_2O_3、K_2O、CaO、MgO、SiO	不规则颗粒	2.5～2.9	380～550	390℃还原明显，耐热及抗毒性较好，耐热温度 550℃
	KM II	Fe_3O_4、Al_2O_3、K_2O、CaO、MgO、SiO	不规则颗粒	2.5～2.9	360～480	370℃还原明显，耐热及抗毒性较 KM I 略差。
	KMR	KM 预还原型	不规则颗粒	1.9～2.2	—	全部性能与相应的 KM 型催化剂相同，在空气中 100℃稳定不烧坏
英国	ICI35-4	Fe_3O_4、Al_2O_3、K_2O、CaO、MgO、SiO_2	不规则颗粒	2.6～2.9	350～530	温度超过 530℃，活性下降

国别	型号	组 成	外型	还原前堆密度/（kg/L）	推荐使用温度/℃	主 要 性 能
美国	C73-1	Fe_3O_4、Al_2O_3、K_2O、CaO、SiO_2	不规则颗粒	2.88	370～540	570℃以下活性稳定
	C73-2-03	Fe_3O_4、Al_2O_3、Co_3O_4、K_2O、CaO	不规则颗粒	2.88	360～500	500℃以下活性稳定

20 世纪 90 年代，我国 A1 系列熔铁型催化剂性能已达到国外同类产品的先进水平，得到广泛应用。研究发现，添加氧化钴使氨合成催化剂活性有较大提高，魏可镁等研制成功 A201 型和 A202 型铁-钴系催化剂，氨合成系统生产能力比 A110 系列催化剂提高 5%～10%。1992 年，浙江工业大学在首创以维氏体（$Fe_{1-x}O$）为前驱体的熔铁催化剂基础上，研制成功（Fe_{1-x}）基 A301 型低温低压氨合成催化剂，其性能超过国外同类催化剂水平；之后，又研制成功 ZA25 型催化剂，使低温活性进一步提高，相同条件下，系统操作压力降低 1～2MPa，操作温度降低 10～20℃，氨净值提高 0.6%～2.0%。A 系列熔铁型催化剂起活温度比较高，通常是在 400～500℃，20.0～30.0MPa 条件下使用，对设备的要求苛刻，能耗大。因此，开发在低温和较低压力下仍具有较高活性的新型氨合成催化剂，就成为合成氨厂节能降耗的关键。

目前研究开发的以含石墨的碳为载体的钌（Ru）基氨合成催化剂，由于在低温低压等温和的条件下具有较高的活性，被誉为第二代氨合成催化剂。钌基合成氨催化剂比铁基催化剂活性高 10～20 倍，在压力 5～8MPa 和温度 350～450℃下，合成率达到 20%～22%，生产能力可提高 20%～40%。钌基催化剂的主要特点是高活性、高氨净值和宽 H_2/N_2 范围，并可在低温和较低压力下操作。但因钌催化剂成本极其昂贵，远大于熔铁催化剂，因此，有待于进一步深入研究，降低钌催化剂成本或开发出具有高活性、低成本的氨合成催化剂。

二、催化剂的还原和使用

氨合成催化剂在还原前没有活性，使用前必须经过还原，使 Fe_3O_4 变成 α-Fe 微晶才有活性。还原反应如下：

$$Fe_3O_4 + 4H_2 \rightleftharpoons 3Fe + 4H_2O \qquad \Delta H_{298}^\ominus = 149.9 kJ/mol \qquad (7-16)$$

确定还原条件的原则，一方面使 Fe_3O_4 能充分还原为 α-Fe，另一方面使还原生成的铁结晶不因重晶而长大，以保持有最大的比表面积和活性中心。为此，选取适宜的还原温度、压力、空速和还原气体组成非常重要。

1．还原温度

还原反应是一个吸热反应，提高还原温度有利于平衡向右移动，并且能加快还原速率，缩短还原时间。但催化剂还原过程也是纯铁结晶形成的过程，还原温度过高，会导致 α-Fe 晶粒长大，而减小催化剂表面积，使其活性降低。

氨合成催化剂的升温还原过程，通常由升温期、还原初期、还原主期、还原末期、轻负荷养护期五个阶段组成。不同型号的催化剂还原时开始出水温度、大量出水温度、还原最高温度都有所不同。一般，最高还原温度应低于这一型号催化剂的最高操作温度。部分 A 系列催化剂还原温度与出水关系见表 7-5。

表7-5 A系列催化剂还原温度与出水关系

型 号	开始出水温度/℃	大量出水温度/℃	最高还原温度/℃
A106	375~385	465~475	515~525
A109	330~340	420~430	500~510
A110	310~320	约400	490~500

还原中应尽可能减少同一平面的温差，并注意最高温度不超过允许温度。因此，实际生产中升温与恒温交替进行。

2．还原压力

提高压力，提高了氢气的分压，加快了还原反应速率。同时，可使一部分还原好的催化剂进行氨合成反应，放出的反应热可弥补电加热器功率的不足。但是，提高压力，也提高了水蒸气的分压，增加了催化剂反复氧化还原的程度。所以，压力的高低应根据催化剂的型号和不同的还原阶段而定。一般情况下，还原压力控制在5.0~8.0MPa。

3．还原空速

空速的大小主要影响催化剂活性和还原速度。空速越大，气体扩散越快，气相中水汽浓度越低，催化剂微孔内的水分越容易逸出，减少了水汽对已还原催化剂的反复氧化，提高了催化剂的活性。此外，提高空速也有利于降低催化剂层的径向温差和轴向温差，提高催化剂层底部温度。但工业生产过程中，受电加热器功率和还原温度所限，不可能将空速提得过高。国产A型催化剂要求还原主期空速在10000h^{-1}以上。

4．还原气体成分

降低还原气体中的p_{H_2O}/p_{H_2}有利于催化剂还原。为此，还原气体中的氢含量宜尽可能高，水汽含量尽可能低，以防止以还原的催化剂反复氧化，导致α-Fe晶粒长大。水汽含量高，抑制还原反应，降低还原反应速率，为此，要及时除去还原生成的水。一般情况下，还原过程中可控制氢含量在72%~76%之间，任何时候出口气体中的水汽含量不得超过0.5~1.0g/m^{3}干气。

在催化剂升温还原阶段，应把升温速率、出水速率及水汽浓度作为核心指标控制。实际生产中，应预先绘制出升温还原曲线图，制定升温还原方案。升温还原曲线图反映在不同阶段的升温速率、恒温时间、操作压力、水汽浓度、气体成分等。操作者根据工况实际发现与指标曲线的差值，并做及时调整，尽量使升温还原的实际操作曲线与指标曲线相吻合，以最大限度地保证催化剂的活性。

催化剂升温还原的终点是以催化剂的还原度来量度的，其定义为已除去的氧量占可除去氧量的百分比。生产实际中，以累计出水量来间接量度。一般要求还原终点的累计出水量应达到理论出水量的95%以上。

催化剂还原反应可表示为

$$FeO+H_2 \rightleftharpoons Fe+H_2O$$
$$Fe_2O_3+3H_2 \rightleftharpoons 2Fe+3H_2O$$

若催化剂的质量为$m$kg，铁比为$A=Fe^{2+}\%/Fe^{3+}\%$，总铁含量为$T=Fe^{2+}\%+Fe^{3+}\%$。

FeO理论出水量

$$x=\frac{M_{H_2O}}{M_{Fe}} \times \frac{TA}{A+1} \times m$$

Fe_2O_3 理论出水量

$$y=1.5\times\frac{M_{H_2O}}{M_{Fe}}\times\frac{T}{A+1}\times m$$

催化剂理论出水量

$$m_{理}=x+y$$
$$=\frac{M_{H_2O}}{M_{Fe}}\times\frac{Tm}{A+1}\times(1.5+A) \tag{7-17}$$

新还原的催化剂活性高，床层温升快，容易过热，还原结束后立即增加负荷，会使催化剂晶体结构发生剧烈变化，容易造成催化剂早期衰老，最好经过一段时间轻负荷运行后再投入正常使用，以延长催化剂的寿命。

催化剂经长期使用后活性会下降，氨合成率降低。这种现象称为催化剂的衰老，主要原因是 α-Fe 微晶逐渐长大，催化剂内表面变小，催化剂粉碎及长期慢性中毒。

氨合成催化剂的毒物有多种，如 S、P、As、卤素及其化合物等能与催化剂形成稳定的表面化合物，造成永久性中毒。某些氧化物，如 CO、CO_2、H_2O 和 O_2 也会使催化剂暂时性中毒，一旦气体成分得到改善，催化剂活性可以得到部分恢复。某些油类以及重金属 Cu、Ni、Pb 等也是氨合成催化剂的毒物。此外，在合成氨联醇生产中，甲醇合成副产物中的二甲醚，会严重抑制氨合成催化剂的活性，使催化剂出现暂时性中毒，如果新鲜气体成分不改善，将会变成永久性的中毒。

为此，原料气送往合成工段之前应充分清除各类毒物，以保证原料气的纯度。一般大型氨厂进合成塔的原料气中的 CO+CO_2＜10×10⁻⁶（体积分数），小型氨厂 CO+CO_2＜30×10⁻⁶（体积分数）。如果对催化剂使用得当，维护保养良好，使用数年仍能保持相当高的催化活性。

催化剂的还原也可在塔外进行，即催化剂的预还原。采用预还原催化剂不但可以缩短还原时间，而且能够保证催化剂在最佳条件下还原，有利于提高催化剂的活性，延长催化剂使用寿命。还原态的催化剂遇到空气后会发生强烈的氧化反应，放出的热量能烧结催化剂。为此，要对催化剂进行缓慢的氧化，使催化剂表面形成一层氧化铁保护膜，这一过程称为催化剂的钝化。经过钝化的催化剂，遇到空气就不易发生燃烧反应，确保运输和装填安全。

生产系统长期停车或卸出催化剂前，都需要对催化剂进行钝化，再次使用时，只需稍加还原即可投入生产，催化剂的活性不变。钝化的方法是将系统压力降至 0.5～4MPa，温度降至 50～90℃，用氮气置换合格，向氮气中分阶段加入空气，使氮气中氧含量由 0.2%逐渐增加到 20%。在钝化过程中，放出的热量会使催化剂层温度上升，应严格控制催化剂层温度，一般温升不超过 10℃/h，最高温度不超过 130℃，直至催化剂层温度不再上升，合成塔进出口气体中氧含量相等，可以认为钝化已结束。

第三节 氨合成工艺条件

一、压力

在氨合成过程中，合成压力是决定其他工艺条件的前提，是决定生产强度和技术经济指标的主要因素。

提高操作压力有利于提高平衡氨含量和氨合成速率，增加装置的生产能力，有利于简化氨分离流程。但是，压力高时对设备材质及加工制造的技术要求较高。同时，高压下反应温度一般较高，催化剂使用寿命缩短。

生产上选择操作压力主要涉及功的消耗，即氢氮气的压缩功耗、循环气的压缩功耗和冷冻系统的压缩功耗。图7-5为某日产900t氨合成工序功耗随压力的变化关系。由图可见，提高压力，循环气压缩功和氨分离冷冻功减少，而氢氮气压缩功却大幅度增加。当操作压力在20~30MPa时，总功耗较低。

实际生产中采用往复式压缩机时，氨合成的操作压力在30MPa左右；采用蒸汽透平驱动的高压离心式压缩机，操作压力降至15~20MPa。随着氨合成技术的进步，采用低压力降的径向合成塔，装填高活性的催化剂，都会有效地提高氨合成率，降低循环机功耗，可使操作压力降至10~15MPa。

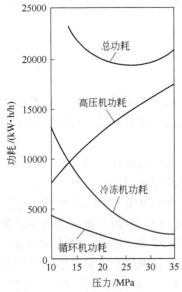

图7-5 氨合成压力与功耗的关系

二、温度

在最适宜温度下，氨合成反应速率最快，氨合成率最高。理论上讲，氨合成操作曲线应与最适宜温度曲线相吻合，以保证生产强度最大，稳定性最好。但在反应初期最适宜温度已超过催化剂耐热温度，不可能按最适宜温度曲线操作。在反应中后期，要求床层温度按最适宜温度曲线控制。

工业生产中，应严格控制两点温度，即床层入口温度（或零米温度）和热点温度。床层入口温度应等于或略高于催化剂活性温度的下限，热点温度应小于或等于催化剂使用温度的上限。生产中后期，由于催化剂活性下降，应适当提高操作温度。氨合成的操作温度应视催化剂的型号来确定。

鉴于氨合成反应的最适宜温度随氨含量提高而降低，要求随反应的进行，不断移出反应热。生产上按降温方法的不同，氨合成塔内件可分为内部换热式和冷激式。内部换热式内件采用催化剂床层中排列冷管或绝热层间安置中间热交换器的方法，以降低床层的反应温度，并预热未反应的气体。冷激式内件采用反应前尚未预热的低温气体进行层间冷激，以降低反应气体的温度。

三、空间速率

空间速率表示单位时间内、单位体积催化剂处理的气量。空间速率的选择，涉及氨净值和生产强度，也涉及循环气量、系统压降和反应热的利用。表7-6给出了空间速率（以下简称空速）与生产强度、氨净值的关系。

表7-6 空速与生产强度、氨净值之间的关系

空间速率/h⁻¹	10000	15000	20000	25000	30000
氨净值/%	14.0	13.0	12.0	11.0	10.0
生产强度/[kgNH₃/(m³·h)]	908	1276	1584	1831	2015

提高空速虽然增加了合成塔的生产强度，但氨净值降低，增加了氨的分离难度，使冷冻功耗增加。另外，由于空速提高，循环气量增加，系统压力降增加，循环机功耗增加。若空速过大，使气体带出的热量大于反应放出的热量，导致催化剂床层温度下降，以致不能维持正常生产。因此，在高空速下运行不一定具有最佳经济效益。

显然，选择空速时应综合考虑生产强度、功耗、床层温度和反应热回收等因素。一般，操作压力为30MPa时，对于余热回收型的氨合成塔，空速可控制在15000~20000h⁻¹；操作

压力为 15MPa 的轴向冷激式合成塔，其空速为 10000h^{-1}。

四、合成塔进口气体组成

合成塔进口气体组成包括氢氮比、惰性气体含量和初始氨含量。

最适宜的氢氮比与反应距离平衡的状况有关。当接近平衡时，氢氮比为 3；当远离平衡时，氢氮比为 1 最适宜。生产实践表明，进塔气中的适宜氢氮比在 2.8～2.9 之间，而对含钴催化剂，其适宜氢氮比在 2.2 左右。因氨合成反应氢与氮总是按 3:1 的比例消耗，所以新鲜气中的氢氮比应控制为 3，否则，循环气中多余的氢或氮会逐渐积累，造成氢氮比失调，使操作条件恶化。

惰性气体的存在，无论从化学平衡、反应动力学还是动力消耗，都是不利的。但要维持较低的惰气含量需要大量地排放循环气，导致原料气消耗增高。生产中必须根据新鲜气中惰性气体含量、操作压力、催化剂活性等综合考虑。当操作压力较低、催化剂活性较好时，循环气中的惰性气体含量宜保持在 16%～25%，反之宜控制在 12%～16%。

在其他条件一定时，降低入塔氨含量，反应速率加快，氨净值增加，生产能力提高。但进塔氨含量的高低，需综合考虑冷冻功耗以及循环机的功耗。通常操作压力为 25～30MPa 时采用一级氨冷，进塔氨含量控制在 2.5%～3%；而压力为 20MPa 合成时采用二级氨冷，进塔氨含量控制在 2%～3%；压力为 15MPa 左右采用三级氨冷，此时进塔氨含量控制在 1.5%～2.0%。

第四节　氨的分离及合成工艺流程

一、氨的分离

由于氨合成率较低，合成塔出口气体中氨含量一般在 10%～20%，因此必须将生成的氨分离出来，而未反应的氢氮气送回系统循环利用。

氨的分离方法有冷凝分离和溶剂吸收法。目前，工业生产中主要采用冷凝法分离氨。

冷凝法分离氨是利用氨气在高压低温下易于液化的原理进行的。高压下与液氨呈平衡的气相饱和氨含量可近似按拉尔逊公式计算。

$$\lg y^*_{NH_3} = 4.1856 + \frac{1.9060}{\sqrt{p}} - \frac{1099.5}{T} \tag{7-18}$$

式中　$y^*_{NH_3}$——与液氨呈平衡的气相氨含量，%；

　　　　p——总压力，MPa；

　　　　T——气体的温度，K。

生产中，由于其他气体和氨分离效率的影响，混合气体中 y_{NH_3} 高于 $y^*_{NH_3}$，一般考虑有 10% 的过饱和度。

由式（7-18）看出，降低温度，提高压力，气相中的氨含量降低。如操作压力在 45MPa 以上，用水冷却即可使氨冷凝。而在 20～30MPa 下操作，水冷只能分出部分氨，气相中尚含有 7%～9% 的氨，需进一步以液氨作冷冻剂使混合气体降温至-10℃，方可将气相氨含量降至 2%～4%；当压力在 15MPa 以下时，须冷却至-23℃以下，才能将气体中的氨降至 2% 左右。

在冷凝过程中，部分氢氮气和惰性气体溶解在液氨中。冷凝的液氨在氨分离器中与气体分离后，经减压送入贮槽，贮槽压力一般为 1.6～2.0MPa，由于压力降低，溶解在液氨中的气体大部分在贮槽中又释放出来，工业上称为"贮槽气"或"弛放气"。

二、氨合成工艺流程

氨合成工艺流程虽然不尽相同，但都包括以下几个步骤：氨的合成、氨的分离、新鲜氢氮气的补入、未反应气体的压缩与循环、反应热的回收与惰性气体排放等，构成一个循环回路。

氨合成工艺流程的设计关键在于合理组合上述几个步骤，其中主要是合理确定循环机、新鲜气补入及惰性气体放空的位置以及氨分离的冷凝级数和热能的回收方式。采用注油润滑的往复式压缩机，由于压缩后气体中夹带油雾，新鲜气补入和循环机位置都不应在合成塔之前，以避免油污造成催化剂中毒；同时，为降低循环机功耗，要将循环机设置在温度较低、气量较小的部位。采用离心式压缩机，新鲜气补入和循环机位置可以是同一部位。惰性气体放空位置，应设在惰性气体含量较高、氨含量较低处。系统的反应热应分级回收利用。氨冷凝级数应以节省冷冻功耗为原则。

1．传统氨合成流程

20世纪60年代之前，合成氨厂大都采用往复式压缩机，为了避免油污对合成塔的污染，循环机往往置于水冷与氨冷之间，以利用氨冷器冷凝液氨时将油雾凝集而分离。由氢氮气压缩机补入的新鲜原料气，虽然已经过精制，但仍含有微量水蒸气和微量CO、CO_2，它们都是氨合成催化剂的毒物。因此，新鲜气补入水冷与氨冷间的循环气油分离器中，使其在氨冷凝过程中被液氨洗涤而净化。补入的新鲜气中还含有少量甲烷和氩气，随着气体的不断补入和循环使用，循环气中的甲烷和氩气的含量会不断提高。为避免惰性气体量过高而影响氨合成反应，必须进行惰性气体排放，排放点通常设置在循环机之前。

图7-6为传统中压氨合成流程。合成塔1出口气体经水冷器2冷却至常温。其中部分气氨被冷凝，液氨在氨分离器3中分出。为降低惰性气体含量，循环气在氨分离器后部分放空，大部分循环气经循环压缩机4压缩后进入油分离器5，新鲜气也在此补入。补入新鲜气的循环气进入冷交换器6的上部换热器管内，回收氨冷器出口循环气的冷量后，再经氨冷器7冷却到−10℃左右，使气体中绝大部分氨冷凝下来，在冷交换器下部氨分离器中将液氨分离。分离液氨后的低温循环气，经冷交换器上部换热器管间，预冷进氨冷器的气体，自身被加热到10～30℃进入氨合成塔，完成循环过程。

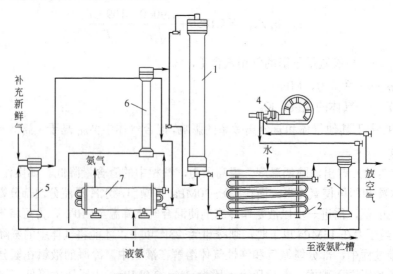

图7-6　传统中压氨合成流程

1—氨合成塔；2—水冷器；3—氨分离器；4—循环压缩机；5—油分离器；6—冷交换器；7—氨冷器

由于该流程简单，设备投资低，在一段时期内为中小型合成氨厂广泛采用。但上述流程还很不完善。冷交换器管内阻力较大，这是由于新鲜气中所含微量二氧化碳与循环气中的氨形成氨基甲酸铵之类的结晶，堵塞管口所致。为了解决这一问题，可将补充气的位置移到冷交换器出口至氨冷器的管线上，此处已有液氨冷凝，生成的微量氨基甲酸铵被溶解而排放，从而解决了系统阻力逐渐增大的问题。另外，此流程热能未充分回收利用。

由于无油润滑循环机使用，基本上消除了润滑油对合成塔的污染，有些工厂已将循环机置于合成塔前方。此方法既可提高合成氨操作压力，又有利于反应的进行，还可以降低氨冷系统进口气体的温度，减少冷冻量的消耗。

2．节能型工艺流程

节能型工艺流程通过合理设置余热回收装置，使反应热得到充分回收。另外，由于降低了进水冷器气体的温度，提高了水冷器冷凝氨的效果，从而减少了氨冷器的冷量消耗。图 7-7 为设置余热回收锅炉的节能型工艺流程示意图。

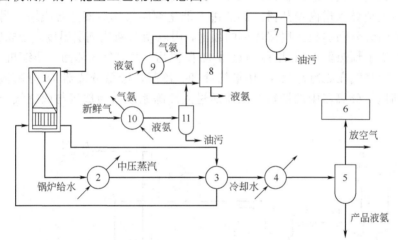

图 7-7　设置余热回收锅炉的节能型工艺流程示意图

1—合成塔；2—废热锅炉；3—塔外换热器；4—水冷器；5—氨分离器；6—循环压缩机；7—油分离器；8—冷交换器；9—氨冷器；10—新鲜气氨冷器；11—新鲜气分离器

此流程特点概述如下。

① 新鲜气经新鲜气氨冷器 10 冷却，且在冷交换器 8 二次入口处与循环气混合，然后进入冷交换器下部的氨分离器，利用冷凝下来的液氨除去新鲜气中的水、油污、一氧化碳和二氧化碳等，保证了进入合成塔气体的质量。

② 采用先进塔后预热的流程，既提高了进催化剂层的气体温度，提高了出塔气体的余热回收价值，又保证了合成塔外筒对气体温度的要求。来自冷交换器的气体从合成塔 1 上部进入合成塔内件与外筒的环隙，从塔底引出，送到塔外换热器 3，用低位热能预热二次进合成塔的循环气，气体温度升到 175℃二次入塔。

③ 二次出合成塔的气体先进入废热锅炉 2 回收热量，使之产生 1.2～2.5MPa 的中压蒸汽，然后，送入塔外换热器 3 与未反应气换热，回收低位热能。

3．凯洛格（kellogg）大型氨厂氨合成工艺流程

凯洛格氨合成工艺流程，采用蒸汽透平驱动带循环段的离心式压缩机，气体不受油雾的污染，但新鲜气中尚含微量二氧化碳和水蒸气，需经氨冷最终净化。另外，由于合成塔操作压力较低（15MPa），采用三级氨冷将气体冷却至−23℃，以使氨分离较为完全。

图 7-8 为凯洛格氨合成工艺流程，反应热加热锅炉给水。来自净化系统的新鲜气通过压缩机吸入罐进入压缩机 15 低压段，压缩到 6.5MPa，经新鲜气-甲烷化气换热器 1、水冷器 2 及氨冷器 3 逐步冷却到 8℃，进入段间分离器 4 将冷凝下来的水分离掉。干气进入压缩机 15 的高压段继续压缩，并与循环气在最后一个循环级叶轮汇合，压缩到 15.0MPa，温度为 69℃。经过水冷器 5 气体温度降至 32℃，分两路继续冷却、冷凝。一路约 50% 的气体通过两个串联的氨冷器 6 和 7，一级氨冷器 6 中，液氨在 13℃ 下蒸发，将气体冷却到 22℃，二级氨冷器 7 中，液氨在 -7℃ 下蒸发，将气体冷却到 1℃。另一路气体与高压氨分离器 12 来的 -23℃ 气体在冷热交换器 9 中换热，降温至 -9℃，冷气体升温到 24℃。两路气体汇合后温度为 -4℃，再经过第三级氨冷器 8，利用在 -33℃ 下蒸发的液氨将气体进一步冷却到 -23℃，然后送往高压氨分离器 12。分离液氨后含氨 2% 的气体经冷热交换器 9 和塔前预热器 10，加热至 130～140℃ 进入冷激式合成塔 13。部分气体由合成塔底部进入，沿外筒与催化剂筐的环隙自下而上进入塔顶的内部换热器，被出塔气加热至反应温度，自上而下通过四层催化剂后进入中心管自下而上地导入塔内换热器，加热进入催化剂层气体后离开合成塔。另一部分冷激气经过四根冷激管分别加到四层催化剂的顶部，用以调节催化剂层温度。合成塔出口气体，首先进入锅炉给水预热器 14 和塔前预热器 10 降温后，大部分气体回到压缩机 15 完成了整个循环过程。放空气在氨冷却器 17 中被氨冷却、冷凝，经氨分离器 18 分离液氨后，去氢回收系统。高压氨分离器中的液氨经减压后进入冷冻系统，弛放气与放空气一起送往氢回收系统。

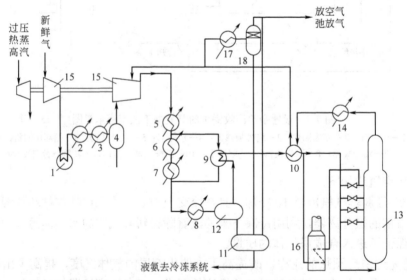

图 7-8　凯洛格氨合成工艺流程

1—新鲜气-甲烷化气换热器；2，5—水冷器；3，6～8—氨冷器；4—冷凝液分离器；9—冷热交换器；
10—塔前预热器；11—低压氨分离器；12—高压氨分离器；13—氨合成塔；14—锅炉给水预热器；
15—离心压缩机；16—开工加热炉；17—放空气氨冷却器；18—放空气分离器

流程中惰性气体放空设在压缩机循环段之前。此处，惰性气体含量最高，氨含量也最高，但由于放空气中的氨加以回收，故氨损失不大。氨冷凝在压缩机循环段之后进行，可进一步清除气体中夹带的油、二氧化碳、水分等杂质，但循环功耗较大。

4. 凯洛格（kellogg）KAAP 新型氨合成工艺

1979 年，英国石油公司（BP）公司和凯洛格公司（Kellogg）合作，由英国石油公司负责开发低温低压下高活性的钌基氨合成催化剂，由凯洛格公司负责开发与其配套的氨合成工艺。经过十几年的努力，共同开发出 KAAP 新型氨合成工艺。该技术以天然气蒸汽转化和低压氨合成催化剂为基础，用于现有装置，可提高合成系统能力 20%～40%，吨氨能耗降至 28～30GJ。

新建 KAAP 合成氨厂合成回路包括：KAAP 催化剂、KAAP 氨合成塔、低压合成回路、单台原料气压缩机、组合冷冻压缩机、组合空气压缩机和发电机等。

（1）KAAP 催化剂 KAAP 技术的核心在于低温低压高效氨合成催化剂。KAAP 催化剂是以石墨化的碳为载体，以 $Ru_3(CO)_{12}$ 为母体的新一代钌基催化剂，它是氨合成催化剂发明 80 年来首次工业化的非铁系催化剂，在低温低压下具有高活性。

（2）KAAP 氨合成塔 该塔是四催化剂层、内冷、中间间接换热的径向反应器。该反应器有三个特点：一是热壁设计；二是反应器包括四个催化剂层和三个中间换热器，第一层装铁催化剂，约是催化剂总量的一半，其余三层装 KAAP 催化剂；三是首次把单个反应器设计成 1850t/d 的生产能力。

（3）低压合成回路 KAAP 系统正常操作压力为 9.14MPa，选择该压力是为了与单台合成气压缩装置配套。由于采用低压回路设计，其降低的压缩装置及合成系统管路设备的投资，足以弥补采用钌催化剂后增加的投资。

（4）单台原料气压缩机 KAAP 合成氨厂只有一台合成气压缩机，包括压缩和回路循环。显然，采用单台合成气压缩机使装置投资减少，运行费用降低，并且操作可靠性提高。

（5）大生产能力设计 KAAP 技术适用于大型合成氨厂。由于 KAAP 催化剂活性很高，催化剂体积只需考虑与普通铁催化剂的体积相当。

1992 年开始，KAAP 技术应用于数个合成氨厂，进行原装置的改造，吨氨能耗可降低 1GJ，完全按照 KAAP 技术建设的新型合成氨厂，投资可降低 10%。

中国海洋石油总公司采用 KAAP 技术，在海南建设的 1500t/d 合成氨装置，于 2003 年投产。

三、排放气的回收处理

1. 氢的回收

从合成系统排出的弛放气和放空气在回收了其中的部分氨气后，剩余气体一般作为燃料使用。20 世纪 80 年代以来，为回收排放气中的氢气，成功开发了中空纤维膜分离、变压吸附和深冷分离技术。比较三种分离技术，中空纤维膜分离法显示出明显的优势。

中空纤维膜的材料是以多孔不对称聚合物为基质，上面涂以高渗透性聚合物。此种材料具有选择渗透特性，水蒸气、氢、氦和二氧化碳渗透较快，而甲烷、氮、氩、一氧化碳等渗透较慢，这样就能使渗透快者与渗透慢者分离。为获得最大的分离表面，将膜制成数以万计的中空纤维管并组装在高压金属容器中，如图 7-9 所示。经回收氨后的排放气和放空气由分离器的上端侧口进入壳程，沿纤维束外表面向下流动，由于中空纤维管内外存在压差，使氢气通过膜壁渗入管内，管内的氢气数量不断增加，并沿着管内从上部排出，其他气体在壳程自上往下从分离器底部移出。图 7-10 为排放气膜分离回收系统流程。

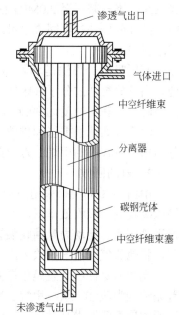

渗透气出口
气体进口
中空纤维束
分离器
碳钢壳体
中空纤维束塞
未渗透气出口

图 7-9 中空纤维膜分离器

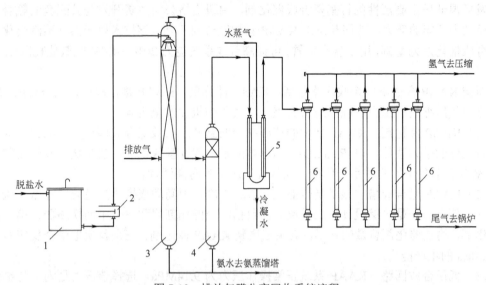

图 7-10 排放气膜分离回收系统流程
1—软水贮槽；2—高压水泵；3—洗氨塔；4—气液分离器；5—套管加热器；6—膜分离器

来自合成系统由氢、氮、氨、甲烷和氩气组成的放空气进入洗氨塔 3，软化水在填料层中逆流接触，气相中的氨被水吸收后变成氨水，由塔底排出，经蒸馏得到无水液氨。脱氨后的气体由塔顶排出后进入气液分离器 4，以分离夹带雾沫。水洗后气体的温度约 25℃，氨含量应低于 50×10^{-6}。为防止原料气进入膜分离器后产生水雾，造成膜分离器性能下降，脱氨后的气体必须经过换热器 5 被加热到 40～50℃，再送入膜分离器 6 中进行分离。中空纤维膜对氢气有较高的选择性，靠中空纤维膜内、外两侧压差为推动力，使中空纤维膜内侧形成富氢区气流，而外侧形成了惰性气流，前者称为渗透气，后者称为尾气。氢气经压缩后重返合成系统，尾气减压至 2.0MPa 左右送到无动力氨回收系统，或减至 0.4MPa 排到锅炉做燃料。中空纤维分离法的氢回收率可达 95% 以上，氢气的纯度在 90% 以上，在国内合成氨厂得到广泛应用。

变压吸附分离法是利用沸石和分子筛在不同压力下对气体组分的选择性吸附和解吸原理。当排放气通过分子筛床层时，除氢以外的其他气体如氮、甲烷、氩、氨、一氧化碳等都被吸附，而获得纯度达 99.9% 以上的氢气。

深冷分离法根据氢和排放气中其他组分的沸点相差较大，在深冷温度下逐次部分冷凝，分离出沸点较高的甲烷、氩及部分氮的冷凝液，而获得含氢 90% 的回收气。

2. 氨的回收

由图 7-10 可见，采用中空纤维膜分离法回收排放气中的氢气时，首先要脱氨。采用软水等压吸收氨，吸收效率低，产生稀氨水量大且处理过程能耗高，极易造成外排污水中氨氮超标污染环境。无动力氨回收装置是排放气回收节能降耗新举措，该装置在不消耗能量的情况下，将弛放气中的氨回收为产品氨，是一套理想的环保节能装置。

无动力氨回收装置是根据弛放气中各组分间沸点的差异，通过深冷的方法使沸点高的氨首先冷凝为液体，氢、甲烷、氮等气体沸点较低，不容易被液化。专用膨胀机利用分离氢和氨后的尾气膨胀做功并制冷，膨胀后的低压低温气体在高效换热器中冷却弛放气，随着温度的降低，弛放气中的氨冷凝并在分离器中分离，实现氨的回收。液氨经节流降温后，进入换热器提供部分冷量。图 7-11 为无动力氨回收系统流程。

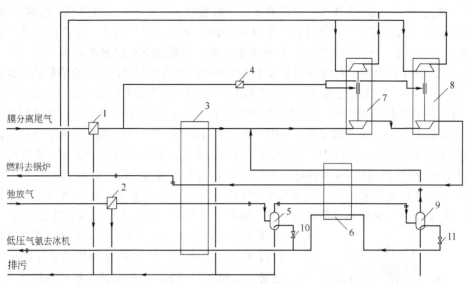

图 7-11　无动力氨回收系统流程

1—干燥器；2—过滤器；3—一级热交换器；4—膨胀机轴承气过滤器；5,9—高效氨分离器
6—二级热交换器；7—一级膨胀机；8—二级膨胀机；10,11—节流阀

　　来自氨罐压力为 1.7~2.1MPa 的弛放气，首先经高效过滤器 2 分离液滴和油气，再依次经过一、二级高效多通道热交换器 3、6，与分离氢和氨后通过膨胀机的冷尾气及节流后低温液氨进行热交换，被冷却到 -60~-70℃，并依次进入高效氨分离器 5、9 分离出液氨，含氨量 ≤2% 的尾气返回二级高效多通道换热器 6 交换冷量。来自膜分离装置回收氢后的尾气，经减压到 2.0MPa 左右进入本装置界区，首先经过干燥器 1，分出小部分做轴承气，大部分通过一级高效多通道换热器 3 预冷，与离开二级高效多通道换热器 6 的分氨尾气汇合。混合尾气压力为 1.5~2.0MPa 进入一级透平膨胀机 7 工作轮，降至 0.6~0.9MPa 后进入二级透平膨胀机 8 工作轮，乏气压力为 0.08~0.20MPa。混合尾气通过两级膨胀做功温度降低，再依次进入二、一级多通道换热器交换冷量，被加热后进入透平膨胀机制动轮压缩至 0.25MPa，排出无动力氨回收装置做燃料气。分离后的液氨通过节流阀 10、11 温度降低，在多通道换热器中汽化，压力为 0.02~0.2MPa 的气氨，送往冰机系统加压冷却成液氨，完成无动力氨回收。

　　一般无动力氨回收装置与膜回收氢装置联合使用，膜回收装置主要回收放空气中的氢，无动力氨回收装置主要回收弛放气中的氨。压力为 15MPa 的合成氨生产工艺，每吨氨弛放气约带出 14.8kg 氨；压力为 30MPa 的合成氨生产工艺，每吨氨弛放气约带出 25kg 氨。对于年产 1×10^5t 的合成氨厂，弛放气带出的氨量分别为 1.48×10^3t 或 2.5×10^3t，氨回收的经济效益显著。

第五节　氨合成塔

一、结构特点及基本要求

　　氨合成塔是合成氨生产的重要设备之一，作用是使精制气中氢氮混合气在塔内催化剂层中合成为氨。氨合成是在高温高压条件下进行的，氢氮气对碳钢设备有明显的腐蚀作用。造成腐蚀的原因：一种是氢脆，即氢溶解于金属晶格中，使钢材在缓慢变形时发生脆性破坏；另一种是氢腐蚀，即氢气渗透到钢材内部，使碳化物分解并生成甲烷，甲烷聚积于晶界微观孔隙中形成高压，导致应力集中，沿晶界出现破坏裂纹，有时还会出现鼓泡。氢腐蚀与压力、温度有关，温度超过 221℃、氢分压大于 1.43MPa，氢腐蚀开始发生。在高温高压下，氮与钢中的铁及其他很多合金元素生成硬而脆的氮化物，导致金属机械性能降低。

为合理解决上述问题，合成塔通常都由内件和外筒两部分组成，进入合成塔的气体温度较低（一般低于 50℃），先经过内件与外筒之间的环隙，内件外面设有保温层，以减少向外筒散热。因而，外筒主要承受高压（操作压力与大气压之差），但不承受高温，可用普通低碳合金钢或优质碳钢制造。在正常情况下，使用寿命可达 40～50 年。内件虽在 500℃下的高温下工作，但只承受高温而不承受高压。承受的压力为环隙气流和内件气流的压差，此压差一般为 0.5～2.0MPa。内件用镍铬不锈钢制作，由于承受高温和氢腐蚀，内件寿命一般比外筒短得多。

内件一般由催化剂筐、热交换器和电加热器三个主要部分组成。催化剂筐是装填催化剂的容器。由于氨合成时放出大量的反应热，而在催化剂层理想的温度分布是降温状态。因此，冷管式合成塔催化剂筐中应有冷却装置。热交换器承担回收催化剂层出口气体显热并预热进催化剂层气体的任务，大都采用列管式，多数置于催化剂层之下，称为下部热交换器。也有放置于催化剂层之上的，如 kellogg 多层冷激式氨合成塔。电加热器是补充热量的装置，垂直悬挂在中心管上，用于催化剂升温还原或生产不正常时，反应热不能维持氨合成塔自热平衡时的加热，以调节催化剂层的温度。大型氨合成塔的内件一般不设置电加热器，由塔外加热炉供热。合成塔的典型结构（单管并流式）见图 7-12。

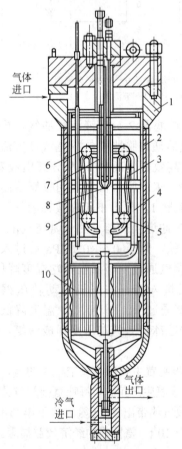

图 7-12　单管并流氨合成塔
1—外筒；2—内件；3—冷管；4—上升气管；5—下环管；6—上环管；7—电加热器；8—中心管；9—温度计管；10—热交换器

二、氨合成塔分类

合成塔除了在结构上应力求简单可靠并能满足高温高压的要求外，在工艺方面必须使氨合成反应在接近最适宜温度条件下进行，以获得较大的生产能力和较高的氨合成率。同时力求降低合成塔的压力降，减少循环气体的动力消耗。虽然氨合成塔结构繁多，但一般分为两大类。

1．按移热的方式分

（1）冷管式　在催化剂层设置冷却管，反应前温度较低的原料气在冷管中流动，连续移出反应热，降低催化剂层的温度，并将原料气预热到催化剂起活温度。根据冷管的结构不同，分为双套管、三套管、单管等。冷管式合成塔结构复杂，一般用于直径为 500～1000mm 的中小型氨合成塔。

（2）冷激式　将催化剂分为多层（一般不超过 5 层），气体经每层绝热反应后，温度升高，通入冷的原料气与之混合，温度降低后再进入下一层。冷激式合成塔结构简单，加入未反应的冷原料气，降低了氨合成率，一般多用于大型合成塔。近年来，有些中小型合成塔也采用了冷激式。

（3）间接换热式　将催化剂分为几层，层间设置换热器，上一层反应后的高温气体，进入换热器降温后，再进入下一层进行反应。凯洛格 KAAP 氨合成塔、国内 JR 型氨合成塔，就属于此种结构。此种塔的氨净值较高，节能降耗效果明显。

2．按气体流动方向分

（1）轴向塔 气体沿塔轴向流动的称为轴向塔，如 Kellogg（凯洛格）四层轴向冷激式氨合成塔、中小型冷管式氨合成塔。

（2）径向塔 气体沿塔半径方向流动的称为径向塔，如托普索径向氨合成塔等。

（3）轴-径向塔 轴-径向合成塔也称轴-径向混合流动型合成塔，如采用卡萨里技术改造的凯洛格冷激式合成塔。

20 世纪，中小型氨厂一般采用冷管式合成塔。近年来开发的新型合成塔，塔内既可装冷管，也可采用冷激，还可以应用间接换热，既有轴向塔也有径向塔。大型氨厂一般为冷激式合成塔。

三、氨合成塔内件

1．单管并流式合成塔内件

单管并流式与并流三套管式相比，简化了结构，用几根较大的升气管取代了三套管中的几十根内冷管，升气管将气体导入分布环管，再进入直径较小的单管冷却管中，并流通过冷却段，汇集到中心管翻入催化剂层中进行反应。单管并流式合成塔如图 7-12 所示。

单管并流式与并流三套式内件比较具有如下特点：

① 容积利用系数高，催化剂装填量增加，合成塔生产能力提高；

② 可采用小管径、管数较多的冷管配置方案，径向温度分布比较均匀；

③ 结构简单，气流通过单管阻力降低。

这种内件也存在如下缺点：

① 结构欠牢固，由于温差应力较大，升气管、冷管的焊缝容易拉裂；

② 催化剂装填不易均匀，且冷管周围存在冷区，影响催化剂的活性和寿命；

③ 催化剂升温、还原困难。

并流三套管和单管并流内件在中小型合成氨厂曾广泛应用。20 世纪末，随着合成氨企业扩产节能改造，逐渐被新型合成塔取代。

2．ⅢJ 型合成塔内件

改进型氨合成塔内件如ⅢJ 型、JR 型、YD 型、NC 型等，都不同程度克服了上述缺陷，其中最典型的是ⅢJ 内冷分流式氨合成塔，如图 7-13 所示。

ⅢJ 内冷分流式氨合成塔，在催化剂层中部设有冷管，将催化剂层分上绝热层、冷管层和下绝热层，塔下部设有热交换器，ⅢJ 内件由上绝热层+冷管反应层+下绝热层+下换热器组成。塔内气体流程：温度为 30～40℃的循环气分为两部分，一部分占总气量 35%～45%的气体，经调温副线调至约 40～120℃，由大盖上的两根导气管进入催化剂层的冷管束管内，自上而下通过冷却段层，移走反应热。另一部分约占总气量 55%～65%，温度为 30～35℃的气体，由塔顶一侧入塔，经过塔内件与外筒间的环隙，由下部"五通一出"离开合成塔，进入塔外热交换器管间，被加热到 170～180℃，从"五通二进"至塔下部换热器管间，被反应后气体预热到反应温度 370℃，经中心管到催化剂层顶部。

两部分气体汇合后，依次经催化剂上绝热层、冷管层、下绝热层反应后，进入塔下部换热器管内，预热管间冷气到催化剂层的入口温度，自身被冷却至 320～360℃，由塔底"五通二出"离开氨合成塔。

ⅢJ 内件采用一个导入冷气、可自由取出的冷管组合件，具有双绝热、分流的功能，既发挥了冷管型内件操作简便的优点，又具有以下特点：

① 高压容积利用率高，达到 60%以上；

② 催化剂装填量多，比三套管、单管并流式内件多装催化剂25%以上；

③ 催化剂升温还原彻底，还原后的催化剂活性好；

④ 催化剂床层温度可调，氨净值较高，生产强度大；

⑤ 反应热回收较好。

该内件也有明显的缺点：仍保留了部分冷管，只是较好地克服了"冷管效应"和催化剂层温度调节难的问题。

3．JR 型合成塔内件

JR 型合成塔内件结构见示意图 7-14。合成塔入口约 100～120℃的气体，经内筒环隙加热到约 150℃进入合成塔底部换热器壳程，与反应后的约 450℃的气体进行换热，温度升到 300～320℃后经下中心管进入中部换热器壳程，与第三催化剂层出来的气体换热至约 340～380℃，经上中心管上升进入第一催化剂层。出一层气体温度约480℃，由 2# 冷副线将其降温到 420℃左右，进入第二催化剂层进行反应，温度升到约 475℃进入上部换热器管程，与来自 3# 副线导入的冷气体进行换热，温度降到约 430℃后进入第三催化剂层。出三层温度约470℃气体，进入中部换热器管程与出底部换热器的气体进行换热，温度降到约 430℃。进入四段径向催化剂层反应，出四层温度约 450℃气体，进入底部换热器管内与入塔气体换热后，降到 300～320℃离开合成塔进入废热锅炉。

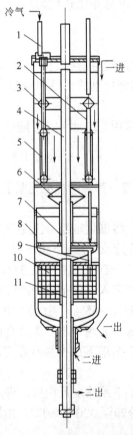

图 7-13　ⅢJ 内件结构示意图

1—导气管；2—升气管；3—混合器；4—中心管；
5—冷管束；6—集气器；7—分气管；8—径向篮；
9—连接管；10—换热器；11—卸料管

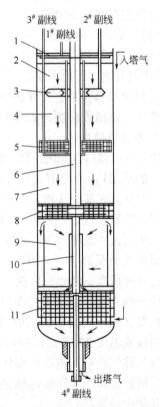

图 7-14　JR 合成塔内件结构示意图

1—小盖；2—一段催化剂层；3—菱形分布器；4—二段催化剂层；
5—上部换热器；6—上中心管；7—三段催化剂层；8—中部换
热器；9—四段催化剂；10—下中心管；11—底部换热器

在合成塔内筒小盖上设有气体分布器，由1#副线冷气导入合成塔后经其分布均匀以控制第一催化剂层的温度。2#副线导入的冷气体经菱形分布器3分布均匀以控制第二催化剂层温度。3#副线导入的冷气体进入上部换热器以控制第三催化剂层的温度，冷气体经换热后进入第一催化剂层进行反应。4#副线导入的冷气体与底部换热器经换热后的气体在下中心管混合进入中部换热器壳程，以控制第四催化剂层的温度。

JR型合成塔内件的特点：

① 各催化剂层均采用绝热反应，彻底消除了冷管效应；

② 对高径比较大的塔，四段催化剂层采用了轴径向设计，从而降低了塔的阻力；

③ 催化剂采用混装，采用分层还原，催化剂高活性；

④ 因催化剂层内无冷管，催化剂分层装填均匀，气体不易偏流；

⑤ 各催化剂层均设有调温副线，各层温度调节方便灵活；

⑥ 由于内件换热流程独特、换热效率高，高压空间利用率大。

4．轴向冷激式合成塔

图7-15为凯洛格四层轴向冷激式氨合成塔，该塔外筒形状为上细下粗的瓶式，在缩口部位密封，以便解决大塔径造成的密封困难。内件包括四层催化剂、层间气体混合装置（冷激管和挡板）以及列管换热器。

气体由塔底部进入塔内，经催化剂筐和外筒之间的环隙向上流动以冷却外筒，再经过上部热交换器的管间，被预热到400℃左右进入第一层催化剂进行绝热反应。经反应后气体温度升高至500℃左右，在第一、二层间的空间与冷激气混合降温，然后入第二层进行催化绝热反应。依此类推，最后气体从第四层催化剂层底部流出，折流向上经过中心管，进入热交换器的管内，换热后由塔顶排出。

轴向冷激式合成塔的优点：

① 用冷激气调节床层温度，操作方便；

② 结构简单可靠、操作平稳；

③ 合成塔筒体与内件上开设人孔，装卸催化剂时不必将内件吊出，催化剂装卸也比较容易；

④ 外筒密封在缩口处，法兰密封易得到保证。

但该塔有明显缺点：

① 瓶式塔内件封死在塔内，致使塔体较重，运输和安装较困难，而且内件无法吊出，造成维修与更换零部件极为不便；

② 内件外保温层损坏后很难检查、维修；

③ 塔的阻力较大；

④ 冷激气的加入，降低了氨含量，这是冷激塔的一个严重缺点。

5．径向合成塔

气体径向流动的合成塔有时称为托普索径向塔。图7-16为径向冷激式氨合成塔。

一部分气体从塔顶进入，向下流经内件与外筒之间的环隙，再进入下部换热器的管间；

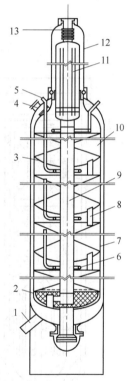

图7-15　轴向冷激式合成
塔结构示意图

1—塔底封头接管；2—氧化铝球；
3—筛板；4—人孔；5—冷激气接管；
6—冷激管；7—下筒体；8—卸料管；
9—中心管；10—催化剂床；
11—换热器；12—上筒体；
13—波纹连接管

另一部分气体由塔底冷气副线进入，二者混合后经中心管进入第一段催化剂层。气体沿径向辐射状流经催化剂层后进入环形通道，在此与由塔顶进入的冷激气混合，进入第二段催化剂层，从外部沿径向向里流动，再由中心管外面的环形通道向下流经换热器管内，加热进催化剂层气体后，从塔底部流出塔外。

与轴向冷激塔比较，径向塔的突出特点是：

① 气体呈径向流动，路径较轴向塔短，流动截面积大，气体流速降低，压力降小，降低了循环气功耗；

② 可采用小颗粒催化剂，提高氨净值，提高生产能力；

③ 采用大盖密封，便于运输、安装与检修等。

该塔的缺点是：在结构上比轴向合成塔稍复杂，气体流经催化剂层易发生偏流。

6．轴-径向混流型合成塔

20世纪80年代末，针对多层冷激式氨合成塔存在的问题，瑞士卡萨里（Casele）制氨公司将Kellogg的多层轴向冷激式合成塔改造成为轴径向混合型合成塔，如图7-17所示。

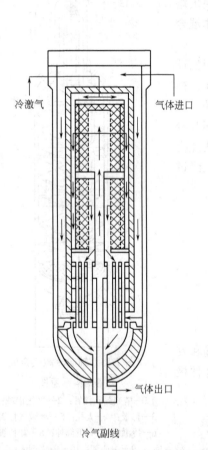

图7-16　托普索径向氨合成塔内件结构示意图

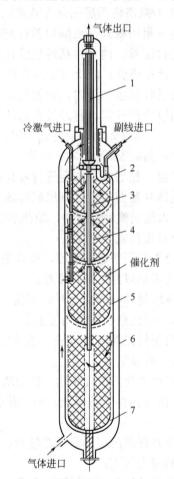

图7-17　用Casale技术改造的Kellogg轴径向合成塔内件结构示意图

1—换热器；2—内筒；3—中心管（迷宫式密封）；4—催化剂筐筒壁（气体分布器）；5—催化剂筐筒壁；6—外筒；7—底部封头

主要特点如下：

① 气体流动方式从原轴向改为以径向为主的轴径混流方式，使内件阻力降由 0.6MPa 下降至 0.2～0.3MPa，节能降耗；

② 使用活性较高的小颗粒催化剂，颗粒直径为 1.5～3mm，提高出口氨含量。

由于既采用了高活性小颗粒催化剂，又减小了床层压力降，氨净值由 11.1% 提高到 19%，吨氨节能 1.51×10^6 kJ。

7. GC-R212 合成塔内件

GC 型氨合成塔是催化剂床层以径向流为主体的轴径向反应器，是我国最早开发完成的氨合成反应技术之一。常用的结构有两轴一径、两轴两径、一轴三径、三轴一径、全径向等形式，分为前置式和中置式废锅流程的氨合成塔两大类，广泛应用于高、中、低压氨合成系统。

GC-R212 是中置式废锅流程的氨合成塔，见示意图 7-18。塔内件由两个轴向层催化剂筐、两个径向层催化剂筐及上、下部换热器组成，上部换热器设置在第一径向层催化剂筐中心，下部换热器（塔底换热器）设置在第二径向层催化剂筐中心。

来自塔前热交换器的循环气，大部分作为主线气从合成塔二进口进入塔下部换热器管间，换热后的气体与塔 f_0 副线冷气混合后进入中心管，再与上部换热器管间被加热的循环气汇合，混合后的气体沿中心管上升，进入第一轴向催化剂层进行氨合成反应。热气体在锥形轴向分布器内与 f_1 副线冷激气混合，进入第二轴向催化剂层，反应后在外锥形分布器内与 f_2 副线冷激气混合，通过外部环形通道，经鱼鳞板径向气体分布器进入第一径向催化剂层，热气体进入上部换热器管内与管外的 f_3 副线冷气体换热，再由外环形通道沿径向进入第二径向催化剂层，反应后的热气体进入下部换热器管内，与二进主线气换热到 320～350℃，离开合成塔进入废热锅炉。

GC 型氨合成塔的特点：

① 催化剂层间移热方式采用冷激、冷激与间接换热相结合的结构，取消了冷管束，避免了冷管效应；

② 采用催化剂层径向流为主的技术，塔阻力低，装填的小颗粒催化剂活性高，氨净值高，反应热回收率高，系统能耗低；

③ 采用"不均匀开孔的多孔板及鱼鳞板二次分布"气体分布技术，使气体在催化剂层内分布均匀，催化剂利用率高，温度分布合理；

④ 换热器传热能力强、体积小，高压容器空间利用率高；

⑤ 生产稳定、调节灵活、具有较大的操作弹性。

以催化剂层径向流为主的 GC 型氨合成塔，已经成为我国合成氨装置大型化的主流技术，单套适用于年产合成氨能力 5×10^4～6×10^5t 规模。

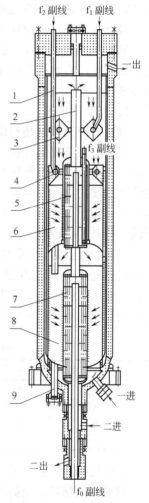

图 7-18　GC-R212 型氨合成
塔内件结构示意图

1—冷激管；2—中心管；3—轴向分布器；4—径向分布器；5—上部换热器；6—上部径向筐；7—下部换热器；8—下部径向筐；9—卸料管

第六节 氨合成操作控制要点及安全生产

一、氨合成塔的操作控制要点

生产操作控制的最终目的，是在安全生产的前提下，强化设备的生产能力，降低原料消耗，使系统进行安全、持续、均衡、稳定的生产。

生产操作中控制的各项指标在生产过程中互相影响又互为条件，管理操作人员应使工艺指标波动较小，系统处于安全、稳定的状态。因此，应首先熟悉系统的工艺情况，并熟知生产条件之间的内在联系，当一个条件发生变化，能迅速地分析出对其他条件的影响，并及时进行预见性调节。除了通过观看仪表进行调节控制外，还应通过系统中某些参数的变化，正确果断地进行处理，避免操作中事故的发生和扩大。

氨合成塔的操作控制应以氨产量高、消耗低和操作稳定为目的，而操作稳定是实现高产量、低消耗的必要条件。氨合成塔的操作控制最终表现在催化剂层温度的控制上，在既定的反应温度下，应始终保持温度的相对稳定。影响温度的主要因素有压力、循环气量、进塔气体成分等。

1. 温度的控制

温度的控制关键是对催化剂层热点温度和入口温度的控制。

（1）热点温度的控制 对冷管式合成塔，不论是轴向还是径向，催化剂层中都存在温度最高的一点，这一温度称为热点温度。催化剂层的理想温度分布是先高后低，即热点位置应在催化剂层的上部。对轴向冷激式合成塔，每层催化剂有一个热点温度，其位置在催化剂层的下部。显然，就其中一层催化剂而言，温度分布并不理想，但多层催化剂组合起来，则显示温度分布的合理性。

虽然，热点温度仅是催化剂层中一点的温度，但却能全面反映整个催化剂层的情况，其他部位的温度随热点温度的改变而相应变化。因此，控制好热点温度，在一定程度上就相当于控制好了催化剂层温度。但是，热点温度及位置不是固定不变的，它随着生产负荷、空速、和催化剂使用的时间而有所改变。表7-7为A系列催化剂在不同使用时期热点温度控制指标。

表7-7 A系列催化剂在不同使用时期热点温度/℃

型 号	使 用 初 期	使 用 中 期	使 用 后 期
A106	480~490	490~500	500~520
A109	470~485	485~495	495~515
A110	460~480	480~490	490~510
A201	460~475	475~485	485~500

正确控制热点温度的几点要求：

首先，根据塔的负荷及催化剂的活性情况，应该在稳定的前提下，尽可能维持较低的热点温度。因为热点温度低不仅可提高氨的平衡含量，还可延长内件及催化剂的使用寿命。生产中一般根据催化剂不同使用时期和生产负荷，规定热点温度范围，控制10℃的温差，如470℃±5℃。一方面考虑操作中可能会引起的温度波动，另一方面在操作中应根据系统的实际情况来确定催化剂层温度的高低。在压力高、空速大和进口氨含量低的情况下，因为反应不易接近平衡，所以将热点温度维持在指标的上限以提高反应速率；相反，应将热点温度维持在指标的下限，以提高平衡氨含量。

其次，热点温度应尽量维持稳定，虽然规定波动幅度为10℃，但当系统生产条件稳定和勤于调节时，能经常在2～4℃范围内波动，波动速率要小于5℃/15min。因为热点温度稳定，可以控制反应在最适宜条件下进行。但需指出，在控制热点温度的同时，对催化剂层的入口及其他温度点也应密切注意。

（2）入口温度的控制　催化剂层入口温度应高于催化剂的起始活性温度。入口温度既影响绝热层的温度，又影响到热点温度。这是由于催化剂层顶部的反应速率随入口温度的变化而变化，这种变化会使不同深度催化剂层反应速率相应发生变化，伴随各部位的反应热也发生变化，以致整个催化剂层的温度将重新分布。因此，在其他条件不变的情况下，催化剂层的入口温度控制了合成塔内整体的反应情况。所以调节热点温度时，应特别注意催化剂层入口温度的变化，并进行预见性的调节。在催化剂活性好、气体成分正常的情况下，入口温度可以维持低一些；反之，入口温度应根据实际情况需确定高一些。

（3）催化剂层温度的调节方法　催化剂层温度是各种因素综合形成的一种相对、暂时的平衡状态，随着生产条件的变化，平衡被破坏，需通过调节在新的条件下建立平衡。因此，操作人员必须善于观察，分析、判断各参数的变化趋势，进行预见性的调节，使催化剂层温度保持稳定。经常调节催化剂层温度的手段有：循环量、冷气量、进口氨含量及惰性气体含量等，具体调节方法如下：

① 调节合成塔塔副线阀。开大塔副线阀，低温气体通过塔副线未经下部热交换器预热直接进入催化剂层顶部，使催化剂层入口气体的温度降低，进而使催化剂层的整体温度下降。反之，关小塔副线阀，则会提高入口温度，使催化剂层的整体温度升高。在满负荷正常生产时，如循环量已加足，催化剂层温度有小范围波动时，用副线阀调节比较方便。副线阀调节不得大幅度波动，更不得时而开启，时而关闭。

② 调节循环量。当温度波动幅度较大时，一般以循环量调节为主，用塔副线阀配合调节。关小循环机副线阀，增加循环量即空速增加，使单位体积的催化剂反应生成的热量小于气体带出的热量，使催化剂层温度下降；反之，温度升高。

改变入塔氨含量和系统中的惰性气体含量、改变操作压力和使用电加热器等方法，也能调节床层温度。但一般情况下只采用调节循环量和塔冷气副阀两种方法。其他调温方法仅作为非常手段，一般不采用。

在多层冷激式合成塔内，第一层催化剂层的温度决定了全塔的反应情况，其温度调节的方法与前述相同，其他各层用控制冷激气量的方法调节，调节迅速方便。

2．压力的控制

生产中压力一般不作为经常调节的手段，应保持相对稳定。而系统压力波动的主要原因是负荷的大小和操作条件的好坏。操作中，系统压力的控制要点如下：

① 必须严格控制系统的压力不超过设备允许的操作压力，这是保证安全生产的前提。当合成操作条件恶化，系统超压时，应迅速减少新鲜气补充量，以降低负荷，必要时可打开放空阀，卸掉部分循环气，以降低系统压力。

② 在正常操作条件下，应尽可能降低系统的压力。这样可以降低循环机的功耗，使合成塔操作稳定。如降低冷凝温度，适当降低惰性气体含量等。但当夏季由于冷冻能力不足，而合成塔能力有富余时，维持合成塔在较高的压力下操作，以节省冷冻量。

③ 在合成塔能力不足的情况下，应将系统压力维持在指标的高限进行生产，以获得最大的氨产量。但这时应特别注意其他条件的变化，及时配合减少新鲜气的补充量，控制压力不超过指标。

④ 有时因新鲜气量大幅度减少，使系统压力降得很低，氨合成反应减少，催化剂层温度难以维持，这时可减少循环量，并适当提高氨冷器的温度，使压力不致过低。生产实践表明，这种方法可使合成塔的温度得到维持。

⑤ 调节压力时，必须缓慢进行，以保护合成塔内件。如果系统压力急剧改变，会使设备和管道的法兰接头以及循环机填料密封遭到破坏。一般规定，在高温下压力升降速率为 $0.2 \sim 0.4$ MPa/min。

3．进塔气体成分控制

进塔气体中氨含量越低，对氨合成反应越有利。在系统压力与分离效率一定时，进塔气体中的氨含量主要取决于氨冷器出口气体温度。影响氨冷出口气体温度的主要因素是气氨总管压力和液氨的液位。气氨总管压力低，液氨蒸发温度低，冷却效率高。但总管压力过低，不但要消耗冷量，而且影响氨加工系统的正常操作，因此，一般控制在 $0.1 \sim 0.2$ MPa。液氨的液位高，冷却效果好，但液位太高，蒸发空间减小，冷却效率并不能提高。

氢氮比的波动会对床层温度、系统压力及循环气量等一系列工艺参数产生影响。一般进塔气中的氢氮比根据所使用催化剂的不同控制在 $2.4 \sim 2.9$ 之间。由氨合成反应的机理可知，由于氮的吸附是反应的控制步骤，增加氮的分压有利于氨的合成反应。当进塔气中的氢含量偏高时，容易使反应恶化，催化剂层温度急剧下降，系统压力升高，生产强度下降，此时，可采用减小循环量或加大放空气量的办法及时调整。当进塔气中的氢含量偏低时，床层温度有上升的趋势。而氢氮反应是按 3:1 进行的，氮气过量也会在循环气中越积越多，使操作条件恶化。但其影响要小于氢过量。

循环气中的惰性气体含量与很多因素有关，最主要的是新鲜气中的惰性气含量和放空量。增加放空量，惰性气体含量降低，但氢氮气损失增大。在实际生产中，循环气中惰性气体含量的控制与催化剂的活性和操作条件有关。如催化剂活性高，反应好，惰性气体含量可控制高一些，一般为 16%～23%。当催化剂活性较差或操作条件恶化时，往往容易造成系统超压，则控制要低一些，一般为 10%～14%。

二、安全生产要点

合成工序的生产特点是高温、高压、易燃、易爆、易中毒。为此，安全生产不容忽视。

1．合成工序的生产介质特性及防护

本工序生产介质有氨、氢、氮、甲烷和氩气。

（1）氨　液氨接触皮肤能立即引起冻伤，气氨对皮肤、眼睛、呼吸道有刺激伤害作用，因此，国家规定空气中允许氨浓度为 0.03mg/L。当液氨或氨水溅到眼睛内时，应立即用清水或 2%的硼酸溶液冲洗干净。当液氨灼伤皮肤时，再用 2%的硼酸溶液或饱和硫酸钠溶液冲洗。为保护人体不受液氨飞沫和高浓度氨气的毒害，必须根据情况穿戴胶皮工作服、胶靴、胶皮手套和防护眼镜等。紧急情况下，可用湿毛巾等挡住呼吸道，暂时防止氨气进入体内。当液、气氨大量泄漏需躲避时，应逆风而行，切勿顺风跑。

（2）氢、氮、甲烷和氩气　氢、氮、甲烷和氩气对人体无毒害作用，但含量较高时，会使空气中的氧气浓度减少，使人呼吸困难，属于窒息性毒物，严重时能导致死亡。在氨合成介质中氢、甲烷、氨等易燃气体，一旦发生跑冒滴漏，极易达到爆炸限，形成爆炸性气体。为此，厂房内应有良好的通风设施；要加强设备管理和操作管理，消除漏点；要严格遵守动火制度，严禁在生产区吸烟，坚决贯彻防止违章动火六大禁令。

2．合成工序安全生产要点

（1）要严格执行各岗位操作技术规程，坚持文明生产，各岗位专用工具及备用设备经常处于备用完好状态。

（2）采用开工加热炉的氨合成系统，加热炉点火前，炉膛必须用蒸汽置换 15min 以上，出口气体中氧含量小于 0.2%方可点火。采用塔内电炉加热时，开启电炉前必须先开循环机，保证电炉的安全循环量，启用电炉期间，严禁开塔副阀；若遇断电，系统应保压。电炉加电、撤电不能过快，应严格按指标操作。合成塔电炉的绝缘应合格，并按时巡检，做好对电炉的保护工作。

（3）必须经常注意合成塔壁温度，以防塔壁超温，加剧塔壁氢腐蚀。密切注意系统压力和合成塔进出口压差，严防系统超压。在合成塔升降温过程中，严格按操作规程进行，防止升降温过快而损坏催化剂。检修合成塔时，卸出催化剂前，必须进行降温处理，以防催化剂烧结和烧坏设备。系统停车卸压时，严防卸压速度过快，以免摩擦产生电火花，造成爆炸。

（4）要严格控制氨分离器液位在指标内，严防高压串低压系统或带氨，同时放氨安全阀动作要灵敏，按规定维护校对，使之经常处于安全状态。加强与氨库的联系，在排污、排氨期间，戴好防氨面具和胶皮手套，预防冻伤。

（5）系统设置废热锅炉时，要严格控制废锅水质指标和液位，防止结垢、干锅和带水；严防废锅超压，蒸汽出口阀要经常检查，同时安全阀应灵敏。

（6）合成岗位与原料气压缩机、循环压缩机岗位，应互设停车及加减量记号报警，联络信号必须经常检查，保证完好，处于备用状态。

（7）合成氨系统在发生断电、断水、断气、断仪表空气，合成塔急剧超压，液氨大量外泄或系统发生其他较大物料外泄事故，系统发生着火、爆炸等时必须采取紧急停车。

第七节　氨合成系统基本的物料衡算和热量衡算

一、合成塔的物料衡算

1．物料衡算的依据

氨合成塔物料衡算的依据是质量守恒定律。

对于仅有物理变化的稳定流动系统有

$$m_{i,1} = m_{i,2} \tag{7-19}$$
$$\sum m_{i,1} = \sum m_{i,2} \tag{7-20}$$

式中　$m_{i,1}$——进入系统 i 组分的质量，kg/h；

$m_{i,2}$——离开系统 i 组分的质量，kg/h。

由于合成塔中发生了化学反应，对于有化学反应的稳定流动系统有

$$n_{i,1} = n_{i,2} \tag{7-21}$$
$$\sum n_{i,1} = \sum n_{i,2} \tag{7-22}$$

式中　$n_{i,1}$——进入合成塔 i 元素的质量，kg/h；

$n_{i,2}$——离开合成塔 i 元素的质量，kg/h。

2．进出塔气体的量和组成的关系

氨合成是气体物质的量减少的反应，气体物质的量的减少量应等于生成氨的物质的量。由进出塔气体的物质的量和氨的物质的量平衡得

$$N_{NH_3} = N_1 - N_2 \tag{1}$$

$$N_{NH_3} = N_2 y_{NH_3,2} - N_1 y_{NH_3,1} \tag{2}$$

联立式（1）、式（2）解得

$$N_{NH_3} = \frac{N_2(y_{NH_3,2} - y_{NH_3,1})}{1 + y_{NH_3,1}}$$

$$= \frac{N_2 \Delta y_{NH_3}}{1 + y_{NH_3,1}}$$

$$= \frac{N_1 \Delta y_{NH_3}}{1 + y_{NH_3,2}} \tag{7-23}$$

式中　　$y_{NH_3,2}$，$y_{NH_3,1}$——分别为进出塔气体中氨的摩尔分数；

Δy_{NH_3}——氨净值，$\Delta y_{NH_3} = y_{NH_3,2} - y_{NH_3,1}$；

N_{NH_3}——合成塔中生成氨的物质的量，kmol/h；

N_1——进入合成塔气体的物质的量，kmol/h；

N_2——离开合成塔气体的物质的量，kmol/h。

合成塔进出塔气体的物质的量和组成的关系如表 7-8 所示。

表 7-8　合成塔进出塔气体的物质的量和组成的关系

组　　分	NH_3	H_2+N_2	CH_4+Ar	气体混合物
进塔气体组成	$y_{NH_3,1}$	$1 - y_{NH_3,1} - y_{CH_4+Ar,1}$	$y_{CH_4+Ar,1}$	1
进塔气体物质的量/(kmol/h)	$N_1 y_{NH_3,1}$	$N_1(1 - y_{NH_3,1} - y_{CH_4+Ar,1})$	$N_1 y_{CH_4+Ar,1}$	N_1
出塔气体物质的量/(kmol/h)	$N_1 y_{NH_3,1} + N_{NH_3}$	$N_1(1 - y_{NH_3,1} - y_{CH_4+Ar,1}) - 2N_{NH_3}$	$N_1 y_{CH_4+Ar,1}$	$N_1 - N_{NH_3} = N_2$
出塔气体组成	$\dfrac{N_1 y_{NH_3,1} + 2N_{NH_3}}{N_1 - N_{NH_3}}$	$\dfrac{N_1(1 - y_{NH_3,1} - y_{CH_4+Ar,1}) - 2N_{NH_3}}{N_1 - N_{NH_3}}$	$\dfrac{N_1 y_{CH_4+Ar,1}}{N_1 - N_{NH_3}}$	1

出塔气体的组成也可用以下方法进行计算。

已知合成塔的入口气体组成分别为 $y_{NH_3,1}$、$y_{H_2,1}$、$y_{N_2,1}$、$y_{CH_4+Ar,1}$，氢氮比为 r，若出口气体中的氨含量为 $y_{NH_3,2}$，计算其他组分的组成。

由式（7-9）得　　$y_{i,0} = \dfrac{y_{i,1}}{1 + y_{NH_3,1}}$

$$y_{i,2} = y_{i,0}(1 + y_{NH_3,2})$$

$$y_{i,2} = \frac{y_{i,1}}{1 + y_{NH_3,1}}(1 + y_{NH_3,2})$$

$$y_{H_2,2} = \frac{r}{1+r}(1 - y_{NH_3,2} - y_{i,2})$$

$$y_{N_2,2} = \frac{1}{r} y_{H_2,2}$$

3. 催化剂的生产强度

单位时间单位体积催化剂生产氨的质量，称为催化剂的生产强度。

$$G = \frac{N_{\mathrm{NH_3}}}{V_{\text{催}}} = \frac{N_2 \Delta y_{\mathrm{NH_3}}}{(1 + y_{\mathrm{NH_3,1}})} \frac{1}{V_{\text{催}}} = \frac{N_1 \Delta y_{\mathrm{NH_3}}}{(1 + y_{\mathrm{NH_3,2}})} \frac{1}{V_{\text{催}}}$$

$$G = \frac{17}{22.4} \times \frac{V_s (\Delta y_{\mathrm{NH_3}})}{1 + y_{\mathrm{NH_3,2}}} \tag{7-24}$$

式中　G——催化剂生产强度，$tNH_3/(h \cdot m^3)$；

　　　V_s——空间速度，h^{-1}。

4．合成率

已转化为氨的氢氮气物质的量与进塔气中氢氮气的物质的量之比称为合成率，可由表 7-8 得

$$\alpha = \frac{2N_{\mathrm{NH_3}}}{N_1(1 - y_{\mathrm{NH_3,1}} - y_{\mathrm{CH_4+Ar,1}})} \times 100\%$$

$$= \frac{2N_1 \times \dfrac{\Delta y_{\mathrm{NH_3}}}{1 + y_{\mathrm{NH_3,2}}}}{N_1(1 - y_{\mathrm{NH_3,1}} - y_{\mathrm{CH_4+Ar,1}})} \times 100\%$$

$$= \frac{2\Delta y_{\mathrm{NH_3}}}{\left(1 - y_{\mathrm{NH_3}} - y_{\mathrm{CH_4+Ar,1}}\right)\left(1 + y_{\mathrm{NH_3,2}}\right)} \times 100\% \tag{7-25}$$

二、合成塔的热量衡算

通过对合成塔的热量衡算，可得到合成塔进出口温度与氨净值和氨含量之间的关系。根据稳流系统热力学第一定律 $\Delta H = Q$，即系统与环境交换的热量等于系统的焓变。焓是状态函数，过程的焓变只取决于反应的初终状态，而与变化途径无关，为此设计变化途径如下：

假设气体由入塔状态变为出塔状态分两步完成。第一步气体组成不变，温度由入塔温度 T_1 升至出塔温度 T_2，其焓变为 ΔH_1；第二步在出塔温度 T_2 下进行等温反应，气体组成发生变化，氨含量由 $y_{\mathrm{NH_3,1}}$ 变为 $y_{\mathrm{NH_3,2}}$，其焓变为 ΔH_2，如图 7-19 所示。

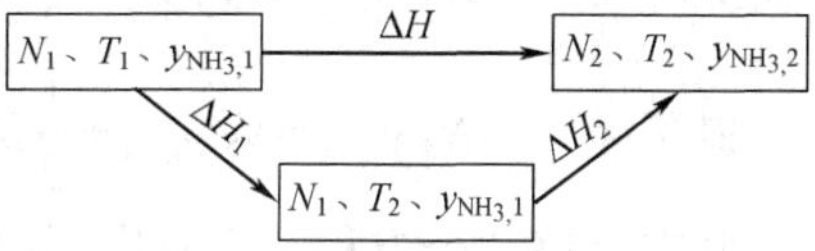

图 7-19　合成塔热量衡算示意图

$$\Delta H = \Delta H_1 + \Delta H_2$$

$$\Delta H_1 = N_1 \overline{c}_{\mathrm{pm,1}}(T_2 - T_1)$$

$$\Delta H_2 = N_{\mathrm{NH_3}} \Delta H_{\mathrm{R,2}} = \frac{N_1 \Delta y_{\mathrm{NH_3}}}{1 + y_{\mathrm{NH_3,2}}} \times \Delta H_{\mathrm{R,2}}$$

若忽略合成塔散热损失，$Q=0$ 则 $\Delta H=0$

$$N_1 \overline{c}_{\mathrm{pm,1}}(T_2 - T_1) = -\frac{N_1 \Delta y_{\mathrm{NH_3}}}{1 + y_{\mathrm{NH_3,2}}} \times \Delta H_{\mathrm{R,2}}$$

$$(T_2 - T_1) = -\frac{\Delta H_{\mathrm{R,2}}}{\overline{c}_{pm,1}} \times \frac{\Delta y_{\mathrm{NH_3}}}{1 + y_{\mathrm{NH_3,2}}} \tag{7-26}$$

$$T_2 = -\frac{\Delta H_{\mathrm{R,2}}}{\overline{c}_{pm,1}} \times \frac{\Delta y_{\mathrm{NH_3}}}{1 + y_{\mathrm{NH_3,2}}} + T_1 \tag{7-27}$$

若考虑合成塔散热损失为 q，则 $\Delta H = -q$

$$T_2 = -\frac{\Delta H_{R,2}}{\overline{c}_{pm,1}}\frac{\Delta y_{NH_3}}{1+y_{NH_3,2}} - \frac{q}{N_1\overline{c}_{pm,1}} + T_1 \qquad (7\text{-}28)$$

式中　$\overline{c}_{pm,1}$——进合成塔气体在 $T_1\sim T_2$ 之间的平均摩尔恒压热容，kJ/ (kmol·℃)；

　　　$\Delta H_{R,2}$——出合成塔温度 T_2 时的反应热，kJ/kmol；

　　　q——合成塔散热损失，kJ/h。

由上述公式可计算出塔气体温度。计算步骤为：先假设一个出口温度 T_2'，然后查得 $\overline{c}_{pm}$ 和 ΔH_R，代入公式解出 T_2，若 T_2 与 T_2' 不相符，则重新假设，直至满足计算精度的要求。经验证明，一般氨净值提高 1%，出塔气体温升为 14～15℃。

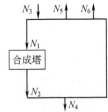

图 7-20　合成回路物料衡算示意图

反应的途径也可作另一种假设，在进口状态 T_1 下等温反应到出口气体状态，然后再升温至 T_2。按这种途径推导出的公式与前者不同，且 $\overline{c}_{pm}$ 和 ΔH_R 的值也不同，但计算结果 T_2 应该一致。

三、合成回路的物料衡算

将合成工段看作一个系统，如图 7-20 所示。进入系统的物料有新鲜气 N_3，离开系统的物料有产品液氨 N_4，放空气 N_5 和弛放气 N_6（忽略产品液氨中溶解的气体）。

根据系统的物料平衡和元素平衡进行计算。

总物料平衡　$N_1 = N_2 - N_4 - N_5 - N_6 + N_3$ $\qquad\qquad(1)$

氨平衡　　　$N_2 y_{NH_3,2} - N_1 y_{NH_3,1} = N_4 + N_5 y_{NH_3,5} + N_6 y_{NH_3,6}$ $\qquad(2)$

惰气平衡　　$N_3(y_{CH_4,3} + y_{Ar,3}) = N_5(y_{CH_4,5} + y_{Ar,5}) + N_6(y_{CH_4,6} + y_{Ar,6})$ $\qquad(3)$

氢平衡　　　$N_3 y_{H_2,3} = N_5 y_{H_2,5} + \frac{3}{2}N_5 y_{NH_3,5} + N_6 y_{H_2,6} + \frac{3}{2}N_6 y_{NH_3,6} + \frac{3}{2}N_4$ $\qquad(4)$

氮平衡　　　$N_3 y_{N_2,3} = N_5 y_{N_2,5} + \frac{1}{2}N_5 y_{NH_3,5} + N_6 y_{N_2,6} + \frac{1}{2}N_6 y_{NH_3,6} + \frac{1}{2}N_4$ $\qquad(5)$

联立上述 5 个方程，可求出不同条件下合成回路的物料量。

【例 7-2】　已知进合成塔气体成分：

组分	H₂	N₂	NH₃	CH₄	Ar	合计
y_i/%	61.875	20.625	2.5	9.643	5.357	100

出塔气体氨含量为 15%，当进塔气体为 83℃，操作压力为 30.40MPa，试求出塔气体的温度（忽略热损失）。

解：按 1% 的氨净值使气体温度升高 14.8℃，估算出口温度

$$T_2' = 14.8\times(0.15-0.025)\times100 + 83 = 268（℃）$$

查得 $\overline{c}_{pm,1} = 31.09$ kJ/ (kmol·℃)

由表 7-1 查得 $\Delta H_{R,2} = -53033.3$ kJ/kmol（忽略惰性气体的影响）代入式（7-27）得

$$T_2 = \frac{53033.3}{31.09}\times\frac{0.15-0.025}{1+0.15} + 83$$
$$= 268.4（℃）$$

与假设相符，合成塔出口气体温度为 268℃。

【例 7-3】　已知气体组成（y_i/%）如下：

组　分	H_2	N_2	NH_3	CH_4	Ar	合　计
新鲜气	73.928	24.642	—	1.100	0.330	100
入塔气	61.875	20.625	2.5	11.538	3.462	100
放空气	54.148	18.062	9.375	14.140	4.275	100
弛放气	19.157	5.267	59.658	14.391	1.527	100

出塔气体氨含量为 16.5%，试计算：

（1）合成塔出口气体组成及合成率；

（2）若生产 1t 液氨（忽略液氨中溶解的气体），且弛放气量 108.18m^3（标），计算进出塔气量，补充的新鲜气量及放空气量。

解：以 1000kg 液氨为计算基准

（1）合成塔出口气体组成及合成率　由入塔气体的组成计算无氨基惰性气体的含量

$$y_{i,\,0}=\frac{y_{i,1}}{1+y_{NH_3,1}}$$

$$y_{CH_4,0}=\frac{0.11538}{1+0.025}\times100\%=11.257\%$$

$$y_{Ar,0}=\frac{0.03462}{1+0.025}\times100\%=3.378\%$$

计算合成塔出塔气体组成

$$y_{i,2}=y_{i,0}(1+y_{NH_3,2})$$

$$y_{CH_4,2}=0.11257(1+0.165)\times100\%=13.114\%$$

$$y_{Ar,2}=0.03378(1+0.165)\times100\%=3.935\%$$

$$y_{H_2,2}=\frac{3}{4}(1-0.13114-0.03935-0.165)\times100\%=49.838\%$$

$$y_{N_2,2}=\frac{1}{3}\times0.49838\times100\%=16.613\%$$

合成率 $\alpha=\dfrac{2(0.165-0.025)}{(1-0.025-0.150)(1+0.165)}\times100\%=29.133\%$

（2）计算进出合成塔气量、放空气量及新鲜气补充量

由题意得　　　　　$N_4=\dfrac{1000}{17}=58.824$（kmol）

$$N_6=\frac{108.18}{22.4}=4.829（kmol）$$

总物料平衡　　　　$N_1=N_2+N_3-N_5-4.829-58.824$

整理得　　　　　　$N_1=N_2+N_3-N_5-63.653$　　　　　　　　　　（1）

氨平衡　　　$0.165N_2-0.025N_1=0.09375N_5+4.829\times0.59658+58.824$

整理得　　　　　　$6.6N_2-N_1=3.75N_5+2468.2$　　　　　　　　　（2）

惰气平衡

$$(0.011+0.0033)N_3=(0.1414+0.04275)N_5+4.829\times(0.14391+0.01527)$$

整理得　　　　　　$N_3=12.878N_5+53.754$　　　　　　　　　　　（3）

氢平衡　$N_3\times0.73928=N_5\times0.54158+1.5N_5\times0.09375+$

$$4.829\times0.19157+1.5\times4.829\times0.59658+$$
$$1.5\times58.824$$

整理得 $\qquad\qquad N_3=0.9228N_5+126.45$ (4)

联立式（3）、式（4）解得

$$N_3=132.065\text{(kmol)}$$
$$N_5=6.081\text{(kmol)}$$

换算成体积 新鲜气量 $V_3=2958.26\ \text{m}^3$（标）

放空气量 $V_5=136.21\ \text{m}^3$（标）

将计算结果代入式（1）、式（2）并联立解得

$$N_1=518.284\text{kmol}$$
$$N_2=455.953\ \text{kmol}$$

换算成体积 入塔气量 $V_1=11609.6\ \text{m}^3$（标）

出塔气量 $V_2=10213.3\ \text{m}^3$（标）

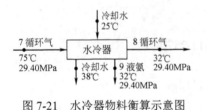

图 7-21　水冷器物料衡算示意图

四、水冷器热量衡算

物料基准　1000 kg 纯液氨

基准温度　0℃

水冷器物料衡算示意图见图 7-21

1. 计算水冷器冷凝液氨量和出口气体量

进入水冷器循环气量

$$V_7=V_2=10213.3\ \text{m}^3\text{（标）}$$

由式（7-14）　$\lg y^*_{\text{NH}_3}=4.1856+\dfrac{1.9060}{\sqrt{p}}-\dfrac{1099.5}{T}$

$$=4.1856+\frac{1.9060}{\sqrt{29.4}}-\frac{1099.5}{305}$$

$$=0.9319$$

离开水冷器的循环气中氨含量

$$y_{\text{NH}_3,8}=y^*_{\text{NH}_3}=8.55\%$$

总物料平衡 $\qquad\qquad V_8+L_9=10213.3$ (1)

氨平衡 $\qquad\qquad 10213.3\times16.5\%=L_9+V_8\times8.55\%$ (2)

联立式（1）、式（2）解得：

离开水冷器循环气量 $V_8=9325.4\text{m}^3$（标）

水冷器中冷凝液氨量 $L_9=888\text{m}^3$（标）

出水冷器循环气组成由 $y_{i,8}=\dfrac{V_{i,8}}{V_8}$ 计算

$$y_{\text{H}_2,8}=54.58\%$$
$$y_{\text{N}_2,8}=18.20\%$$
$$y_{\text{CH}_4,8}=14.36\%$$
$$y_{\text{Ar},8}=4.31\%$$

2. 计算水冷器热负荷

以气体为系统，冷却水为环境，根据 $\Delta H=Q$，依图 7-21 可设计如下途径完成冷却、冷

凝过程, 见图7-22。

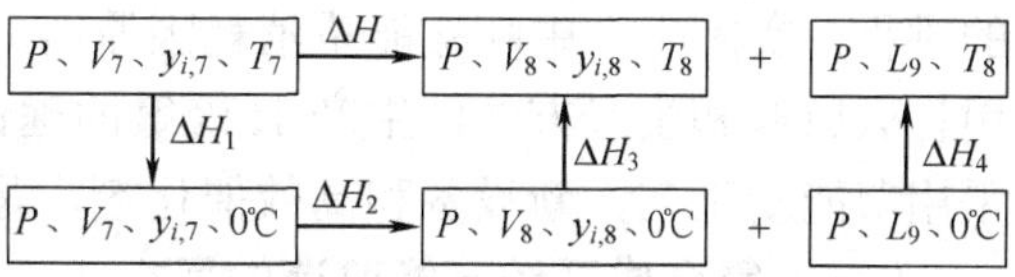

$$\Delta H = \Delta H_1 + \Delta H_2 + \Delta H_3 + \Delta H_4$$

$$\Delta H_1 = \frac{V_7}{22.4} \times \overline{c}_{pm,1} \times (-T_7)$$

由于气体在水冷器内接近氨饱和区, 故采用压力校正法计算$\overline{c}_{pm,1}$

图7-22 水冷器热量衡算图

$$\overline{c}_{pm,1} = 37.786 \text{ kJ/ (kmol} \cdot \text{℃)}$$

$$\Delta H_1 = \frac{10213.3}{22.4} \times 37.786 \times (-75)$$

$$= -12.923 \times 10^5 \text{kJ}$$

$$\Delta H_2 = \frac{17}{22.4} L_9 \Delta H_V$$

查得0℃时氨的冷凝潜热$\Delta H_V = -1263.24 \text{kJ/kg}$

$$\Delta H_2 = \frac{17}{22.4} \times 888 \times (-1263.24)$$

$$= -8.513 \times 10^5 \text{kJ}$$

$$\Delta H_3 = \frac{V_8}{22.4} \times \overline{c}_{pm,3} T_8$$

查得$\overline{c}_{pm,3} = 35.696 \text{kJ/ (kmol} \cdot \text{℃)}$

$$\Delta H_3 = \frac{9325.4}{22.4} \times 35.696 \times 32 = 4.755 \times 10^5 \text{kJ}$$

$$\Delta H_4 = \frac{L_9}{22.4} \times \overline{c}_{pm,4} T_9$$

查得$\overline{c}_{pm,4} = 80.733 \text{kJ/ (kmol} \cdot \text{℃)}$

$$\Delta H_4 = \frac{888}{22.4} \times 80.733 \times 32$$

$$= 1.024 \times 10^5 \text{ kJ}$$

水冷器热负荷
$$Q = \Delta H = (1.024 + 4.755 - 12.923 - 8.513) \times 10^5$$
$$= -15.657 \times 10^5 \text{kJ}$$

冷却水吸收的热量
$$Q' = -Q = 15.657 \times 10^5 \text{kJ}$$
$$Q' = m_{水} c_{p 水} (T_{出} - T_{入})$$

查得$c_{p 水} = 4.1868 \text{kJ/(kg} \cdot \text{℃)}$

$$m_{水} = \frac{15.657 \times 10^5}{4.1868 \times 10^3 \times (38 - 25)}$$

$$= 28.77 \text{(t)}$$

由计算可知, 生产1t液氨, 水冷器需消耗冷却水28.77t。

综合训练项目三 氨合成系统的节能改造

合成氨工业是氮肥工业的基础, 与国民经济发展密切相关。合成氨生产是大量消耗能源的过程，实际生产中吨氨能量消耗因原料、生产工艺和管理水平不同差异较大。但是，无论用什么原料和生产方法，生产 1t 液氨的理论能耗均近似为 21.28GJ。因此，进行节能降耗，采用节能新工艺、新设备和高效催化剂，是合成氨企业努力的方向和不懈的追求。

（一）氨合成系统节能改造的目标

氨合成系统节能改造目标主要体现在两个方面。一是满足高效、节能、增产要求的合成塔内件和催化剂的应用；二是节约水、电和冷冻量消耗，提高氨合成反应热的回收品位和利用率的节能新工艺的采用。

（二）氨合成系统节能改造的措施

对于合成氨装置，无论规模大小，氨合成系统的节能改造措施基本包括以下几个方面。

① 选用低温高活性氨合成催化剂，使操作压力大幅度降低而氨净值仍然较高。

② 选用压降低，可以使用小颗粒催化剂，氨净值高，有利于反应热回收的氨合成塔，提高生产能力，降低循环功消耗。

③ 新鲜氢氮气保用分子筛系统。新鲜气中含有的微量 H_2O、CO_2 和 CO 都是氨合成催化剂的毒物，经分子筛吸收毒物后，气体直接进入合成塔，可以提高氨分离效果，节约冷冻量，降低进塔气体的氨含量。

④ 排放气中氢气和氨的回收。我国大中小型合成氨厂基本都采用中空纤维膜分离装置回收氢气，中小型厂采用无动力氨回收装置回收弛放气中的氨，回收流程简单，操作方便，经济效益显著。

⑤ 充分回收氨合成反应热。遵循"梯级利用，高质高用"原则，优先将高品位余热产生蒸汽，用于发电，低温余热用于加热水供废热锅炉。

⑥ 遵循流程设置基本原则。综合考虑设备、管理、节能、效益等因素，进行流程配置。如循环机的位置气量最小，新鲜气的补入位置氨含量最低，最大限度降低循环功和冷冻功的消耗。

（三）氨合成系统节能改造案例

图 7-8 为传统凯洛格氨合成工艺流程，氨合成塔是四个催化剂层轴向冷激式内件，合成氨生产能力 1000t/d。各设备和状态点主要工艺参数如下：

（1）新鲜气　新鲜气组成：

组分	H_2	N_2	NH_3	CH_4	Ar	合计
y_i /%	73.90	24.64	0.00	1.08	0.38	100

补入系统新鲜气量 5381.0kmol/h（其中水蒸气含量 1.7kmol/h），温度 5.1℃，压力 2.5MPa。

（2）合成塔　入塔气组成：

组分	H_2	N_2	NH_3	CH_4	Ar	合计
y_i /%	65.81	22.00	2.19	7.21	2.79	100

入塔气量 26476.7kmol/h，温度 141℃，压力 14.8MPa。

出塔气组成：

组分	H_2	N_2	NH_3	CH_4	Ar	合计
y_i /%	57.23	19.16	12.6	7.94	3.08	100

出塔气量 24030.0kmol/h，温度 295℃，压力 14.13MPa。

（3）弛放气 弛放气组成：

组分	H_2	N_2	NH_3	CH_4	Ar	合计
y_i/%	50.66	19.96	11.22	14.69	3.47	100

弛放气量 13.2kmol/h，温度-22.2℃，压力 1.6MPa。

（4）放空气 放空气组成同出塔气组成。放空气量 751.0kmol/h，温度 43℃，压力 14.1MPa。

（5）各设备物料参数

设备位号	入口温度 $T_{入}$/℃	出口温度 $T_{出}$/℃	操作压力 P/MPa	工作介质	备注
1	132	105.6	6.64	新鲜气	管程
	71.0	113.0	2.73	甲烷化炉入气	壳程
2	105	39.4	6.61	新鲜气	管程
	32.0	48.9		冷却水	壳程
3	39.4	7.8	6.57	新鲜气	管程
	1.1	1.1	0.35	液氨	壳程
5	68.0	36.6	15.0	循环气	管程
	32.0	46.0		冷却水	壳程
6	36.6	22.0	14.97	循环气	管程
	13.0	13.0	0.59	液氨	壳程
7	22.0	1.0	14.94	循环气	管程
	-7.0	-7.0	0.23	液氨	壳程
8	-4.0	-23.0	14.91	循环气	管程
	-33.0	-33.0	0.007	液氨	壳程
9	-23.0	24.0	14.87	入塔气	管程
	36.6	-9.0	14.97	循环气	壳程
10	24.0	141.0	14.84	入塔气	管程
	166.0	43.0	14.1	出塔气	壳程
14	295.0	166.0	14.13	出塔气	管程
	115.0	221.6		脱盐水	壳程

根据上述参数，参考凯洛格合成氨装置改造措施和我国大型合成氨装置改造的成功经验，对图 7-8 所示传统凯洛格氨合成工艺流程进行扩产节能改造，使合成氨生产能力达到1150t/d，能量消耗大幅度降低，并制定系统扩产节能改造项目方案。

（四）凯洛格氨合成系统扩产节能改造项目方案

系统节能改造项目方案是企业常见的技术文件，也是本项目提交的新技术应用成果。方案一般包括以下几方面内容：

① 技术改造的必要性和改造依据；

② 项目前期调研情况；

③ 改造的主要内容；

④ 有关设备和工艺计算与分析；

⑤ 工艺流程图和主要设备一览表；

⑥ 改造后要达到的目标及经济效益分析；

⑦ 投资概算。

基本训练题

1. 如何提高平衡氨含量？
2. 影响氨合成反应速度的因素是什么？如何影响？
3. 氨合成催化剂的活性组分是什么？各种促进剂的作用是什么？
4. 催化剂装填应注意哪些事项？
5. 如何选择催化剂升温还原工艺条件？
6. 催化剂升温还原结束用什么指标衡量？为什么？
7. 分析氨合成催化剂在使用过程中活性不断下降的原因。
8. 如何选择氨合成工艺条件？
9. 氨合成工艺流程需要哪几个基本步骤？为什么？
10. 氨合成塔内件有几种形式？工艺上对合成塔的要求是什么？
11. 何谓冷管式氨合成塔内件，分析其优缺点并阐述冷管效应及消除办法。
12. 何谓多层绝热冷激式合成塔内件？简述优缺点。
13. 如何正确控制与调节氨合成塔催化剂床层温度？
14. 分析催化剂层同平面温差大产生的主要原因，提出处理方法。
15. 某合成塔塔壁温度过高，试分析主要原因，简述处理方法。
16. 分析合成塔进口气体氨含量高的原因。
17. 在何种情况合成塔需开电加热器？阐述原因。
18. 分析造成氨冷凝器出口气体温度高的主要原因，提出处理方法。
19. 阐述提高氨合成过程热能回收利用价值的措施和实施方案。
20. 如何降低氨合成工段的能量和物料消耗？
21. 分别计算：

（1）压力为 30.4MPa，氢氮比为 3，惰性气体含量为 0，温度分别为 400℃、420℃的平衡氨含量；

（2）温度为 400℃，氢氮比为 3，惰性气体含量为 0，压力分别为 15.20MPa、20.27MPa、30.4MPa 的平衡氨含量；

（3）压力为 30.4MPa，氢氮比为 3，温度为 400℃，惰性气体含量分别为 12%、25%、18% 时的平衡氨含量。

22. 已知氨合成系统压力为 28.0MPa（绝），离开氨冷凝器的循环气温度为 -10℃，计算经过氨分离器后的循环气中的氨含量。

23. 已知某合成塔装填催化剂体积为 1.65m³，空间速率为 21000h⁻¹，出塔气体中氨含量 15.5%，进塔气体中氨含量 2.5%，计算合成塔日生产氨量。

24. 某厂合成系统每小时消耗新鲜气 9000m³（标况），新鲜气中含惰性气体 1%，放空气中含惰性气体 20%，求每小时循环气放空量。

25. 合成塔催化剂装填量为 2145kg，催化剂的铁比为 0.55，总铁含量为 70%，计算其理论出水量。

26. 某合成系统主要生产测定数据如下：产氨量 2958kg/h，进塔气体氨含量 2.5%，出塔气体氨含量 16.0%，进合成废热锅炉气体温度 310℃，出合成废热锅炉气体温度 210℃，进废热锅炉热水温度 116℃，合成系统压力 30.0MPa，合成废热锅炉副产蒸汽压力 1.3MPa(表)；210～310℃之间出塔混合气体的平均热容 $\overline{c}_{pm}$ =35.9kJ/(kmol·℃)。计算该系统废热锅炉的副产蒸汽量。

27. 已知合成塔空速为 20000h^{-1}，装填催化剂 2.8m³，进塔气体氨含量为 3%，惰性气体含量 15%，氢氮比为 3，进塔气体温度为 141℃，出塔气体氨含量为 15%。试求：

（1）催化剂的生产强度和合成塔年产量（年 315 天计）；

（2）出塔气体组成及气量；

（3）合成率；

（4）出塔气体温度（忽略合成塔热损）。

28. 某合成氨厂的合成塔氨产量为 5787kg/h，进塔气体组成为 H₂ 62%、N₂ 20.4%、CH₄8.4%、Ar 6.5%、NH₃2.7%，出塔气体中氨含量为 12.6%，合成塔装填催化剂 2.9m³。试求：

（1）合成塔空速；

（2）每小时进入合成塔的气量及各组分气量；

（3）出合成塔气体组成及各组分的气量。

能力训练题

任务一 综合讨论在设备完好、新鲜气量不变的情况下，氨合成系统压力上升和温度升高意味着生产的优化还是恶化，说明原因并提出解决方案。

任务二 绘制氨合成催化剂升温还原方案曲线图。

附表为某合成氨厂ⅢJ氨合成塔 A207 催化剂分层还原计划表，请用坐标纸绘制出升温还原方案曲线图。

附表 某合成氨厂ⅢJ氨合成塔 A207 催化剂分层还原计划表

阶段	时间/h 本期	累计	上层 热点/℃	升温速率/(℃/h)	中层 热点/℃	升温速率/(℃/h)	下层 热点/℃	底层/℃	氨冷温度/℃	系统压力/MPa	水汽浓度/[g/m³(标况)]	入塔H₂/%	入塔CH₄/%
升温期	10	10	常温~340	30~35	320	25~30		≤280	5~0	5.0	—	75~80	<3
	4	14	340~380	约10	350	约10		≤290	0~-5	5.0	—	75~80	<3
上层还原期	8	22	380~430	10	360	约2		<300	-5~-10	5.0	≤2.5	75~80	<3
	12	34	430~460	4	360~380	0~2		<320	-10~-15	5.0	≤2.5	75~80	<3
	18	52	460~495	3~4	380~420	约4		<330	-10~-15	5.0~6.0	≤2.5	75~80	<3
	12	64	495	0	420~450	约4		<350	-10~-15	6.0~7.0	≤2.5	75~80	<3
中层还原期	18	82	490	0~-1	450~480		450	<380	-10~-15	7.0	≤2.5	72~75	<3.5
	20	102	480	0~-1	480~495	2	450~460	<400	-10~-15	7.0~7.5	≤2.5	72~75	<3.5
	24	126	480	0	495	0	460	<410	-10~-15	7.5	约2.5	72~75	<3.5
	26	152	480~470	0~-1	495	热点逐步移向二层	465	<420	-10~-15	7.5~8.0	≤2.5	72	<3.5
下层还原期	68	220	470	0	495~500	热点逐步移向三层	495	约475	-10~-15	8.0~12.0	2.5~0.2	68~72	≤3.5
轻负荷	48		465±5						-10~-15	15.0~20.0		H₂/N₂ 2.2~2.8	≤4

任务三 查阅资料：目前国内生产的氨合成催化剂主要型号、组成及性能。

第八章 合成氨厂水处理

能力与素质目标

1. 能根据当地水质及合成氨生产工艺要求提出锅炉给水处理的基本工艺；
2. 能根据循环水质存在的问题提出初步的解决办法；
3. 能根据污水特点提出相应的处理方法；
4. 具有节能减排和环境保护的初步能力。

知识目标

1. 掌握锅炉给水处理的一般方法及原理；
2. 掌握循环冷却水的处理方法及工艺流程；
3. 掌握常见污水的处理方法及合成氨厂污水处理的主要流程；
4. 熟悉合成氨厂水处理的主要设备和作用；
5. 熟悉污水处理的工艺指标及"零排放"技术的应用；
6. 了解原水中杂质的种类及危害；
7. 了解冷却构筑物的类型及循环冷却水处理过程中的常见问题。

第一节 概　述

一、合成氨厂用水简介

水在合成氨厂既是生产的主要原料，又是换热介质，概括起来可分为生产原料用水、间接冷却用水、洗涤和直接冷却用水、清洁洗净用水等几个方面。水的作用主要包括锅炉生产蒸汽，用于造气、变换、脱碳等；配制所需要的溶液，如脱硫液等；作为冷却介质用于冷却降温等。由于合成氨厂的各工序都要用水，因此水处理的质量直接影响到各生产环节。

我国是个贫水国家，人均淡水量仅相当于世界人均占有量的四分之一，而合成氨厂是用水大户，因此需要合理使用有限的淡水资源，最大限度地做到节约用水和水的循环利用。在 2010年 1 月召开的全国工业节能与综合利用工作会议上把节能降耗和减排治污作为调整产业结构和转变发展方式的重要举措，推进行业能效对标达标，使化工、钢铁等四个重点用能行业、企业能效水平对标达标得到实质推进。而合成氨厂是化工行业的能耗大户，节能降耗和减排治污不容忽视，同时其用水量也较大，因此，要努力实现水资源的循环利用和污水的"零排放"。

二、水中杂质及其危害

自然界中没有绝对纯净的天然水，天然水均含有一定的杂质，这些杂质主要按下列三种形式存在。

1. 粗分散杂质

它是较大颗粒状悬浮在水中的物质，故又称"悬浮物"，主要是黏土、砂粒、植物遗体或油。其颗粒大小为 0.1μm 以上，大的可用肉眼分辨出来，小的可用显微镜看到。当水静止时大的颗粒可自行下沉，小的颗粒悬浮于水中，成为"悬浮物"。粗分散杂质不能通过滤纸，不稳定，在水中分布不均匀，黏土、砂粒、植物遗体等能使水浑浊并堵塞设备。

2．胶体物质

在水中呈很小的微粒状态，颗粒大小在 0.1～0.001μm 之间，它们不是分子状态，而是许多分子集合成的个体，也就是所谓"胶体"。胶体微粒不会自行沉淀，较为稳定，可以穿过滤纸，用特别的显微镜可以看到。胶体物质主要是元素铁(Fe)、铝(Al)、硅(Si)、铬(Cr)等的化合物及一些有机物，在水中分布比粗分散杂质更均匀。这些物质能使水浑浊，并沉积在设备表面上，降低了传热效率。

3．真溶液物质

0.001μm 以下的杂质分子与水分子均匀混合，极稳定，必须用化学方法将它们转变成另一种难以溶解的化合物才能除去。

溶解物质主要是钙、镁、钾、钠等盐类以及氧气、二氧化碳、氮气等，有时也有些酸、碱及有机物，其中部分物质能腐蚀设备。

当物质的水溶液具有导电性能时，此种物质称为"电解质"。酸、碱与盐都属于电解质，而溶于水的有机物就是非电解质。电解质在溶液中可电离为两个带电荷的部分，带正电荷的离子为"阳离子"，带负电荷的为"阴离子"。盐类中的金属原子都形成阳离子，酸根都形成阴离子，Ca^{2+}、Mg^{2+}、Na^+、K^+、NH_4^+ 等是水中常见的阳离子，Cl^-、SO_4^{2-}、NO_3^-、CO_3^{2-} 及 HCO_3^- 等是水中常见的阴离子。

本章分别对合成氨厂涉及的锅炉给水、循环水和污水现状进行了系统的分析，并提出了水处理的基本原理及相关工艺，重点介绍了三种水的处理方法及部分典型工艺。

第二节　锅炉给水处理

合成氨过程中的造气、变换等工段需要大量的水蒸气，工业上的水蒸气主要由锅炉岗位提供。锅炉是将水加热成热水或水蒸气的装置，锅炉水处理的质量直接影响到锅炉的安全经济运行及锅炉的使用寿命。未经处理或处理方法不当直接进入锅炉的水会引起严重后果，其中结垢是一种最普遍的现象，会导致燃料浪费，降低锅炉热效率，引起垢下金属腐蚀甚至使锅炉发生爆管事故，因此对锅炉给水进行处理是十分必要的。

一、锅炉给水处理的基本原理

1．悬浮物和胶体的清除

水中颗粒较大的泥沙悬浮物可以靠重力除去，即自然沉淀。工业上的水处理是指经过自然沉淀后的水处理，水中胶体颗粒及颗粒较小的固体悬浮物都不能靠自然沉淀。

在水中加入混凝剂，使胶体及其他细小颗粒互相吸附结成较大的颗粒，从水中沉淀出来，即混凝沉淀法，其中加混凝剂结成大颗粒的过程叫做混凝或絮凝。常用的混凝剂有硫酸铝、碱式氯化铝、硫酸亚铁、氯化铁等，在水中会生成氢氧化铝和氢氧化铁沉淀。为了加大絮凝的力度和重度，在混凝过程中还要加入助凝剂，常用的助凝剂有黏土、矾土、水玻璃、石灰等。

经过上述混凝沉淀处理后的水，再经石英砂或无烟煤过滤后，可把水的浊度降到 5mg/L 以下。

2．杀菌除藻

杀菌除藻的方法主要是向水中加入氯。氯在水中形成次氯酸，次氯酸分子通过细菌的细胞壁进入体内，发生氧化作用，同时能防止藻类生长。次氯酸不稳定，当水的 pH 值大于 7 时，逐渐分解为无杀菌能力的氯酸根，所以在加氯时应将水的 pH 值控制在 5.5～6.5。

3. 水的软化

将硬水处理成软水的水处理工艺称为水的软化。

（1）使钙、镁盐生成沉淀，在锅筒的排污管排出，方法分为三类：

① 加热沉淀。又称热力软化法，这种方法不需加药剂，但仅能处理暂时硬度的 $Ca(HCO_3)_2$ 及 $Mg(HCO_3)_2$ 等，且加热处理的过程比较缓慢，因此没有得到广泛的应用。

② 加碱沉淀。按碱的不同，又可分为加钙盐碱，即石灰软化法；加钠盐碱，即加碱法或加防垢剂法。加防垢剂法以钠盐碱为主，同时还加少许有机胶，或同时加钙盐和钠盐碱，而且还采取加热的方法，即化学与热能综合法。

③ 将药剂加入锅内使锅水中 Ca^{2+}、Mg^{2+} 成为水渣排出，常用的方法有吸附法、磷酸盐法、有机阻垢剂法。这些药剂或是将水中钙、镁盐类吸附在吸附剂中，或是形成流动性很强的水渣，或是使 Ca^{2+}、Mg^{2+} 与阻垢剂形成螯合物。

（2）锅筒外去除水中的 Ca^{2+}、Mg^{2+}，方法分为两类：

① 离子交换法。在锅筒外将 Na^+ 置换水中的 Ca^{2+}、Mg^{2+}。

② 隔膜分离技术。利用离子交换膜将水中的 Ca^{2+}、Mg^{2+} 与水分子分开，如电渗析法及反渗透法。

（3）改变结垢条件，方法分为两类：

① 使锅炉金属表面形成绝缘层，使受热面形成隔离层。

② 通过磁场、高频电场或静电场，改变垢的结晶条件，即物理水处理法，可分为磁化水法、高频水改器法及静电水处理法。

常用的软化防垢方法如下所示：

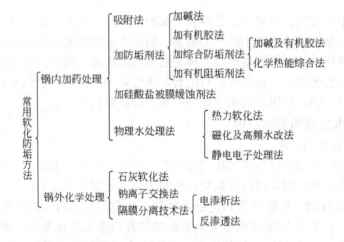

4. 水的除盐

除盐是除去水中所有阳离子和阴离子而得到高纯度的水。除盐的方法主要是离子交换法和隔膜分离技术。

（1）离子交换法　离子交换法除盐是应用离子交换的反应，将原水先通过 H 型阳离子交换器（常称阳床）把水中所有阳离子都交换成 H^+，然后再经过 OH 型的阴离子交换器（常称阴床），再将水中所有的阴离子都交换为 OH^-，则可将水中各种盐类几乎全除尽，从而制得纯水。现将阳床及阴床的反应和出水水质分述于下。

① 阳床的反应及水质。阳床一般用 H 型强酸性阳树脂为交换剂，其交换反应如下：

$$2HR+Mg^{2+} \longrightarrow MgR_2+2H^+$$

阳床失效后，一般用盐酸或硫酸还原：

$$MgR_2+2HCl \longrightarrow 2HR+MgCl_2$$

阳床运行过程中，按强酸性阳树脂对水中各种阳离子的选择顺序，即阳床出水离子交换的顺序是：$H^+ \rightarrow Na^+ \rightarrow Mg^{2+} \rightarrow Ca^{2+}$。因此阳床出水水质运行阶段出水硬度几乎为零，$Na^+$ 含量也很小。失效时首先是 Na^+ 含量增加，或称"漏 Na^+"。

虽然失效时酸度即 pH 值也会发生变化，但一般都不单独用 pH 进行监督，因为当水中强酸阴离子量改变时也会影响阳床出水的 pH 值。常用的监督方法是在距出水装置约 20～30cm 处的树脂层中取水样测电导率，也可测定出水的含钠量来进行监督。

② 阴床的反应及水质。阴床一般采用 OH 型强碱性阴树脂为交换剂，其交换反应如下：

$$2R'OH + H_2SO_4 \longrightarrow R_2'SO_4 + 2H_2O$$

阴床失效后，一般采用 5%～8% 的氢氧化钠溶液还原：

$$R_2'SO_4 + 2NaOH \longrightarrow 2R'OH + Na_2SO_4$$

阴床正常运行中，一般出水的 pH 为 7～9，电导率为 2～5μS/cm，含硅量以 SiO_2 计为 10～20μg/L。失效时，由于有酸漏过，pH 值下降，硅含量上升，而电导率则常出现先略微下降继而上升的情况，这是因为漏过的 H_2SiO_3 与阳床漏过微量的 Na^+ 发生反应，生成电导率更低的 Na_2SiO_3 所致。阴床失效的终点，一般用测定出水的电导率或 SiO_2 含量来监督。

阳床与阴床串联使用时，若阳床已失效而阴床尚未失效，则由于阳床漏 Na^+，致使阴床出水中含有 NaOH，这样就会使出水的 pH 值、电导率和含 Na^+ 量都上升，同时在阴床中碱性增强，就不能完全吸着水中的硅，以致出水中硅的含量也上升。反之，若阴床先失效，则出酸性水。

（2）隔膜分离技术 当生水氯离子含量很高或永久硬度很大、含盐量也很高时，用离子交换法处理往往达不到要求或不经济。因为在工业锅炉房中离子交换法用阴、阳离子交换虽然可以除盐，但需要较多的酸、碱等工业原料进行还原，不仅运行费用高，而且酸碱废液的排放也会造成污染。因此，对某些特殊水质，在锅炉给水处理上采用隔膜分离技术，有其一定的意义。电渗析和反渗透就是隔膜分离技术的两种水处理方法。

① 电渗析 电渗析的原理如图 8-1 所示。水中杂质的阴、阳离子，在电场的作用下，分别向阳、阴两极移动。在阳、阴两极之间布置了若干对离子交换膜。由于阳膜只允许通过阳离子，而阴膜只允许通过阴离子，造成阴、阳离子分别向各浓水区集中，从而淡化了一部分水。

② 反渗透 反渗透的原理：将浓度不同的淡水和盐水用一个半透膜隔开，如图 8-2 所示，半透膜只渗透水，而不透过盐分。稀溶液（淡水）中的溶剂（水）可透过半透膜流至浓溶液（盐水）一侧，而浓溶中的水分子却不能透过半透膜到稀溶液一侧，如图 8-2（a）所示，这种现象称为"渗透"。渗透现象继续进行到浓溶液侧液面有个压头 H，恰好抵消水由稀溶液一侧向浓溶液一侧流动的趋势为止，如图 8-2（b）所示，此时渗透达到平衡。此压头 H 称为这两种不同浓度溶液间的"渗透压"。渗透压与浓溶液中溶质的含量成正比。如果在浓溶液的液面上加一个压力 p，如图 8-2（c）所示，当 p 超过渗透压 H 时，水即从浓溶液一侧向稀溶液一侧渗透，即向相反的方向渗透，故此现象称为"反渗透"。

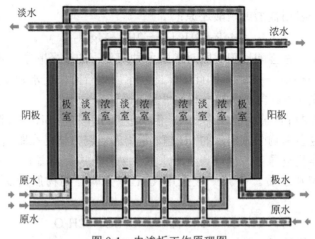

图 8-1 电渗析工作原理图

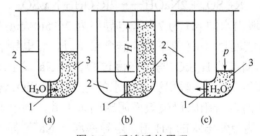

图 8-2 反渗透的原理

1—半透膜；2—淡水；3—盐水

通常一级反渗透水的回收率较低，故实用中一般用 3～4 级串联。反渗透系统主要由反渗透膜的组件、高压泵及计量控制设备等组成，有时还有预处理。

5．水的除气

（1）除二氧化碳 原水经 H^+ 型阳离子交换后，生成大量的游离 CO_2，反应式如下：

$$HCO_3^- + H^+ \longrightarrow H_2O + CO_2 \uparrow$$

CO_2 易溶于酸性水中，如不去掉，反应会向左进行，又会产生 HCO_3^-。HCO_3^- 在阴-阳离子交换系统中就会被阴树脂吸附而影响交换剂的有效交换能力，增加再生剂的耗量；对氢-钠离子交换的系统，不但达不到脱碱的目的，而且影响 Na^+ 交换。CO_2 还会对设备造成腐蚀，因此在"氢-钠"、"阴-阳"离子的交换系统中，阳离子交换器出口的水必须经除气器除去 CO_2。

除气器有鼓风式除气器、真空除气器等。鼓风式除气器利用溶解于水中的 CO_2 与鼓入的空气逆向接触时不断析出而达到除气的目的。真空除气器是利用真空泵或喷射器顶部抽真空，使水达到或小于工作温度下的沸点压力，从而除去溶于水中的气体。这种方法不仅能除去水中的 CO_2，还能除去溶于水中的 O_2 和其他气体，对防止离子交换树脂的氧化和出水管道的腐蚀是有利的。

（2）除氧 在锅炉给水中，氧对热力设备危害较大。溶解氧腐蚀是一种电化学腐蚀，铁和氧形成两个电极，组成腐蚀电池。在腐蚀电池中铁的电位总是比氧的电极电位低，所以铁是电池的阳极而遭到腐蚀。常用的除氧方法有热力式除氧、真空除氧、化学除氧、钢屑除氧等。

① 热力除氧　热力除氧是根据气体在水中的溶解度与水面上该气体的分压力成正比的原理，在一定压力下将锅炉给水加热使氧气除去，从而达到除氧的目的。

热力除氧在除氧器内进行，除氧器按工作压力分大气式除氧器（工作压力为 106.4～121.6kPa）和压力式除氧器（工作压力为 354.6～1519.9kPa），按结构组成分淋水盘式除氧器（如图8-3）和喷雾式除氧器（如图8-4所示）。

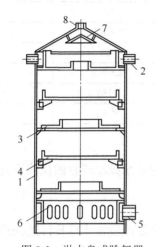

图 8-3　淋水盘式除氧器

1—外壳；2—软水入口；3—溢水槽；
4—溢水盘；5—蒸汽入口；6—蒸汽分配器；
7—圆锥形挡板；8—排气管

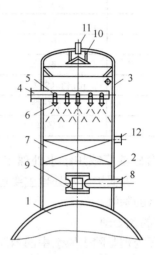

图 8-4　热力喷雾式除氧器

1—除氧水箱；2—除氧器下本体；3—除氧器上本体；
4—进水管；5—支管；6—喷嘴；7—填料；8—进气管；
9—蒸汽分配器；10—圆锥形挡板；
11—排气管；12—温度计支撑

② 化学除氧　化学除氧是向水中添加化学药品，使其与水中的溶解氧起化学反应而除去。常用的化学除氧剂有二氧化硫、亚硫酸钠、联氨（N_2H_4）等。联氨除氧时，与氧反应生成易挥发的氮气，同时联氨在高温下会发生分解，产物也是易挥发的气体。其化学反应如下：

$$N_2H_4 + O_2 \longrightarrow 2H_2O + N_2$$
$$2N_2H_4 \longrightarrow H_2 + N_2 + 2NH_3$$

因此联氨除氧时，不会增加水中的含盐量，蒸汽冷凝液也无腐蚀性。

二、锅炉给水水质标准

为了防止锅炉由于生垢、腐蚀或发沫而影响锅炉的安全、经济运行，因此对锅炉给水要求达到一定的标准。该标准与锅炉的种类和构造如水管或火管锅炉、有无水冷壁、压力高低等和用户类别及要求如发电还是工业用汽，工业用汽是间接加热还是直接加热等有关。

给水标准是按不同类型锅炉的运行经验及试验而定，考虑的指标主要为硬度、含氧量、pH 值、电导率等。

国家标准局于 1979 年批准了国标《低压锅炉水质标准》（GB 1576—79），后来又进行了修订，最新于 2008 年 9 月批准修订后的国标以《工业锅炉水质》命名，编号为 GB 1576—2008。此新标准规定自 2009 年 3 月 1 日起实施，适用范围扩大到额定出口蒸汽压力小于 3.8MPa、以水为介质的固定式蒸汽锅炉和汽水两用锅炉，也适用于以水为介质的固定式承压热水锅炉和常压热水锅炉，同时规定了本标准不适用于铝材制造的锅炉。表 8-1 为某厂锅炉给水水质标准。

表 8-1　锅炉给水水质标准

序　号	项　目	单　位	数　值	备　注
1	总硬度	μg/L	≈0	
2	氧	μg/L	≤7	
3	铁	μg/L	≤20	
4	铜	μg/L	≤5	
5	pH 值（25℃）		8.8~9.3	
6	二氧化硅	μg/L	≤50	
7	电导率	μS/cm	≤0.3	

三、合成氨厂锅炉给水处理工艺

合成氨厂的锅炉给水处理主要包括水的预处理、浅脱盐水处理或水的反渗透处理、脱盐水处理和水的除氧。

1. 水的预处理

水的预处理是除去原水中的悬浮物和胶体物质，以满足浅脱盐水或反渗透处理岗位对水质的要求。水的预处理工艺如图 8-5 所示。

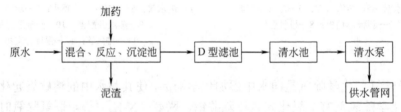

图 8-5　水的预处理工艺流程图

原水送入净水站后，首先通过安装在管道内的列管式静态混合器，在混合器内原水与絮凝剂溶液进行充分混合，然后进入絮凝反应池，经过三级絮凝反应，使水中悬浊物絮凝长大，再进入沉淀池，经过接触絮凝沉淀设备使矾花下沉，实现悬浊物与清水分离，悬浊物沉入池底以泥浆的形式排走，而清水则向上运行进入集水槽，进入收水廊，沉后水被送入滤池。

进入滤池的水经过滤池过滤，滤料把水中更微小的矾花拦截去除。当滤料拦截到一定程度时，水的过流速度会很小，因此需要进行反冲洗，以气水相结合的方式进行。首先是气洗，然后是气水混合洗，最后是水洗。滤料经过反冲，把拦截的物质冲洗走，恢复到原状态，水经过滤料后进入清水池，经清水泵加压后经供水管网送入用水单位。

2. 浅脱盐水处理

浅脱盐水水质稍差于脱盐水而远优于工艺用水，完全能满足合成氨生产中工艺用水及蒸汽锅炉给水要求，其制造成本稍高于工艺水而较脱盐水大幅度降低。锅炉给水用浅除盐水代替软化水，使锅炉给水品质大大提高，有效减少锅炉排污量，防止锅炉结垢，提高锅炉使用寿命，提高蒸汽品质，节煤效果明显。

本套浅脱盐水技术采用新技术与新型树脂，树脂抗氧化能力较强。本系统选用弱酸阳离子交换器四台、阳离子交换器六台、弱阴离子交换器五台。原水经处理后，可将水中大部分阳离子和阴离子除去。工艺流程如图 8-6 所示。

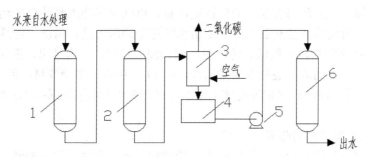

图 8-6　浅脱盐水工艺流程简图
1—前置阳床；2—阳床；3—脱碳器；4—中间水箱；5—中间水泵；6—阴床

由水处理系统来的过滤水，经装有弱酸性丙烯酸阳离子交换树脂的前置阳床和强酸苯乙烯型阳离子交换树脂的阳床除去大部分阳离子后进入脱碳器，在交换过程中交换下来的 H^+ 和水中的阴离子组成相应的无机酸。含有无机酸的水进入脱碳器，由塔下部鼓入空气，除去水中的二氧化碳，经泵送到装有弱碱阴离子交换树脂的阴床除去大部分阴离子，得到的水为浅除盐水。浅除盐水的电导率不大于 $30\mu S/cm$，pH 为 $7\sim8$，出水 CO_2 含量不大于 $5mg/L$。

阳床出水酸度等于水中强酸阳离子的含量，若低于正常运行值 20%左右、$Na^+>500\mu g/L$ 时，则判断为阳床失效。阴床失效根据出水电导率判定，若阳床酸度在正常范围内，则可判断阴床失效。

3．反渗透处理

除可用图 8-6 所示的方法脱盐外，反渗透也是合成氨厂用于脱盐的方法之一，其主要任务是在确保安全的前提下，调整预处理系统，保证反渗透装置的进水水质，利用反渗透装置制取初级脱盐水，为后工序供水。主要装置两级网式滤器、超滤系统、超滤水池、反渗透装置、反渗透清洗装置。

来自水处理的原水经控制阀进原水箱储存，原水箱内储水由原水泵加压后经两级网式滤器粗滤后进超滤系统，超滤产水进入超滤水池，加阻垢剂后再经由高压泵加压后进入反渗透装置，产品水入中间水池，由中间水泵送入脱盐水岗位进水管网；浓水由反渗透浓水管流入排水沟或回收进入浓水池内，再经浓水泵加压后送其他岗位二次使用。部分企业为了延长膜的使用寿命，在超滤水池加阻垢剂后串接精密过滤器，然后再经高压泵进入反渗透装置。经过反渗透，脱盐率达到 95%～98%。

反渗透装置在使用一段时间后需要进行清洗，清洗主要包括超滤装置的清洗和 RO 系统的清洗。

（1）超滤装置的清洗

① 物理清洗　正洗即用清水将残余污水清洗干净，用清水以一定的流速将污染物洗去，可采取循环和边洗边排的方式。此时浓水阀全开，产水阀关闭，清洗时间一般为 10～30min。反洗即施以低压（一般不大于工作压力），使反洗水由排水阀流出，清洗时间一般10～20min。

② 化学清洗　一般 3～5 周进行化学清洗一次，去除有机物污染，恢复膜通量。化学清洗时可采用杀菌性药剂如次氯酸钠，进行杀菌处理，采用氢氧化钠溶液去除有机物污染，采用 HCl 或 EDTA 钠盐溶液去除无机盐污染。

（2）RO 系统的清洗　配制清洗液，打开对应机组的清洗进水阀、产水浓水回水阀，关闭机组的其他阀门。启动清洗泵，调整控制流量，以低流量注入预热过的清洗液，并用低压排除设备余水，用仅够补偿从进水到浓缩出水的压降的压力进行清洗；连续冲洗 30min 后停止清洗泵；静止浸泡 1h，如机组较污浊时，延长浸泡时间；浸泡结束，重新启动清洗泵，控制比低流量时大一倍的流量进行大流量清洗，约 30～60min，停清洗泵；启动冲洗泵，用滤后水冲洗清洗液，冲洗时间以测定冲洗排水中不含有清洗液为结束依据；冲洗结束后，转入正常的待运行状态。

4．脱盐水处理及水的除氧

脱盐水主要作为锅炉给水，能够防止锅炉结垢、减轻腐蚀、节省能源，并减少安全事故的发生。

脱盐水处理主要是利用阴阳离子交换树脂除去水中的阴阳离子，从而得到合格的脱盐水。阳离子交换处理是依靠阳离子树脂中解离的阳离子（H^+）去代替水中的阳离子（Ca^{2+}、Mg^{2+}、Na^+）从而改变水质。当原水通过阳离子交换树脂时，水中的 Ca^{2+}、Mg^{2+}、Na^+ 等即被阳离子交换剂吸附或置换，同时离子交换树脂解离出 H^+ 代替它们进入水溶液中，从而得到初步软化处理。

反应过程如下：$M^+ + HR \longrightarrow MR + H^+$（$M^+$ 代表水中阳离子）。

阳床出水进入脱气塔吹除 CO_2 后进入阴床，水中阴离子（SO_4^{2-}、Cl^-、$HSiO_3^-$ 等）即被阴离子交换剂吸附，同时阴离子交换剂解离出 OH^- 代替它们进入水中，与水中的 H^+ 结合成难解离的水。如此，水中的阴离子被去除，从而得到脱盐水。

反应如下：$H^+A^- + ROH \longrightarrow H_2O + RA$（$A^-$ 代表水中的阴离子）。

阴床出水进入混床，水通过混合的阴阳离子交换树脂，相当于多次交替通过阴阳离子交换树脂进行离子交换，解离出的 H^+ 和 OH^- 不积累，结合生成难电离的水，从而得到更纯的脱盐水，使阳床出水含 Na^+ 量不超过 500μg/L，阴床出水电导不大于 30μS/cm，混床出口 Na^+ 量不超过 15μg/L，二氧化硅含量不超过 20μg/L，电导小于 0.2μS/cm。

脱盐水经除氧器加热至 102～105℃，除氧后进入锅炉给水泵，送至锅炉或造气废热锅炉。

第三节　循环水处理

在合成氨生产过程中，往往会产生大量热量，使生产设备或产品温度升高，必须及时冷却以免影响生产的正常进行和产品质量。氨合成的醇烃化、合成、脱硫等工段都需要对物料或设备降温。根据冷却水的流程特点，冷却水系统可分为直接冷却和循环冷却两种方式。在直接冷却水系统中，冷却水仅仅通过换热设备一次后就被直接放掉，因此它的用水量很大。随着水资源的日趋紧张，直接冷却水系统已被循环冷却水系统所取代。

循环冷却水系统又分为封闭式和敞开式。封闭式循环冷却水系统又称为密闭式循环冷却水系统。在此系统中，冷却水用过不是马上排放掉，而是回收循环使用。在循环过程中，冷却水不暴露于空气中，所以水量损失很少。水中的各种矿物质和离子含量一般不发生变化，而水的再冷却是在另一台换热设备中用其他冷却介质来进行冷却的，这种系统一般用于发电机、内燃机或有特殊要求的单台换热设备。

在敞开式循环冷却水系统中，冷却水用过后也不立即排掉，而是收回循环再用，水的再冷却是通过冷却塔来进行的，因此冷却水在循环过程中要与空气接触，部分水在通过冷却塔时还会不断被蒸发损失掉，因而各种矿物质和离子含量也不断被浓缩增加。为了维持各种矿物质和离子含量稳定在某一定值，必须对系统补充一定量的冷却水，通常称为补水，并排出一定量的浓缩水，通称排污水。为保证补充水的质量，将原水预处理后，才补充至循环系统中。这种敞开式循环冷却水系统，要损失一部分水，但与直接冷却水系统相比，可以节约大量的冷却水，允许的浓缩程度越高，节约水量越可观，因此在合成氨厂应用广泛。

一、循环冷却水系统

循环冷却水系统的特征是冷却水经过降温处理后不断地重复使用于原用水设备，采用这种冷却水系统可以节约用水和减少排水对环境的污染，在缺水地区更有重要的意义。

循环冷却水系统是由循环水泵站、循环管道及冷却设备等部分所组成的，如图8-7所示。

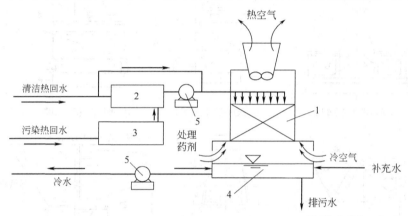

图8-7　循环冷却水系统流程图

1—冷却塔；2—热水池；3—旁滤池；4—集水池；5—水泵

该系统把热水分成清洁和受污染两部分。清洁热回水直流入泵站的热水池（如果热水剩余的压力可以满足冷却设备的要求，则不需流入热水池，可直接送入冷却设备）；另一部分受污染的热回水则需要处理（即一部分循环回水送至旁滤池过滤，待旁流滤池滤层截留物达一定程度后，过滤阻力增大自动反洗，反洗浊水排至地沟）后再流入热水池。热水池的水经泵加压，送至冷却设备进行冷却后，流入泵站的冷水池，再由冷水泵加压送回车间使用。

循环水在使用过程中，少量水在冷却塔中蒸发损失掉，从而盐类浓缩而形成盐垢或称结垢，常见的是碳酸钙结垢，水中悬浮物也发生浓缩。此外，循环水可能受到渗漏工艺物料的污染，还有杂质如有机物、微生物、藻类等进入系统，这些都使循环水系统经常出现结垢、污垢、腐蚀和淤塞问题。为了保证循环冷却水系统的可靠运行，必须同时采用下列技术措施：采用冷却构筑物以降低水温；进行水质处理以控制结垢、污垢、腐蚀和淤塞。

二、冷却构筑物类型及冷却塔构造

1. 冷却构筑物类型

冷却构筑物形式很多，大体分以下三大类：水面冷却池、喷水冷却池、冷却塔。在这三类冷却构筑物中，冷却塔形式最多，应用最多，构造也最复杂。按循环供水系统中的循环水与空气是否直接接触，冷却塔分湿式（敞开式）、干式（密闭式）和干湿式（混合式）三种。湿式冷却塔是指热水和空气直接接触、传热和传质同时进行的敞开式循环冷却系统，其冷却极限为空气的湿球温度；干式冷却塔是指水和空气不直接接触，冷却介质为空气。空气冷却是在空气冷却器中实现的，以空气的对流方式带走热量，故只单纯传热，其冷却极限为空气的干球温度。干湿式冷却塔是热水和空气进行干式冷却后再进行湿式冷却的构筑物，其中最常用的是湿式冷却塔。湿式冷却塔类型如图8-8所示。

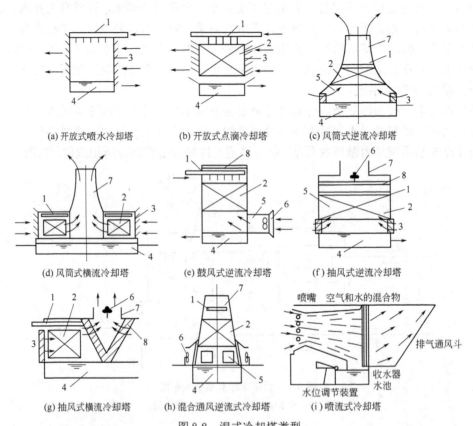

(a) 开放式喷水冷却塔　　(b) 开放式点滴冷却塔　　(c) 风筒式逆流冷却塔

(d) 风筒式横流冷却塔　　(e) 鼓风式逆流冷却塔　　(f) 抽风式逆流冷却塔

(g) 抽风式横流冷却塔　　(h) 混合通风逆流式冷却塔　　(i) 喷流式冷却塔

图8-8　湿式冷却塔类型

1—配水管；2—填料；3—进风口；4—集水池；5—风道；6—风机；7—风筒；8—除水器

在湿式冷却塔中，喷流式冷却塔是热水由文丘里管的一端通过喷嘴喷入冷却塔内时，便把大量冷空气吸入塔内并得到很好混合，从而直接进行蒸发散热作用，这一设计体现了应用冷却原理的新深度，无风机噪声，处理量每小时几吨到几百吨。

2. 冷却塔构造

在冷却塔内，热水从上向下喷散成水滴或水膜，空气由下而上或水平方向在塔内流动，在流动过程中，水与空气间进行传热和传质，水温随之下降。抽风式逆流冷却塔结构见图8-9。

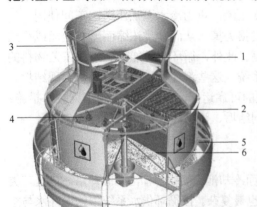

图8-9　抽风式逆流冷却塔工艺构造

1—风机叶片；2—除水器；3—风筒；4—配水系统；5—进风口；6—淋水填料

热水经进水管流入塔内，先流进配水系统4，再经支管上的喷嘴均匀地喷洒到下部的淋水填料6上，水在这里以水滴或水膜的形式向下运动。冷空气从下部经进风口5进入塔内，热水与冷空气在淋水填料中逆流条件下进行传热和传质过程以降低水温，吸收了热量的湿热空气则由风机叶片1

经风筒 3 抽出塔外，随气流夹带的一些小水滴经除水器 2 分离后回流到塔内，冷水便流入塔下部集水池中。所以，塔的主要装置有：热水分配装置（配水系统、淋水填料），通风及空气分配装置（风机、风筒、进风口），和其他装置（集水池、除水器、塔体等）。

（1）配水系统　配水系统又称水分布器。其作用是将热水均匀地分配到冷却塔的整个淋水面积上。对配水系统的基本要求是在一定的水量变化范围内保证配水均匀且形成微细水滴，系统本身水流阻力和通风阻力较小，并便于维修管理。

在循环水系统中应尽量利用换热器出水的剩余水压，以满足配水系统的压力要求。配水系统可分为管式、槽式和池（盘）式三种，其中管式配水系统如图 8-10 所示。

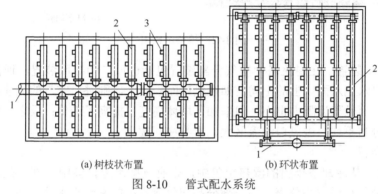

(a) 树枝状布置　　　　(b) 环状布置

图 8-10　管式配水系统

1—配水干管；2—配水支管；3—喷嘴

（2）淋水装置

淋水装置又称填料，是冷却塔的重要组成部分。水的冷却过程主要在淋水装置中进行，需要冷却的水多次溅散成水滴或在填料上形成水膜，增加了水和空气的接触面积和时间，促进水和空气的热交换，达到冷却的目的。

淋水填料按照其中水被淋洒成的冷却表面形式，可分为点滴式、薄膜式、点滴薄膜式三种类型。无论哪种形式，都应满足下列基本要求：具有较高的冷却能力，即水和空气的接触表面积较大、接触时间较长；亲水性强，容易被水润湿和附着；通风阻力小以节省动力；材料易得而又加工方便的结构形式；价廉、施工维修方便，质轻、耐久。

常见的点滴式淋水填料有横剖面形式按一定间距倾斜排列的矩形铅丝网水泥板条，塑料十字形，塑料 M 形、T 形、L 形、石棉水泥角形、水泥弧形板等；薄膜式淋水填料有多种类型，比较常见的有斜交错（斜波）淋水填料、梯形斜坡淋水填料、塑料折板及斜梯坡淋水填料等；点滴薄膜式淋水填料依靠填料构型的改变，在填料中表面水膜和水滴散热的份额比较接近。点滴薄膜式淋水填料有 M 形填料、拱形填料、点滴薄膜格网填料、薄壁网格淋水填料等。部分填料形式如图 8-11 所示。

（3）通风及空气分配装置

① 风机　在风筒式自然通风冷却塔中，稳定的空气流量由高大的风筒所产生的抽力形成。机械通风冷却塔中则由轴流式风机供给空气。风机启动后，在风机下部形成负压，冷空气便从下部进风口进入塔内。

② 通风筒　抽风式冷却塔的通风筒包括进风口、风筒和上部扩散筒。风筒是通风筒的喉管部分，即安装风机叶片的部位。

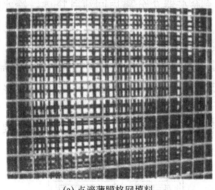
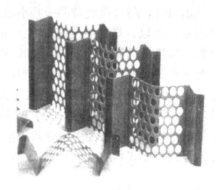

(a) 点滴薄膜格网填料　　　　　　　　　　　　(b) M 形填料

图 8-11　填料示意图

③ 空气分配装置　在逆流塔中空气分配装置包括进风口和导风装置。逆流塔的进风口指填料以下到集水池水面以上的空间。如进风口面积较大，则进口空气的流速小，不仅塔内空气分布均匀，而且气流阻力也小，但增加了塔体高度，提高了造价；反之，如进风口面积较小，则风速分布不均，进风口涡流区大，影响冷却效果。

（4）其他装置

① 除水器　从冷却塔排出的湿热空气中，带有一些水分，其中一部分是混合于空气中的水蒸气，不能用机械方法分离；另一部分是随气流带出的雾状小水滴，通常可用除水器，借助碰撞阻挡作用来分离回收，以减少水量损失，同时改善塔周围环境。除水器应做到除水效率高、通风阻力小、经济耐用、便于安装。通过除水器的风速应当小些，为此，应尽量选用薄壁材料，如塑料或玻璃钢，以增大通风面积，减小风速。小型冷却塔多采用塑料斜坡作为除水器，而大、中型冷却塔多采用弧形除水片组成单元块除水器。

② 集水池　集水池起贮存和调节水量的作用，有时还可作为循环水泵的吸水井。集水池的容积应当满足循环水处理药剂在循环水系统内的停留时间要求。小型冷却塔往往采用集水盘，水深不小于 0.1m，池底设集水坑一般深 0.3～0.5m，并有大于 0.5% 的坡度坡向集水坑，坑内设排空管、排泥管，集水池设溢流管。为了拦阻杂物，在出水管前设置格栅，池中还设补充水管。池壁的保护高宜为 0.2～0.3m。集水池周围应设回水台，宽度 1.5～2.0m，坡高 3%～5%。

③ 塔体　塔体主要起封闭和围护作用。主体结构和淋水填料的支架在大、中型塔中用钢筋混凝土或防腐钢结构，塔体外围用混凝土大型砌块或玻璃钢轻型装配结构，小塔全用玻璃钢。塔体形状在平面上有方形、矩形、圆形、双曲线形等。

三、敞开式循环冷却水系统存在的问题及控制

在敞开式循环冷却水系统中，冷却水不断循环使用，由于水的温度升高，水流速度的变化，水的蒸发，各种无机离子和有机物质的浓缩，冷却塔和冷水池在室外受到阳光照射，灰尘杂物的进入以及设备结构和材料等多种因素的综合影响，会产生严重的沉积物附着、设备腐蚀和藻类微生物的大量滋生以及由此形成的黏泥污垢堵塞管道等问题，威胁和破坏安全生产，甚至造成经济损失。在采用敞开式循环冷却水系统时，必须要选择一种经济实用的循环冷却水处理方案，使上述问题得到解决或改善。

1. 水垢及其控制

水垢是由冷却水中的溶解盐类结晶析出，附着于换热器的管壁上形成的，它的特点是密实、坚硬，附着牢固，清除困难。形成水垢的盐类溶解度都很低，而且还具有反常溶解度现

象，即溶解度不是随温度的升高而升高，而是随温度的升高而降低。循环冷却水在运行过程中，盐类浓度增高，相应地硬度和碱度也就增高，水的 pH 值升高，在换热器中水温升高，系统很容易产生水垢。

循环冷却水系统最常见的水垢是碳酸钙。补充水中含有的重碳酸钙在通过换热器传热表面时发生分解：

$$Ca(HCO_3)_2 \longrightarrow CaCO_3 + H_2O + CO_2$$

冷却水的 pH 值升高，在碱性条件下重碳酸钙也会转化为碳酸钙：

$$Ca(HCO_3)_2 + 2OH^- \longrightarrow CaCO_3 + 2H_2O + CO_3^{2-}$$

当水中溶有氯化钙时，还会发生置换反应：

$$CaCl_2 + CO_3^{2-} \longrightarrow CaCO_3 + 2Cl^-$$

碳酸钙的溶解度很低，只有 20mg/L，而且是反常溶解度盐类。当采用含磷化合物作为水处理药剂时，因水解或分解作用，水中会有一定的磷酸根存在，磷酸根与钙离子发生如下反应：

$$2PO_4^{3-} + 3Ca^{2+} \longrightarrow Ca_3(PO_4)_2$$

磷酸钙的溶解度极低，只有 0.1mg/L，也是反常溶解度盐类。因此，在使用磷系配方的系统要特别注意磷酸钙问题。循环冷却水系统可能产生的水垢还有硫酸钙、硅酸镁等，这些水垢都是在特定的水质条件下形成的，一般不常见。

控制水垢的方法有很多种，归结起来有两类：一类是热力学方法，即降低成垢离子的浓度或提高成垢离子的溶解度，即加酸或通二氧化碳气体，使其不能达到晶体析出所需要的饱和度；另一类是动力学方法，即投加阻垢分散剂和电子除垢，阻垢分散剂包括聚磷酸盐、有机多元膦酸、有机磷酸酯、聚丙烯酸盐等，可以改变结晶生长过程或者破坏晶体生长的结构，使其不能在金属表面牢固附着。电子除垢防垢装置是采用一定频率的交变磁场对供水管路的水进行处理，由于水分子受到电磁场的作用，水的一些物理性质发生变化从而达到除垢的目的。

2．污垢及其控制

污垢和水垢不同，它没有确定的组成和结构，也不像水垢那样密实、坚硬。污垢的成分很复杂，不同的系统往往差别很大。通常污垢的成分有泥沙、灰尘、腐蚀产物、油污、杂物碎屑、预处理带入的矾花碎片、工艺泄漏物、被阻垢剂破坏了晶体结构的颗粒等。对大量的污垢分析结果表明，污垢（除水垢和生物黏泥外）按其化学成分来分主要有两类，一类以氧化硅为主，一类以氧化铁为主，其他物质的含量相对较低。循环冷却水中的污垢物质之所以能够在设备、管道内生成并不断增长，是因为它们具有两个很重要的特性，即黏着性和内聚性。沉降作用也是污垢形成的重要原因。

控制污垢要从两方面着手，一是要减少污垢物质的来源。循环冷却水系统的污垢物质来源于三个方面，包括补充水、空气、系统本身，通过控制以上三方面因素减少污垢物质来源。二是要改变污垢的性能，使其呈分散、悬浮状态而不易沉积，同时旁滤器的正常运行对减少污垢起着很重要的作用。投加分散剂是控制污垢的常用方法。分散剂的种类很多，大多数阻垢剂都有分散性能，它们通过吸附、渗透、絮凝等作用降低污垢的黏着性、内聚性和沉降力，或使污垢不能形成，或使已形成的污垢重新再分散。有些分散剂还能渗到金属与污垢的界面，降低污垢和金属之间的黏结力，使污垢剥离下来。

3．金属的腐蚀及其控制

冷却水处理要解决的问题还包括金属设备的腐蚀。材料和周围介质发生化学或电化学作用使材料遭受破坏或性能恶化的过程称为腐蚀。冷却水中的金属腐蚀是一个电化学反应过程，在此过程中，金属表面与冷却水中所含的电解质或溶解氧发生电化学作用而产生破坏，反应过程中均包括阳极反应和阴极反应两个过程。

影响腐蚀的因素包括水质、pH 值、溶解气体、水温、水流速度、悬浮固体和微生物。

冷却水处理系统中腐蚀的控制方法包括添加缓蚀剂，提高冷却水的 pH 值等方法。缓蚀剂又称抑制剂，凡是添加到腐蚀介质中能干扰腐蚀电化学作用，阻止或降低腐蚀速度的物质都称为缓蚀剂，其作用是通过在金属表面上形成一层保护膜来防止腐蚀。循环冷却水系统最常用的腐蚀控制方法是投加缓蚀剂。使用缓蚀剂控制腐蚀，加入量很少，效果显著，不需要复杂的附加设备，操作简单，费用不高，能对全系统进行保护，应用广泛。

提高冷却水的 pH 值或采用碱性水处理可使循环水系统中的金属腐蚀得到控制。随着水 pH 值的增加，水中氢离子的浓度降低，金属腐蚀过程中氢离子去极化的阴极反应受到抑制，碳钢表面生成氧化膜的倾向增大，故冷却水对碳钢的腐蚀随其 pH 值的增加而降低。

除上述方法外，循环冷却水系统中金属腐蚀还可通过采用耐腐蚀材料的换热器及防腐涂料覆盖换热器的办法来控制。

4. 微生物产生的危害及其控制

冷却水中的微生物有细菌、藻类、真菌三大类。在循环冷却水系统中，水的温度和 pH 值的范围恰好适宜多种微生物的生长。水中微生物的数量和它们生长所需的营养源如有机物、碳酸盐、磷酸盐等均因浓缩而增加，再加上冷却塔、凉水池常年露置于室外，阳光充分，因此为微生物的生长提供了良好的条件。循环冷却水系统中的生物黏泥是指由微生物的活动所产生的附着物、沉淀物、悬浮物的总称。黏泥的组成随着水质和生成地点以及菌藻类属的不同而变化，当其在管壁、塔壁上沉积较厚时，不仅影响水侧传热效率，还会因水管截面积变小，限制水的流量而影响冷却效果。黏泥还会形成氧浓差电池，从而引起垢下腐蚀；同时黏泥又给厌氧性细菌如硫酸盐还原菌提供良好的滋生场所，这样相互感染，加深了黏泥给冷却水系统带来的危害。

对循环冷却水系统中微生物的控制一般采用改善水质、投加杀生剂和过滤等方法。投加杀生剂是目前抑制微生物的常用方法，目前国内工业循环冷却水的杀生剂近 80 种，可以分为两大类：一是氧化性杀生剂，包括氯基杀生剂、溴基杀生剂、二氧化氯、过氧化物和臭氧；二是非氧化性杀生剂，种类较多，包括氯酚类、有机胺类、有机硫化合物、季铵盐类、异噻唑啉酮、戊二醛等。工业上常用的药剂有氯气、过氧乙酸等。加药点要根据药剂的不同选择不同的加药点，如气态药剂（如氯气）或挥发性药剂应加入到水下较深的部位，设置分布器；固体药剂要加在流速较大的部位，便于溶解；生物黏泥严重的设备或区域也可以作为加药点。

5. 敞开式循环冷却水系统的清洗和预膜

清洗和预膜是循环冷却系统进行化学处理的首要步骤，无论是新建系统还是老系统，在开车时，（投加阻垢、缓蚀剂处理前）都要进行清洗和预膜处理。从缓蚀的机理看，都是期望在金属表面形成一层极薄的保护膜，要求保护膜致密、完整、均匀，在运行过程中不易被破坏。低浓度的药剂难以达到上述目的，故开始运行时需要以高浓度药剂进行预膜。运行中投加的缓蚀剂仅是为了修补原有的保护膜。预膜处理是缓蚀处理成败的关键。

根据腐蚀理论，在金属表面生成一层保护膜是抑制腐蚀的有效方法。循环冷却水系统的预膜是在循环冷却水中投加预膜剂，使清洗后的换热设备金属表面形成均匀致密的保护膜的过程。

循环水循环一定时间后，需部分排放到污水处理系统，具体处理方法见第四节污水处理。

四、合成氨厂循环水处理工艺

1. 流程简述

来自各工艺水冷器的循环冷却回水，利用余压进凉水塔的布水装置喷淋，在凉水塔的填料层与进风逆流接触进行热交换冷却，冷却后的水落至冷水池，经循环水泵加压后送回各工艺冷却器循环使用。一部分循环回水送至旁滤池过滤，滤后清水送冷水池，待旁滤池滤层截留物达一定程度后，过滤阻力增大自动反洗，反洗浊水排至地沟。岗位工艺指标如表 8-2 所示。

表 8-2　岗位工艺指标

序　号	指标名称	单　位	指　　标	检测周期
1	正磷	mg/L	≤4.0（9～次年 4 月） ≤4.5（5～9 月）	2 次/班
2	总有机磷	mg/L	4.0～9.0	2 次/班
3	浊度	mg/L	≤30	2 次/班
4	碱度	mmol/L	1.0～30	2 次/班
5	氯离子	mg/L	120～500 黄河水 120～360 地下水	2 次/班
6	异养菌数	个/mL	≤5×10⁵	检验计划
7	水温	℃	≤25（9～次年 4 月） ≤35（5～9 月）	1 次/h
8	pH 值		7.0～9.5	2 次/班
9	总铁	mg/L	≤2.0	1 次/天
10	压力	MPa	0.38～0.42	1 次/h
11	液位		70～150	1 次/h

2. 加药、加酸、杀菌剂投加系统

用喷射器直接从药桶抽取药品向循环水池加药；硫酸由槽车卸至酸储罐，自动加酸装置的系统直接利用计量泵根据循环水 pH 值变化自动调节酸量向凉水池内加酸。

固体杀菌剂投加，可直接投加到冷水池的急流处。

液体杀菌剂投加方法：打开喷射器高压水阀；将喷射器吸口软管接入杀菌剂桶内；杀菌剂加完 5min 后关高压水阀门。循环水系统由于所供用水单位较多，要求准时联系岗位，特别是系统的原始开车，必须要缓慢，待流程打通以后再调整开车的数量。

加药控制操作中，硫酸加入要缓慢，每次的投加量只能在 20～40kg，并且在加入后，10～15min 时间间隔测定 pH 值，以控制 pH 较稳定。

3. 清洗预膜操作

水冲洗：用清水打循环加大排污量，要求循环水浊度小于 5mg/L，并无大的杂质时停止。

黏泥剥离操作：根据系统保有水量投加一定浓度的杀菌灭藻剂，连续运行 24h。杀菌剂无需补加，在此期间每 2h 测浊度一次，置换至浊度≤15mg/L 时停止置换，转下步操作。

化学清洗：完成上步操作后，溶解并投加清洗剂到凉水池的急流处。在投加清洗剂的同时，投加工业级的硫酸，调节 pH 至一定值。清洗剂投加浓度 1500mg/L。清洗期间根据总铁、浊度、总硬度变化情况而定，即当它们不再上升时，停止清洗。清洗期间会有大量泡沫生成，此时可投加 Z-34 消泡。清洗结束，尽量将水排空，然后补水进行置换，当总无机磷至规定值后≤30mg/L 时，停止置换，转入下步操作。

第四节 污 水 处 理

污水是生活污水、工业废水、被污染的降水和流入排水管渠的其他污染水的总称。污水的性质及危害取决于污水的来源。在实际生活中，污水一般来源于生活污水、工业废水和雨水三种。

一、污水的水质指标及处理方法

1．污水的水质指标

在研究和设计污水处理流程时，必须全面掌握污水在物理、化学和生物学等方面的特性。因此，需对污水按规定指标进行全面的分析检测。此外，为了处理系统的正常运行，也必须对正在处理过程中的污水按一定的指标进行检测。污水检测指标主要包括悬浮物、生化需氧量、化学需氧量、有毒物质和 pH 值。其中悬浮物、生化需氧量、化学需氧量和 pH 值均为重要的检测指标。

悬浮物的危害主要是堵塞和磨损沟渠管道，使水体淤积，造成水生生物的呼吸困难，干扰污水处理和回收设备的正常运行；有毒物质是指那些在达到一定程度后，能够危害人体健康和水生生物，或者影响污水生物处理的化学物质；酸性污水能够腐蚀排水管道、污水处理设备，还能抑制微生物的生理活动，排放到水体对渔业生产有危害；碱性污水产生泡沫，易形成沉积和水垢，也有一定的危害。

2．污水处理方法

污水处理，实质上就是采用各种手段和技术，将污水中的污染物质分离出来，或将其转化为无害的物质，从而使污水得到净化。污水处理技术主要是分离与无害化技术。分离是指将污水中的污染物从水中分离出来，被分离的物质可以是保持原有特性的，也可以转化为另一种物质再进行分离，所分离出来的污染物作回收利用或处置。无害化是使污水中有害物质转化为无害物质，从而使污水排放不危害环境。污水处理方法按其作用原理可分为物理法、化学法、生物化学法和物理化学法四种。

（1）物理处理法　主要是利用污水中污染物的物理特性，如密度、质量、尺寸、磁性等进行分离。物理法主要包括调节、沉降、截留、筛分、过滤、隔油、离心分离等方法。

（2）化学处理法　化学处理法主要是通过使用化学试剂或通过其他化学手段，将污水中的溶解物质或胶粒物质予以除去或转化为无害的物质。它包括混凝、中和、氧化还原、电解等方法。

（3）物理化学法　物理化学法是利用物理化学反应的原理来除去污水中溶解的有害物质，回收有用组分，并使污水得到深度净化的方法。其过程通常是污染物从一相转移到另一相，即进行传质过程。常用的物理化学处理法有吸附、萃取、浮选、离子交换、气提、吹脱和膜分离等。当需要从污水中回收某种特定的物质时，或者当工业废水有毒、有害，且不易被微生物降解时，采用物理化学法最为合适。

采用物理化学法治理工业污水，通常都需先进行预处理，尽量除去污水中的悬浮物、油类、有害气体等杂质，或调整污水的 pH 值，以提高回收率并尽可能地减少损耗。

（4）生化处理法 利用微生物的代谢作用把污水中的有机物转化为简单的无机物，这个转化过程就是生物化学处理过程，简称生化法。生物处理可根据微生物生长对氧环境的要求不同，分为好氧生物处理与厌氧生物处理两大类处理方法。

好氧生物处理是在有游离氧存在的条件下，好氧微生物降解有机物，使其稳定、无害化的处理方法。在污水处理过程中，好氧生物处理法有活性污泥法和生物膜法两类。它适合于处理中、低浓度的有机污水，或者是 BOD_5 浓度小于 500mg/L 的有机污水。

厌氧生物处理是在没有游离氧存在的条件下，兼性厌氧细菌与专性厌氧细菌降解和稳定有机物的生物处理法，对于有机污泥和高浓度的有机污水（一般 $BOD_5 \geqslant 2000mg/L$）可采用厌氧生物处理法。

好氧生物处理的反应速率较快，所需的反应时间较短，故处理构筑物的容积较小，且处理过程中散发的臭气较少。厌氧生物处理过程不需另加氧源，运行费用低，剩余污泥少，还可回收可燃气体甲烷。主要缺点是反应速率较慢，反应时间较长，处理构筑物容积较大等。

除上述处理方法外，污水处理按其处理程度又可分为一级、二级和三级处理。一级处理多采用物理法，用以去除污水中的悬浮固体。经过一级处理后如果达不到排放标准，应进行二级处理。二级处理多采用生化法，用以除去污水中呈胶体和溶解状态的有机污染物质。一般说，二级处理后的污水已能满足排放水体的要求。随着环境问题的日益突出，部分地区要求合成氨企业实现零排放。在要求更高的情况下，需进行三级处理，以去除二级处理所未能去除的难以分解的有机物和其他溶解状态的无机物。三级处理的目的不是为了排放而是为了回收使用污水，这时的三级处理也叫做深度处理。

在污水处理过程中必然要产生污泥，这些污泥如不妥善处理，势必造成二次污染。因此在污水处理系统中还包括对污泥的处理和处置，采用的方法主要有浓缩、厌氧消化和脱水。污泥的最终处置方法是综合利用。

表 8-3 为某厂污水处理工艺控制指标。

表 8-3 某厂污水处理工艺控制指标

项 目	单 位	控制指标	分析频率	备 注
COD	mg/L	<120	3 次/天	SB 池取样
NH_4-N	mg/L	<25	3 次/天	
SS	mg/L	<100	3 次/天	
pH		6~9	3 次/天	

二、合成氨厂污水特征及处理

1．污水特征

合成氨厂的有害污水主要来源于造气、变换、脱硫工段以及水汽车间，其中以造气污水的排放量最大，污染程度最高。造气污水，除含有大量的煤屑外，还含有大量的氨氮、硫化物、氰化物、挥发酚、有机物等有害物质，水温高达 40~50℃。因此合成氨厂的污水处理主要是造气污水的处理，此外还包括锅炉电站的除尘和冲渣水、脱硫液稀氨水、碳化稀氨水、尿素废液污水、脱盐水工序树脂再生污水、甲醇精馏残液、冷却排放水等。在水煤浆气化生产中会有黑水和灰水的产生，黑水是直接从气化炉、洗涤塔底部直接排出的含有大量气化残炭的水；灰水是黑水经闪蒸处理后在沉淀池内沉淀澄清后的水。对于黑水和灰水的处理详见灰处理工艺流程，该流程实现了水的循环再利用。

合成氨厂冷却水排放多为各种类型热交换器排出的冷却水，其污染程度较低，一般称为清废水。这种废水只要降低水温，便可重复使用。

2. 污水的处理

（1）处理方法的选择 合成氨厂污水中造气污水的处理应立足于处理后的水再送回造气车间循环使用，根据造气工艺对洗涤水的水质要求确定造气污水的处理程度。进入洗气箱及洗涤塔的水的主要作用是对造气炉中产生的半水煤气进行降温及除尘。因此，此部分污水采用降温、除悬浮物质为主的处理方法。其余污水主要是脱硫工序、锅炉冲灰水等系统的排污及循环冷却水排放污水。对综合污水采用生物处理的方法进行，从而预处理的污水60%进入造气车间循环利用，40%的污水经深度处理后用于气提塔补充水。

污水处理流程在满足达标的前提下尽量缩短流程，采用便于操作的方法或设备；污水处理流程应尽量考虑将工厂内产生的处理水及固体渣回收；污水处理流程在满足达标回用的基础上应考虑避免产生二次污染物质；污水处理流程在满足达标回用的基础上应按照构筑物及设备的高程布置，降低整个设施的动力消耗。

（2）污水处理流程

① 预处理工艺 污水中含有大量的无机悬浮物质、氨氮、硫化物、氰化物、挥发酚、有机物等，而且污水的温度较高，不利于后续生物处理的进行。因此需对污水必须进行必要的预处理，以使主体处理工艺正常稳定运行。由于污水的悬浮物含量较高，同时污水的氨氮、硫化物、氰化物、挥发酚等含量均超过标准，对生物处理有毒害作用，因此在预处理中需将以上污染物质处理至生物处理可承受的范围内。

预处理包括氨氮的气提回收及污水絮凝中和沉淀除氰化物和硫化物等两个处理过程。氨氮气提回收处理过程中，污水被加热后通过气提塔将易挥发组分从液相带入气相中，然后回收气相中的氨，这样达到从污水中除氨氮及回收氨氮的目的。

② 主体处理工艺 经过预处理的污水及生活污水进入综合污水处理系统中，系统采用间歇活性污泥（SBR）工艺进行处理。综合工厂的实际情况，主体处理过程的中心是综合污水的间歇活性污泥处理。好氧处理工艺应考虑提高污泥负荷，降低投资和运行费用。

间歇活性污泥方法具有操作简单、出水容易控制的特点，通过间歇的活性污泥方法使污水中可生化的有机物质被水中的微生物吸收，微生物利用这些有机物质进行新陈代谢，达到去除污水中有机污染物质的目的。同时采用特殊的曝气装置降低了污水曝气的动力消耗，达到了降低运行费用的目的。

间歇式活性污泥处理系统的间歇式运行，是通过其主要反应器曝气池的运行操作而实现的。曝气池的运行操作是由流入、反应、沉淀、排放、待机即闲置等五道工序所组成的这五个工序都在曝气池这一个反应器内进行。

③ 工艺流程 工艺流程如图8-12所示。污水经调节池调节水量及水质后进入混凝槽、絮凝槽，在槽内加入 H_3PO_4、液碱、PAM 等药剂后水中杂质在水中以絮凝物沉淀形式出现，上清液进入中间水池送造气生化。夹带有大量固体沉淀物的污水进入沉淀池沉淀后进入污泥调节池，调节池底部的污泥外运，上部夹带部分污泥的水进入污泥平流池进一步沉降污泥，底部污泥外运，上部水则进入出水池后再回到混凝槽、絮凝槽做进一步处理和沉降。

三、合成氨厂污水"零排放"工艺技术

工业污水"零排放"是近年来工业企业为提高用水效率，最大限度减少因污水排放造成的环境污染而采取的一种先进技术，也是一种先进的管理理念。"零排放"是一个系统工程，既要保障一次水、软水、循环水、污水的平衡不排，还要保证各用水设备不腐蚀、不结垢、

不挂藻、不堵塞。要达到这一目标,必须对全厂的含油、硫、醇、氨废水等进行有效的回收和分级利用,努力实现"零排放"。为解决这些难题,便增加反渗透系统,全厂循环水全部补充脱盐水,以解决浓缩倍数、结垢及腐蚀问题;新上了硫回收、油回收、蒸氨、尿素解吸液增浓等系统,对全厂含氨、油、硫等废水、废气进行了全面回收。同时,造气系统采取除尘与降温循环水分开的技术,从造气的污水提取一部分优质水补到后工序循环水中,保证造气系统不涨水,把一部分含少量氨、油的废水送造气消化掉。这些措施的实施,确保了零排放工程能长期稳定地运行。

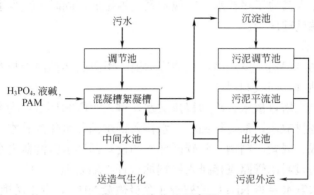

图 8-12 生化处理流程

1. 造气循环水不涨水技术

本流程由锅炉、造气、脱硫循环水综合为一个系统,如图 8-13 所示。

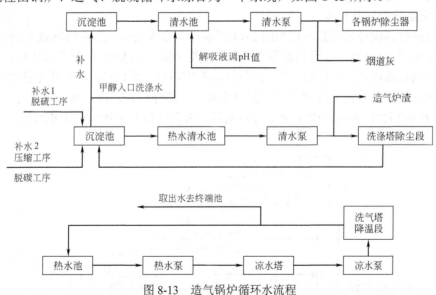

图 8-13 造气锅炉循环水流程

(1)锅炉烟气洗涤水由清水泵送入各锅炉水膜除尘器,污水入沉淀池沉淀后去清水池,损耗水由造气循环水、甲醇循环水补充,一方面取走部分造气循环水,同时取走部分甲醇循环水,降低后工序循环水钙、镁、氯离子含量,保证后工序循环水水质。

(2)造气循环水分为二级循环,洗气塔分为两段,下段为除尘段,上段为降温段。除尘段由一级循环水供给,主要洗去半水煤气中的灰尘,控制下段洗气塔半水煤气出口温度,除尘后污水经沉淀池沉淀后进入热水池,由热水泵送入除尘段顶部;降温段由二级循环水供给,降温后热水入热水池，由热水泵送入凉水塔降温，再由凉水泵加压供降温段使用。本技术的关键是半水煤气中的饱和水在除尘段不冷凝，同时除尘水部分蒸发，该部分水在降温段以蒸汽冷凝液的形式随降温水冷凝，使二级降温水不断涨水，自其中取走富余水（水质接近蒸汽冷凝液）入终端处理，保证了造气循环水亏水，处于水平衡状态。除尘段补水由脱硫循环水补入，保证了脱硫循环水的置换，处于清水状态，同时，由于控制了洗气塔除尘段温度，除尘段水随半水煤气带入降温段，将水取走，保证了其他工序的污水补入。

至此，造气循环水实现了不涨水，始终处于亏水状态，由其他工序补入污水，取走部分清水，经终端处理作为其他工序补水，实现本系统零排放；同时，减少了部分污水排污去终端处理，减轻了终端处理压力。

2．清浊分流技术

（1）造气工序油冷却器、罗茨鼓风机油冷却器、甲醇循环机油冷却器水为一次水，冷却后的水进入一次水池进行回收利用。

（2）变换工序热水塔排放水、冷却器排放水，排入甲醇循环水作为补水。

（3）甲醇水洗塔排放水、油进行回收，水排入锅炉循环水作为补水。

（4）甲醇、合成、尿素、精馏、脱碳循环水均设有循环水旁滤器进行过滤。其反洗水为减少二次污染，均通过封闭管路直接排入终端池进行终端处理。

（5）提氢岗位浓氨水经蒸 NH_3 后的残液（含极微量 NH_3），带压送饱和热水塔作为补水，既得到了充分利用，又调节了饱和塔热水 pH 值，有利于饱和塔的防腐。

（6）清浊分流、雨污分流、一水多用。根据工序的特点设置围堰和事故池，清浊分流，分级利用，雨污分流，雨水直接外排；污水与初期雨水均收集于事故池中，集中进行终端处理。

3．废氨水蒸氨回收技术

废氨水蒸氨回收技术工艺流程如图 8-14 所示。自合成提氢工序来的浓氨水进入氨水槽，由氨水泵加压至 2.5MPa，经换热器预热送入蒸氨塔中部，2.7MPa 的蒸汽自甲烷化加热器送来进入蒸氨塔底部加热，产生的蒸汽、氨气沿蒸氨塔塔盘（垂直筛板）上升与氨水逆流接触，实现氨与水的分离。气氨在塔顶部冷凝器中冷凝，一部分作为回流，另一部分进入尿素系统液氨缓冲槽回收利用。残液经换热器、液位自调，送到变换饱和热水塔作补水使用，不排放、不污染。

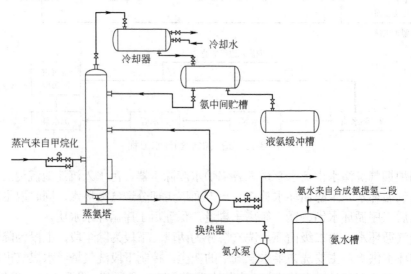

图 8-14　废氨水蒸氨回收技术工艺流程

4. 甲烷化技术

通过甲烷化装置投运，甩掉了铜洗工序，杜绝了因铜洗工序含 NH_3 废水排放造成的污染，实现了本工序的零排放。

5. 循环水补反渗透脱盐水及终端处理技术

本技术主要是针对各循环水补一次水浓缩倍数高、钙镁离子氯离子超标、排放量大、终端处理难度大的问题而提出的变后期处理为前期处理的思路。

循环水补反渗透脱盐水及终端处理技术工艺流程图如图 8-15 所示。一次水经反渗透装置，合格水进入淡水箱，一部分经硅床除硅进入脱盐水箱供生产工艺用水，一部分作为脱碳、精馏、1#与 2#尿素循环水的补水，控制脱碳、精馏、1#与 2#尿素循环水氯离子、钙离子、镁离子满足工艺要求。由于补水中盐分 98%已经被除去，可将循环水的浓缩倍数提高几十倍，大大降低了各循环水排污量，甚至可以做到零排放。各循环水经旁滤器反洗水进入终端池，经集水池稳质后加药絮凝沉降进入清水池，由清水泵经过滤器送入合成、甲醇系统作为循环水补水。若锅炉造气污水亏水，可取部分甲醇循环水作为锅炉循环水补水，可以降低整套循环水钙镁离子、氯离子浓度。

反渗透浓水只是浓缩了钙镁离子、氯离子，不含其他杂质，不被污染，可作为生活冲厕用水、道路煤厂淋水、破碎系统喷水使用，不造成污染。多出部分可直接外排，这样就做到了生产污水的零排放，也避免了繁琐的终端水处理过程。

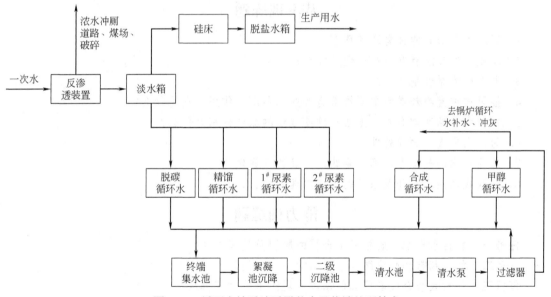

图 8-15 循环水补反渗透脱盐水及终端处理技术

6. 油水不落地技术

工艺如图 8-16 所示，压缩机一级至六级各分离器油水直接排入压缩工序油水分离器进行油水分离，变换工序焦炭过滤器油水排放至变换工序油水分离器进行油水分离，脱碳工序油水分离器排放油水直接排入脱碳工序油水分离器进行油水分离，甲醇工序各分离器排放油水入甲醇工序油水分离器进行油水分离，分离后的油水由气体压力分别送入油回收岗位和造气循环水，压缩机一入分离器，油水排入地下槽进行油水分离，污水由泵送造气循环水，油由人工清至油回收岗位。使各工序含油水不入地沟，不造成二次污染。

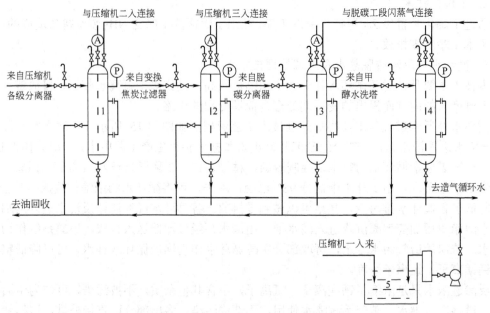

图 8-16　油水不落地技术流程简图

基本训练题

1. 简述水中杂质的种类及其危害。
2. 软化水的方法有哪些？原理是什么？
3. 电渗析的原理是什么？
4. 抽风式逆流冷却塔的主要构造有哪些？各部分作用分别是什么？
5. 冷却水防垢通常有哪些方法？这些方法的原理分别是什么？
6. 为什么要进行预膜处理？
7. 工业污水的处理方法都有哪些？并简述其原理。
8. 间歇式活性污泥处理系统的工作原理是什么？

能力训练题

任务一　脱盐水出水水质指标不合格的原因及处理方法。
任务二　如何判断和解决循环水出水管不出水问题？
任务三　分析大型合成氨厂如何基本实现污水的"零排放"。

参 考 文 献

［1］顾秀莲主编. 中国化学工业大事记. 北京：化学工业出版社，1996.

［2］杨光启，陶涛主编. 当代中国的化学工业. 北京：中国社会科学出版社，1986.

［3］陈五平主编. 无机化工工艺学. 第 3 版. 北京：化学工业出版社，2002.

［4］程桂花编. 合成氨. 北京：化学工业出版社，1998.

［5］张成芳主编. 合成氨工艺与节能. 上海：华东化工学院出版社，1988.

［6］梅安华主编. 小合成氨厂工艺技术与设计手册. 北京：化学工业出版社，1995.

［7］石油化工设计院主编. 小氮肥厂工艺设计手册. 北京：化学工业出版社，1980.

［8］石油化工设计院主编. 氮肥工艺设计手册：理化数据. 北京：石油化学工业出版社，1977.

［9］向德辉等编著. 化肥催化剂实用手册. 北京：化学工业出版社，1992.

［10］姜圣阶等编著. 合成氨工学：第一卷，第二卷，第三卷. 北京：石油化学工业出版社，1978，1976，1977.

［11］湖北化工设计院主编. 氨合成塔. 北京：石油化学工业出版社，1977.

［12］蒋德军. 合成氨工艺技术现状及其发展趋势. 现代化工，2005，25（8）.

［13］袁明. KAAP 氨合成工艺技术特点及应用概况. 大氮肥，2002，25（2）.

［14］于遵宏等编著. 大型合成氨厂工艺过程分析. 北京：中国石化出版社，1993.

［15］袁一等编著. 化工过程热力学分析法. 北京：化学工业出版社，1985.

［16］施湛青主编. 无机物工艺学：上册. 北京：化学工业出版社，1981.

［17］朱丙辰主编. 无机化工反应工程. 北京：化学工业出版社，1981.

［18］冯元琦主编. 联醇生产. 北京：化学工业出版社，1994.

［19］孙广庭，吴玉蜂等编. 中型合成氨厂生产工艺与操作问答. 北京：化学工业出版社，1985.

［20］赵育祥主编. 合成氨工艺. 北京：化学工业出版社，1985.

［21］许世森等编著. 大规模气化技术. 北京：化学工业出版社，2006.

［22］霍锡晨，蔡文胜. 各类煤气化炉的特点与适应性分析. 煤化工，2009，5.

［23］孙永才，刘伟. 航天炉粉煤加压气化技术浅析. 化肥工业，2010，37（1）.

［24］章荣林. 国内外先进煤气化技术评述. 氮肥与甲醇，2009，4（2）.

［25］张涵主编. 化工机器. 北京：化学工业出版社，2005.

［26］黄仕年主编. 化工机器. 北京：化学工业出版社，1981.

［27］郑广俭，张志华主编. 无机华工生产技术. 北京：化学工业出版社，2002.

［28］杨春升主编. 小型合成氨厂生产操作问答. 北京：化学工业出版社，1998.

［29］梁家骏主编. 小氮肥安全技术. 北京：化学工业出版社，1997.

［30］郭树才，胡浩权主编. 煤化工工艺学. 北京：化学工业出版社，2013.